普 通 高 等 学 校 服 装 与 服 饰 系 列 教 材

箱包创意设计与教学实践

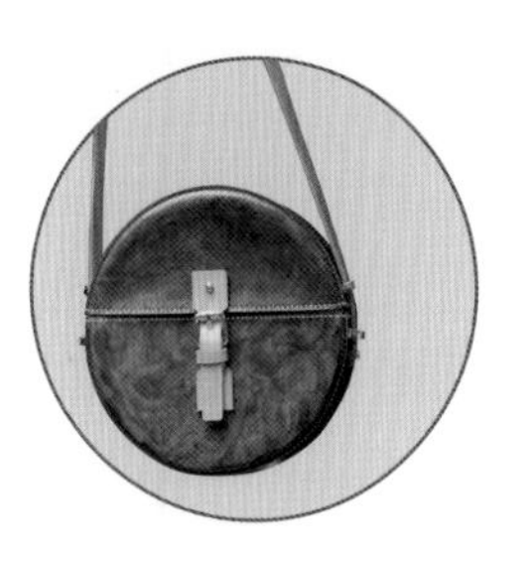

XIANGBAO CHUANGYI SHEJI
YU JIAOXUE SHIJIAN

李雪梅 著

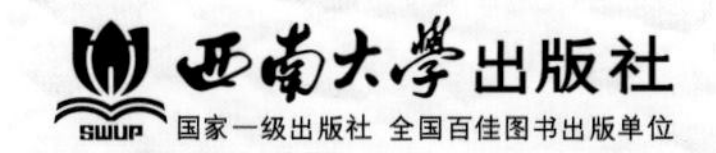

西南大学出版社
国家一级出版社 全国百佳图书出版单位

图书在版编目（CIP）数据

箱包创意设计与教学实践 / 李雪梅著 . -- 重庆 : 西南大学出版社 , 2023.1
ISBN 978-7-5697-1562-0

Ⅰ . ①箱… Ⅱ . ①李… Ⅲ . ①箱包－设计 Ⅳ . ① TS563.4

中国版本图书馆 CIP 数据核字 (2022) 第 226493 号

箱包创意设计与教学实践

XIANGBAO CHUANGYI SHEJI YU JIAOXUE SHIJIAN

李雪梅 著

责任编辑：王正端
责任校对：徐庆兰
装帧设计：殳十堂_未氓
出版发行：西南大学出版社（原西南师范大学出版社）
地 址：重庆市北碚区天生路 2 号
邮政编码：400715
网上书店：https：//xnsfdxcbs.tmall.com
电 话：（023）68860895
传 真：（023）68208984
印 刷：重庆新金雅迪彩色印刷有限公司
幅面尺寸：210mm×285mm
印 张：10
字 数：324 千字
版 次：2023 年 1 月 第 1 版
印 次：2023 年 1 月 第 1 次印刷
书 号：ISBN 978-7-5697-1562-0
定 价：79.00 元

本书如有印装质量问题，请与我社市场营销部联系更换。
市场营销部电话：（023）68868624 68253705

西南大学出版社美术分社欢迎赐稿。
美术分社电话：（023）68254657 68254107

PREFACE 前言

中国是世界箱包生产第一大国，也是最大的箱包出口国。箱包行业在我国是一个具有国际竞争优势的传统轻工业支柱产业。近年来箱包行业整体的技术装备水平不断提升，产业结构不断优化，转型升级取得了显著的成果，已经从追求规模化效益走向内涵式发展的道路。国内箱包企业在产品质量水平、艺术设计水准和时尚意识等方面都有了显著提升。国货精品和知名品牌不断涌现，不仅在国内占据了越来越多的市场份额，也在美化人民生活、满足消费升级等方面逐步发挥了民族企业应有的作用。

当然，我们也必须要清醒地认识到，中国箱包企业目前大部分还是以代工贴牌为主，在全球价值链中大多仍然处于中低端水平。相对于箱包制造、出口大国以及消费大国的体量，目前国内优秀的产品、品牌和设计师数量还是远不能与行业规模的需求相匹配。国产箱包品牌虽然数量众多，但是整体影响力较弱，在国内市场上能与中高端国际知名品牌比肩抗衡的不多，能够走出国门、在国际市场上获得认可的就更是稀缺。虽然我国箱包产业规模庞大，产业链发展很完善，制造生产和整体配套环节居于世界领先地位，但其他环节的发展则不均衡，尤其是前端的设计研发环节，相对来说仍处于比较落后的状态。表现为箱包产品概念的原始创新能力缺乏，产品理念和核心技术的前瞻性研究不足，企业无法持续输出能够引领市场、引导时尚消费的新产品。一个缺乏核心竞争产品的企业必然无法获得市场的认可，也无法获得较高的品牌附加值。

近年来笔者在箱包设计教学和与企业的交流合作中发现，如何打造富有中国文化特色和时代感的民族箱包品牌，如何提升中国设计师的创新能力，也是院校师生和企业管理者、设计师最关注的焦点难题。大家也会有很多迷惑和问题：为什么很优秀的民族元素最终却无法转化成市场畅销产品；为什么紧跟流行趋势的产品虽然好看，但是并不能提升消费者对国产品牌的辨识度和价值感；为什么设计灵感在转化过程中会变得平淡乏味；传统文化用什么样的形式与国际化风格相融合；怎样找到有创新价值的设计切入点；设计师个人如何做设计研究；设计团队如何高效协同工作等。如何解决这些困惑和问题，让设计理念和方法跟上产业和社会发展的需求，使设计活动焕发出应有的创造性价值和巨大的活力，是当前每个设计工作者都必须深入思考的问题。

设计师首先要认识到，现代产业背景下的产品设计工作，并不是一个完全具有主导性的、可以恣意发挥的独立环节，而只是包括在企业的整个产品开发流程中的一个重要环节。产品开发的过程是一系列相互关联、制约和支撑的活动的整合，包括调查分析、设计开发、生产制造、广告营售、商品流通等各个领域。因此，产品设计师的工作内容虽然聚焦于产品设计阶段，但其工作要立足于整个产品开发的总体目标。这就要求设计师不仅要掌握更加精良深入的专业知识和设计技能，发挥本环节应有的作用，还要充分认识到与其他环节的关联性和协同性，具备全局意识和跨领域合作的能力。其次，产品设计本身也是一个包含一系列技术活动的流程性工作，其工作内容不仅仅是对外观的美化和画款式图。在生产技术快速变革、产品不断升级换代的背景下，设计的内涵和外延都要不断升级，旧的知识和能力结构已经被颠覆。现代产品设计师还要掌握用户研究、趋势分析、消费者心理等多项知识和技能作为产品设计的有力辅助。最后，设计工作具有时间节点非常强的特点，需要企业内部各个部门、设计团队内部不同岗位的人员协同合作、高度配合才可以精准完成。无论是个体还是团队的工作方式都具有完整性、规范性和计划性的程序化特征。因此，掌握科学的设计思维方法，形成高效的工作模式也是非常重要的职业素质。

本书立足于当前中国箱包行业发展的社会背景，以培养和提升学生的箱包专业素质、设计理论水平、科学的设计方法和原创能力为目标，从箱包产品开发流程的角度，对箱包设计相关概念、现象、理论、原理、策略以及方法、规范等知识点进行阐述，并结合教学和设计实践中积累的经验、案例进行对照分析和解读，侧重创意思维和设计方法的论述。希望本书能够成为国内院校相关专业本科生、研究生的教材和青年教师、设计师的进阶参考书籍，也希望为箱包企业中从事产品设计、技术研发、商品企划以及设计管理等从业人员提供帮助，能够为大家补充一些理论知识，并在书中找到更多的学习方法和途径。

目　录

CONTENTS

1

第一章　箱包历史演变

2

第二章　现代箱包行业

3

第三章　箱包品牌设计风格

4

第四章　箱包设计元素

5

第五章　创意思维与设计方法

6

第六章　产品开发设计流程

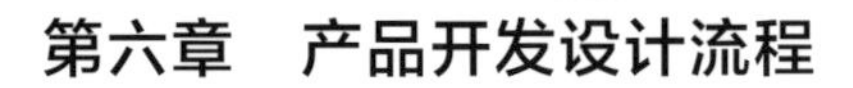

第一章
箱包历史演变

第一节　箱包与人类社会发展

“服装乃至其他一些事物的被创造，都是源于需要，当需求和现实发生矛盾时才有可能奋起为解决矛盾作努力。无端的需要是不可能产生的，主体的愿望除了一般生理需要以外，主要来自作为客体的环境的影响。”[1]这是郑巨欣教授在他编写的《世界服装史》中对于人类造物活动的分析。箱包产品被创造的起源虽无从考证，但是从一些人类早期文明时期的遗物中可以得到充分印证，盛放物品以便于随身携带是最初的根本动机。在我国新疆鄯善县多个青铜时代至铁器时代的墓葬中，出土过较多羊皮缝制的皮囊，是我国目前发现较早的实物。图 1-1 是车师时期的皮囊，在鄯善县洋海墓地出土。该皮囊长 21.2 厘米，宽 18.8 厘米，羊皮缝制，近长方形，上口穿细木棍。可见当时这种小皮包已经成为居民日常生活重要的实用品；[2]图 1-2 是古埃及的手提包（约在公元前 1480 年），在法老拉毛赛陵墓中的壁画中绘制有一只具有棋盘格装饰的长条形手提包；图 1-3 是古代巴比伦和亚述文明时期（公元前 1500—前 50 年）的手提包，据考证应该是在壁画中亚瑟王的守护神拿的包；图 1-4 是古希腊文明时期（公元前 8 世纪 ~ 前 146 年）的手抓包，这是一个比较简单的小布袋的形象，可以直接用手抓住。这些手提包的外观和携带方式几乎和我们现代社会箱包完全一样。图 1-1 和图 1-4 中的手抓口袋的制作和外观形式感从图像中看，似乎是比较简陋的，单纯地满足贮藏物品的实用功能。图 1-2 和图 1-3 是统治阶层使用的手提包，能看出包体造型、携带方式和装饰都有比较精心的设计。因此，在满足实用需求动机之外，早期人类社会的箱包已经表现出受外界环境的影响而产生的阶级意识、审美意识、炫耀意识、神灵意识等很多的心理需求。

1. 古代社会的箱包

1.1 中国古代的佩囊

古代中国人也在腰间佩戴小口袋，而且一直延续到清代，被称为囊橐（nánɡ tuó）或囊、橐。“橐，囊也”——东汉 · 许慎《说文》。按“小而有底曰橐，大而无底曰囊”，也有其他古籍上有不同的划分说法。如佩囊、荷囊、旁囊、鞶（pán）囊、鱼袋、金鱼袋等都是不同朝代的称谓。材质有皮革、布、丝绸等，并进行精美的装饰。相传在黄帝时候，臣子于则“用革造扉、用皮造履”，可以说是皮革的最早文字记载了。图 1-5 是东汉的“虎头鞶囊”。1953 年在我国山东沂南发现的汉墓中，画像砖上刻有在腰间佩戴鞶囊的武士形象。其功能是贮绶，即用于贮藏

图 1-1

图 1-2

图 1-3

图 1-4

图 1-5

显示官阶等级的绶带的绶囊。用皮革制成的囊是“鞶”。在宋代之后，直到明清、近现代多统称为荷包。多是根据大小、形态和需求进行划分，比如体积稍小一些的多用来盛放珠玉、香料等比较细碎、贵重的东西，用于辟邪、驱臭、熏香。而体积大的则用处较多，用于盛放印章、钥匙、钱币、手巾等物件。男性佩囊在中国古代很多朝代中都纳入官服制度中，在材质、图案、颜色等也会有等级规定。在隋、唐和宋代都出现过随身佩戴鱼符袋的官服制度。因此，古代中国男性佩戴的动机较之欧洲更加复杂多样，在实用功能之外，还衍生出重要的礼仪性和政治性功能，起到对身份和职业的表征功能。但纵览古代女性历史遗留的图像，腰间极少出现佩囊形象，一般只会佩戴较小的香囊。这和欧洲女性也不相同。其中因素很多，社会性因素之一也许和中国女性在严苛的封建礼教禁锢下，极少有外出活动有关。到明清时期，荷包上刺绣花卉、鸟、兽、虫、山水、人物以及吉祥语、诗词文字等成为盛行的装饰手段。并且融合明清时的吉祥文化，通过不同象征意义的图案来传达美好的寓意和祝福。图 1-6 是晚清汉族黄色缎破线绣花卉纹方形荷包和刺绣细节，为北京服装学院民族服饰博物馆的一件藏品。包身宽 11.3 厘米，高 11 厘米，黄色素缎为面，荷包肩上穿有蓝色丝带，下缀流苏。方形荷包取其“东西南北四通八达”“路路咸通”的寓意，用于装放随身用品。“荷包正反两面皆使用破线绣花卉纹，纹样抽象概括，分别似荷花、山茶花纹样。荷花象征‘和和美美’‘百年好合’，茶花象征爱情的纯洁，均寓意吉祥美好。充分体现了制作者的高超技艺以及对幸福生活的美好向往。”[3]

1.2 欧洲古代的腰包

欧洲中世纪（10 ~ 15 世纪）时期，男女外衣腰带上都普遍佩戴小口袋，用于放钥匙、零钱等。到 12 世纪之后这种小口袋更加流行，被称为奥莫尼厄（Aumoniere），用丝绸或皮革制成。十字军东征时骑士们用来装随身带着的钱财，善男信女们用来放施舍的零钱。随着造型和装饰日趋华美精致，比如金线刺绣或镶嵌珠宝等，更多的动机则是用来显示佩戴者的富有、炫耀自己的身份地位、对上帝的虔诚，与中世纪华丽的服装风格相互映衬。图 1-7 是中世纪欧洲男女佩戴的

图 1-6-1

图 1-6-2

三种款式的小口袋。有的直接穿过腰带固定，有的则用一根长长的绳子或金属链悬挂在腰带上。

从欧洲16世纪的文艺复兴时期开始，男性的服装上缝制了口袋，随身携带的小物品都可以放在口袋里。而女性的裙撑像大钟一样，无法再于腰间佩戴小包。在18世纪路易十五时代的欧洲，为了解决随身携带小物品的问题，小口袋被隐藏在了宽大的裙撑和外裙之间，外裙两边都开缝，手可以伸进去，正好是左右两个口袋，用来取放物品。这种巧妙的设计就是女装上最早的插袋形式。图1-8是缝制在女性衬裙侧面的布制小口袋。这是一幅漫画，讽刺贵族女性穿裙撑之前的情景，为她用力束紧上身胸衣的男仆上衣露出的白色手帕也是放在衣服口袋里。

古代人类的社会生活中除了上述佩戴在腰间的精美小口袋之外，还有很多其他类型箱包，为人们的生活出行提供不可或缺的作用。比如古代人外出长途旅行时用的笨重的木质或皮革质的衣箱；欧洲古代军队中士兵就开始使用的军用挎包；中国古代的褡裢包、包袱皮、竹木衣箱，背在后背上的竹编书笈，以及世界各个地区、民族的特色箱包等。但是我们在研究国内外服装服饰发展等相关历史时会发现，相对于服装、鞋帽、首饰等服饰品，箱包的图文资料较少，其功能和类型比较单一贫乏，古代社会的生产力水平低下是其主因。

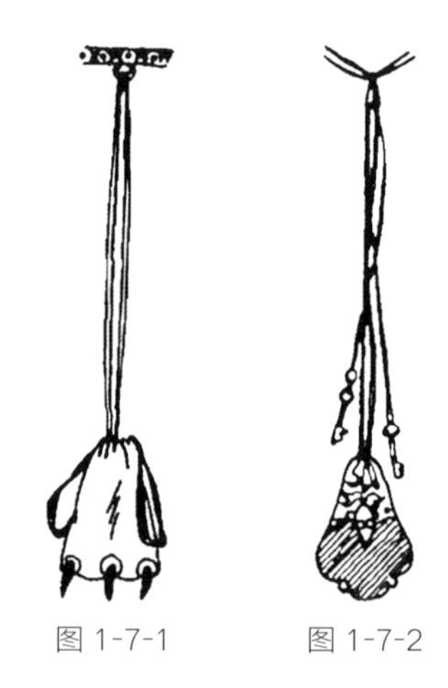

图1-7-1　　图1-7-2

图1-7-3

2. 近现代社会箱包的发展

对于现代箱包来说，需要特别强调功能用途对其发展的极大推动作用。如果没有从近代社会开始的对其功能性的极大需求，就没有现代箱包产品和产业壮大发展的可能性。19世纪中叶，在率先享受了第一次工业革命所带来的生活福利的欧洲大陆上，随着物质生活水平的提升和文明观念的进步，人们的生活质量比起封闭落实的古代社会有了颠覆性的变化，对于各种功能的箱包产品的需求变得非常迫切。现代箱包的发展背景就是处于这个生产力提升带来社会巨变的时代。

2.1 科学技术与箱包

17—18世纪，自然科学在欧洲有了突破性的发展。18世纪60年代，从英国开始波及世界的工业革命极大地改变了世界的面貌。生产机器和动力机器的发明是主要推动力。大机器生产开始取代手工业生产，生产力得到突飞猛进的发展。20世纪人类社会在科学技术和工业生产上有加速度的提升，科学技术日新月异，生产力空前提高，人们的生活极大改善。这也为箱包产品的制造技术和材料等物质方面的改进和创造提供了充分的条件，也促使了箱包功能和外观设计思维向着现代化转变。

图1-8

1854年，法国人路易·威登（Louis Vuitton）的制箱工厂推出了一款灰色帆布平顶箱（图1-9）。该箱表面以油涂层，被命名为“Gris Trianon”。箱子最大的变化在于外层材质摒弃了传统奢侈华贵但是笨重的生牛皮，采用了看起来很廉价的灰色帆布，在原来箱子内衬使用的防水帆布基础上研发的新涂层织物，其质地轻、坚固柔韧、防水性能佳，不会像生牛皮一样因受潮发霉或干裂。这种朴素的灰色面料是路易·威登历史上最古老的麻布织物。之后，以这种上浆之后再上色和涂层工艺为基础研发出了著名的棋盘格（Damier）和字母押花（Monogram）两种涂层帆布。正是由于超前运用新的科学技术，路易·威登品牌才能从旧的产品形制和审美风格中突破出来，创造出具有现代感的箱包产品和品牌形象。

从19世纪末期到中叶，制造技术以及人造材料不断加快发展，大幅度地驱动着箱包产品和产业的变革。以路易·威登品牌的旅行箱面料为例：1904年左右，一种事先经过了涂层工序的人造革材料Vuittonite代替了以前的涂层材料。1959年，它被PVC（聚氯乙烯）所取代。从1963年开始，路易·威登不再生产Vuittonite帆布。也就是说，今天所见的字母押花帆布是从1896年到1959年经历了多次材质和表面涂层的技术革新而最终初步定型。图1-10是不同时期的字母押花帆布箱子和图案细节。至今这种PVC涂层材料仍然是品牌的技术核心，保持着技术和性能的绝对领先优势。今天人们很熟悉路易·威登的这两款帆布材料，消费者往往只知道关心图案，但不知道其帆布的制造技术才是核心价值所在。最初印制棋盘格图案的目的主要是遮丑，用图案花纹来做障眼法，掩盖帆布粗糙的肌理纹路而已。

箱包产业最传统和有代表性的材质是真皮。人类虽然很早就开始鞣制和利用动物皮革，但是一直以来都采用手工鞣制技法，即利用树皮、果实、叶、根等的汁液作为植物鞣剂来加工皮革。这种植鞣法很环保，现在也还在采用。但当时的植物鞣制技术相比今天的植鞣工艺简陋落后得多。不仅生产效率低、产量低，而且皮质又硬又厚，无法铲薄和分层，也没有什么表面色彩和肌理的美化处理技术。即使如此，真皮材质还是非常稀缺昂贵的。19世纪末欧洲科学家发现可以用铬盐鞣革。而在1893年美国人马丁·丹尼斯（Martin Dennis）进一步改进铬鞣技术并发明了一浴铬鞣法后，鞣革技术迅速提升，铬鞣法开始广泛应用，加速了制革工业的发展。相比植物鞣剂，铬鞣剂制成的成品革手感丰满柔韧，富有弹性，物理机械强度好，皮张可以铲得很薄和分层，具备耐热、耐磨、抗水、延伸性好、色泽和表面肌理多样化的优异性能，皮革内在品质和独特美感展示出来，适于制作各种轻革，如鞋面革、箱包革、服装革、手套革、家具革等，因此铬鞣剂在世界上被广泛采用。这项制革技术革命对于近现代皮革工业和箱包、皮鞋、皮衣等制造工业的发展起到了至关重要的推动作用。

国际上很多知名皮具箱包品牌多创建于19世纪中后期到20世纪前半叶期间。制革产业的工业化发展和铬鞣革稳定优异的品质成为重要推手。比如创立于1941年的美国纽约曼哈顿的蔻驰（COACH），创始人Miles Cahn最初是从一双传统的棒球手套中获得的制作灵感。他与皮革工匠合作进行技术革新，将坚固耐用的棒球手套皮革变得柔软耐用，从而更加适合制作皮具和小皮件。这种皮革不是当时欧洲奢侈品皮具惯用的价格很高的手工植鞣革，正是前文中讲述的价格降低了很多的铬鞣革，可以让更多人有能力消费和使用。品牌最初的定位就是满足消费不起奢侈品的职业女性对于高品质和高品位的要求，因此，也有人称它为性价比最高的品牌。

2.2 交通工具与箱包

随着工业生产中机器生产逐渐取代手工操作，传统的以小规模的手工作坊为生产形式的手工业很快就无法适应机器生产的需要了。为了更好地进行生产管理，提高效率，资本家开始建造工房，安置机器雇佣工人集中生产，这样，一种新型的生产组织形式——工厂出现了。工厂的高效生产需要快捷便利地运送原料、货物和工人，从而人们便想方设法地改造交通工具。1807年，美国人富尔顿制成的以蒸汽为动力的汽船试航成功；1825年，蒸汽机车的火车试车成功，从此人类的交通运输也进入一个以蒸汽为动力的时代。1885年，内燃动力机汽车出现；1903年，美国莱特兄弟俩发明的飞机诞生。1887年，自行车技术也完成了向商业化的转化，批量生产并投入市场。交通工具不仅改善了工作条件，提升了生产效率，改善了出行条件，还激起了人类对大自然的探索和征服欲，比如乘坐火车或邮轮旅行、城际汽车拉力赛、野外探险、户外骑行等这些新鲜刺激的活动。由于人们开始经常外出，外出的行程

图 1-9-1

图 1-9-2

图 1-10

也越来越远，需要随身携带的必备物品也越来越多，箱包开始被大量需求并被设计制造出来，逐渐成为人们生产中一种不可缺少的随身物品。现代交通工具的发明，对于现代箱包来说是一个直接的推动力。我们熟悉的很多箱包类型、款式以及细节特色设计，都是满足人们具体的用途，根据最早的交通和运输方式等内外因素来设计的。

路易·威登公司于1924年设计的Keep all多用途包（图1-11），是现代箱包“长条枕”形的鼻祖。据说最初是硬体旅行箱里的附属赠品，乘客在乘坐轮船的长途旅程中，这个软体包可以单独拿出来使用，用于盛放一些日常取用的物品。但随着汽车、火车、飞机的提速，旅途时间不断缩短，随身必备用品不断减少，Keep all多用途包最终独立出来成为第一个可以随身携带的软式行李袋。容量适中、轻便灵活的包体更加适合短途旅行。这个包型也被其他品牌广泛借鉴，成为现代社会中人们短途旅行时最常使用的款式。立体感强，没有过于复杂的细节，外观廓形呈流线型，与现代汽车、飞机等现代交通工具具有一致的美感特征。

交通工具还在很大程度上促进了现代体育和户外运动的发展，为现代箱包产业增添了一个新的类型——户外运动背包。很多国际知名的户外背包品牌多于19世纪末期至20世纪中期在欧美国家创建，与工业化进程所带来的交通工具的率先发达而形成的广泛的大众户外运动爱好群体有直接的关系。根据不同的运动和环境，户外背包逐步演化成不同的产品系列。比如登山、滑雪、攀岩、漂流、沙漠穿越、骑行、徒步等。为了适应户外各种复杂的地形环境，适用性最强的款式就是双肩背包。户外背包设计中最核心的要素就是背负系统。早期背包并没有背负系统的设计概念，沉重的物品常令徒步者肩膀酸疼或痉挛，手指麻痹酸疼。瑞典休闲背包品牌北极狐（Fjallraven）品牌最初的创建者就是一个登山徒步运动爱好者，为了减轻负重感，他把软体的帆布背包固定在木制框架上，成为最早的外框架式背负系统背包。1960年北极狐品牌正式创立，推出了革命性的铝制框架背包。这个创新逐渐帮助越来越多的人有机会亲近自然。图1-12是北极狐品牌早期的铝制框架背包。

2.3 生活方式与箱包

近代工业革命用机器生产取代手工操作，改变了生产方式、改变了交通工具和运输方式，进而深入到人类的社会生活中，改变了人们的劳动生活、消费生活和精神生活（如政治生活、文化生活、宗教生活）等活动方式。以工人阶层为代表的各种新型市民阶层不断形成和扩大，旧贵族统治阶层的社会上层地位已经分崩瓦解，掌握新生产资源和大量财富的资

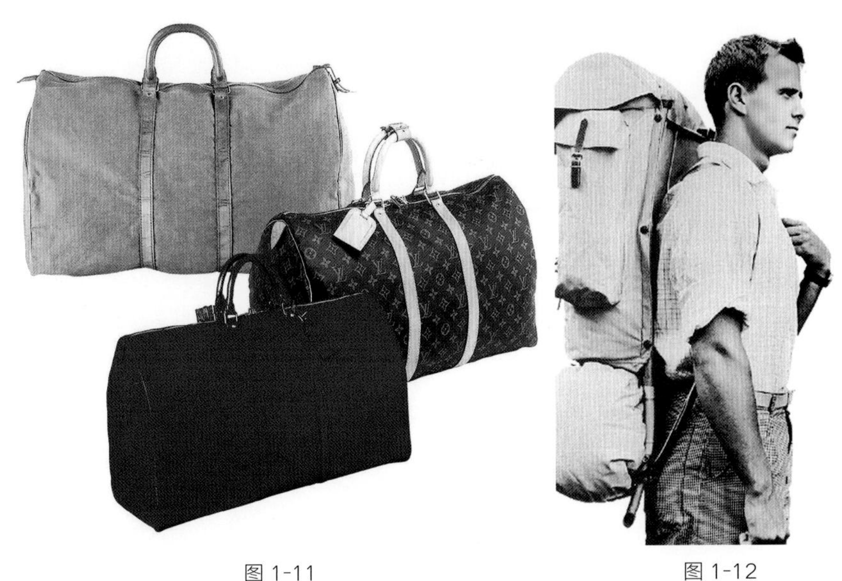
图 1-11　　图 1-12

产阶级成为新的权贵阶层，引领着经济、文化、社交、休闲、娱乐、礼仪、宗教等各种生活内容和形式，向着以现代城市生活特征为主流的生活方式不断演变。同时，生活水平的提升使得人们有了更好的精力和更多的时间，日常生活中的活动内容逐渐变得丰富起来。比如娱乐活动、体育运动、休闲娱乐、郊游旅行、跨越洲际探险等活动。这些活动借助不同手段、器材、交通工具进行。过去简单的箱包产品已经无法满足这些前所未有的新生活内容和方式的各种使用需求，很多新的产品类型和款式被不断设计创新。于是大量新鲜的款型都集中于 19 世纪中后期到 20 世纪六七十年代这段时期被设计制造出来的，应用于不同的生活场景和活动中，有些至今仍然保持着最初的造型特征和名称。

“手袋”（handbag）这个英文词语是在 19 世纪中期的欧洲才开始使用，所指的包型是一种全新的产品——专指用比较结实的真皮材质制作，金属或木框架封口，有一条短提手可以随身携带的小型包。此包最初是为了满足当时上层社会的女性度假时可以随手携带的目的，所以称为“手袋”。新名称也有别于旅行中使用的其他非随身使用的大型箱包。之后更多可以随身携带的、用手提的中小型真皮包都被称为了手袋，而且成为非常流行的物品。图 1-13 是 1890 年英国制造的女士皮革旅行手袋。由于当时的植鞣皮革很硬，一般只有制造马鞍的皮革工人才具有相应的制作技术，所以这种手包最初都是在马具店制作的。现代皮包的制作工艺和一些款式特征，很多都源自马具。比如手工皮具的缝纫方法，有一种称为马鞍针法，就是原来缝制马鞍时使用的缝纫手法。

随着新生活方式的建立，现代箱包基本的产品框架体系在不断完善和创新中逐渐构建起来。根据不同的使用场所和功能需求、生产工艺和款型尺寸、软硬等特征，可分为“箱”和“包”两个大的分类。“箱”主要针对远途旅行或特殊功用，注重对内部物品的保护性。多为大中型尺寸，早期多为竹木质、真皮等硬质材料，非常沉重，搬运不便。现代箱体已经比较轻巧耐用，可分为“软箱”和“硬箱”，“软箱”一般采用纺织面料或者复合 EVA 等材质，具有一定的柔软性和空间容量伸缩性；“硬箱”常用塑料、合金等材质，造型硬挺，保护性强，但是容量固定，相对比较重。“包”为日常工作及生活场合随身背用的各类中小型包袋，常用手提包、手袋、手包、背包等称谓来统指。采用纺织面料、皮革等软质材料制作，轻柔，携带轻便。功能丰富多样，品种款式多变。并且非常注重与服装款式、着装风格、身份地位、环境场合的协调搭配。

各类箱包的核心功能、形态结构、容积尺寸、造型特征、材料组合、装饰细节、背用方式、设计风格等属性，逐渐固定下来成为一种常规产品。形成了与服装整体形象搭配的着装规范和礼仪，约束着人们的消费和使用方式。比如白天上班时要穿着正式职业套装，携带的肩背包外观要符合办公场合的严肃理性要求，还要与职业装色彩风格等搭配协调。在社交场合、运动场合、休闲场合等不同的场合下，都有约定俗成的着装款式、搭配方式和礼仪规范。

2.4 女性社会地位与箱包

19 世纪末期到 20 世纪 20 年代，当时上流社会女性的时尚风气还是以贵族女性的客厅文化为核心的，比如社交场合、舞会等环境，实用性对于她们并没有多大的意义。经常携带的包还是以小包为主，主要收放化妆品、名片、香烟等物品，但更多地只是起到装饰点缀的作用。

19 世纪末是妇女解放运动的第一次浪潮，尽管进展缓慢，但是为女性走出家庭投入到广泛的现代社会生活中打下了思想基础。妇女解放运动的推进，使得女性逐步获得了很多与男性相同的社会地位和权益，整个社会的思想文明也有了极大的进步，女性美进化到公开推崇的时代。女性服装款式和审美风格变幻丰富，从超短裙到比基尼、S 型曲线等，尽显女性人体美和性感特征。

图 1-13

图 1-14

20 世纪最享盛名的服装设计师，也都是以女装设计崭露头角并载入史册的。随身携带的箱包也在这种社会审美需求的推崇下，不断涌现出缤纷多姿的设计款式，引发了箱包设计的第一个繁荣发展时期的到来，这个时期也同样产生了很多经典的设计产品和知名的品牌，极大地推进了现代箱包产业的扩大发展。图 1-14 是 1910 年代欧洲流行的女性时髦的新形象。大帽子和大手包非常醒目。虽然大部分女性还是习惯携带小手包，但是很多有金属或木质框架口结实的大手袋已经开始受到很多新女性的喜爱。因为这样能自己携带很多随身物品，无须别人帮忙，可以随时去购物、参加活动，或者乘坐汽车、火车去旅行等，使得女性更加行动自如地投入社会生活中。所以，大手袋的出现和流行，某种程度上暗合了女性解放的需求。

20 世纪的两次世纪大战中，大量妇女走上前线，留在后方的女人也代替男人参加了繁重的生产劳动。所以她们开始抛弃繁赘华丽的服饰，并普遍穿上了男式长裤。职业妇女增多，造就了妇女解放运动的浪潮和个性解放齐头并进。许多妇女表现得和男人一样卓越，女性的地位在战后大大提高了，这为她们最终冲破传统意识对于妇女服饰的束缚增添了力量。女性的服装观念和款式设计变得越来越宽松和自由。20 世纪 40 年代前期，由于第二次世界大战使得物资极度匮乏，作为重要军事物资的皮革和金属不可能再用于皮具箱包的制作。而且女性也没有闲情逸致去享乐生活，也都投入到各项战备工作中。因此，实用的肩包受到欢迎，结实的纺织物在很大程度上代替了珍贵的皮革。结实、美观、经久耐用是当时人们所需要的，能装的大包被认为最时尚。图 1-15 是 1943 年美国女性携带的单肩背包。第二次世界大战期间，单肩背包显示了实用简洁的风格。

女性主义的第二次浪潮从 20 世纪 60 年代至 70 年代开始，最早起源于美国，一直持续到 80 年代。其基调是要强调两性间分工的自然性并消除男女同工不同酬的现象等。20 世纪 80 年代的女权运动造就了一群女强人形象，如 1979 年当选的英国首相撒切尔夫人，女歌手麦当娜成为女权世界引人注目的偶像。职业女性的涌现使女人们不再固守着过去淑女的、柔弱的形象，不仅仅是为美丽而穿，而是为了成功而穿。女性在公司里占的比重加大和地位的改变导致了她们着装的改变，比如身着具男士西装风格的套装、戴着墨镜、脚蹬高跟鞋，色彩灰黑，风格中性。职业女性携带的手提包成为非常重要的显示自己身份的工具，特别是那些管理阶层的女性。包体廓形硬挺、简单无装饰的品质精良的女士小坤包，以及能放入手提电脑和移动电话的公文包式的大型手提包是 80 年代的经典款式，充分表达出女强人风格的权威、力量和严肃。英国首相撒切尔夫人步入政坛开始，手袋就成了她的象征，她携带的多为款式方正的深色手提包，硬朗、精致，井井有条，提醒人们她是不同于普通淑女的女性政治家的社会身份。其中英国伦敦的奢侈品品牌爱丝普蕾（Asprey）（1781 年创建）

的一款黑色手提包她使用了 30 年，图 1-16 是撒切尔夫人的标志性手袋。

用向男性着装靠近的中性化着装风格来强调女性的地位，今天看来有点幼稚过激，但是对于女性主义的发展是一个必经历史时期。经过了女强人时代的设计审美，进一步改变了女包设计传统的唯美、装饰、奢华等观念，社会象征意义和个性化的表达成为女性选择箱包款式的重要标准。女包的产品类型、功能、款式、材料、色彩和设计风格等更加丰富多变。

图 1-15

3. 进入 21 世纪箱包的变革

21 世纪是信息高速发展和全球普及的时代，为人类的文明进步带来极大的推动力，同时又是与工业时代并存，人工智能技术和生物技术不断探索和取得惊人成果的时代。传统的箱包制造产业和产品形制仍然占据主流地位。作为日常生活用品的箱包，其功能适用性和外观风格越来越完善，为用户提供更时尚美观、舒适好用和个性化的使用体验感是新的制造目标。但是工业时代高速发展带来的诸多问题也在 21 世纪突显出来，箱包制造业也面临着很多持续发展和产业技术更新的问题和挑战。

3.1 计算机辅助设计

进入 21 世纪后计算机辅助设计和互联网对于现代产品设计产生的影响越来越明显。建立在研发人员以往经验基础上的传统设计，已经不能适应现在市场与需求的复杂化和快速变化。现代制造业的新产品设计成为一种系统性的研发工程，而不仅仅是由设计师个人的天赋和能力所能把控了。以电子计算机为手段，以网络为基础，建立在现代设计管理技术之上，运用新产品设计的新理论和新方法，实现新产品设计效果优化、设计过程高效化。计算机参与到产品设计研发的各个阶段，有效缩短新产品开发周期，提高产品开发质量。目前国内较大规模的箱包企业基本上都使用 PGM 2D|3D CAD|CAM 进行箱包手袋行业一体化解决方案，可以在产品设计、3D 试样、样板制作（出格）、排料、智能套排、绘图输出、纸板切割、全自动铺布、高速自动裁剪、真皮裁剪等方面实现高效率，并可使设计研发有效纳入企业系统化管理。

同时，计算机辅助设计也直接进入产品制造工序中，不断尝试对箱包成型方法和制造技术的颠覆性变革。图 1-17 是比利时箱包品牌凯浦林 (Kipling)2014 年的首款 3D 打印软塑料包，是与比利时 3D 打印公司 Materialise 合作共同打造的，由互连的塑料小猴子组成（品牌的吉祥物）。Materialise 工程师将 2D 猴子剪影转变成 3D 造型，在其公司的 3-matic 软件上设计完成，采用高柔软度的 TPU92A-1 的打印材料完成。3-matic 是 Materialise 公司出品的基于数字化 CAD(STL) 的正向工程软件，是一种从产品设计到产品制造的快捷方式。3D 打印的包体造型的塑造不需要去考虑样板结构，不需要一步步从零到整进行缝纫组合，是完全一体成型的。设计师工作地和制造工厂不必要在一起，只需将造型设计数据通过网络传输到 3D 打印机中即可实现快速打印。甚至以后可以把设计数据直接传输到用户家中的 3D 打印机上，用户自行选择喜欢的

图 1-16

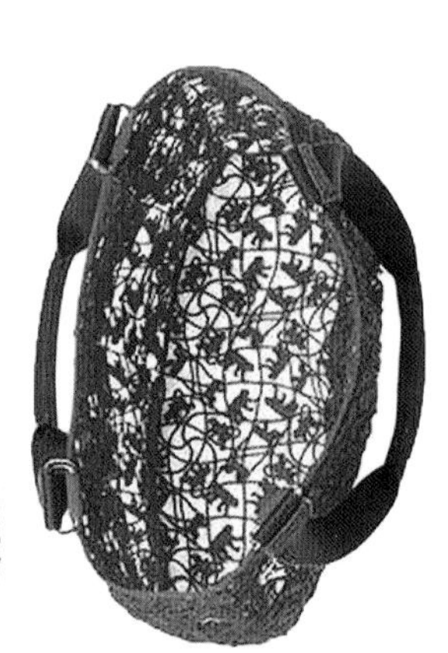

图 1-17

款式进行打印。未来材料和技术更加成熟稳定后，必将在一定程度上改造或颠覆工业化时代以来建构起来的传统箱包制造业。

3.2 大数据与智能技术

21 世纪还有两个新的科学技术因素，已经给箱包行业带来了很多变革，也逐步改造着箱包设计理念、方法和手段，那就是基于互联网技术的大数据和智能制造技术。互联网首先改变了传统的商业模式，使得消费者与品牌和产品设计师可以省去中间环节直接面对面，得以快速实现产品的销售和反馈。最初，奢侈品和知名品牌都不屑在线上开店，或者只把线上作为一些积压、过季产品的甩货渠道。但是随着线上销售额的不断攀升，已经没有任何品牌敢于小觑互联网上的用户潜力了，奢侈品品牌都逐步调整了自己的营销策略，成立了单独的电商部门（线上销售模式电子商务部门）。传统箱包设计缓慢、低效的开发方法和流程无法应对线上销售的速度。有很多人甚至预计，通过大数据搜集、分析和整理，未来设计软件就可以做出完全符合时尚品位和消费者要求的设计，慢慢取代设计师。

智能制造是将大数据、物联网、云计算等信息技术与先进的自动化技术、传感技术、控制技术、数字制造技术结合，实现工厂和企业内部、企业之间和产品全生命周期的实时管理和优化的新型制造系统。随着智能制造技术的成熟度不断提升，制造企业已深刻意识到智能制造是提升核心竞争力的关键，并逐步将智能制造细化到企业的战略举措中。但是箱包制造业作为手工化程度较高、企业规模较小，产品更新快、标准化不高、技术含量较低的行业，转化或研发适合本行业的智能制造技术和系统存在一定的难度，有很多不同于其他标准化、规模化程度高的如汽车、电器、医药等行业的技术需求点和特殊性。但是从制造业未来趋势看，社会的可持续发展需求、生产成本的压力、消费需求的个性化等不同层面的要求，也在迫使传统的箱包制造业从粗放型向质量效益型转变，从高污染、高能耗向绿色制造转变，从生产型向“生产 + 服务”型转变，智能制造技术则是最重要的实现手段。

大数据技术和互联网已经成为制造业不可或缺的创新推动力，最重要的一个运用领域，就是会直接影响到产品设计研发的前端，为产品设计定位和研发方向提供精准数据和协助决策。而大数据和智能制造结合，则可以提高生产的灵活性。通过采用数字化、互联和虚拟工艺规划，实现按照消费者个性化数据和区域市场需求，进行大规模批量定制生产乃至个性化小批量生产，从理论上可以实现将库存降低为零的目标。解决人类在两个历史发展时期阶段，即手工艺生产模式和大工业化生产模式两者间不可调和的供需矛盾：既可以针对少数或者单个消费者提供个性化的产品和更好的设计服务，又能够利用巨大的产业链平台实现高品质、低成本的快速制造。

4. 教学案例 1：邮差包的起源与演变

本节训练主题为历史知识的扩展与深入研究。

现代社会中很多经典的箱包款型都有自己独特的发展渊源，这往往奠定了它在功能和款式方面的核心特征。如果学生在课后可以深入细致地研究更多经典款式的前世今生，了解它的起源和变化，并延伸到相应历史背景下的文化、艺术、社会习俗、工艺技术、色彩装饰等内容，不仅可以进一步详细了解不同款型的设计起源和特征，还能扩展相关知识，为今后的设计工作储备丰富的视觉元素图库和灵感资源。

邮差包（Messenger Bag），也称为信使包，一般指一种用帆布制作的斜挎包。它是近些年复古风潮中最具代表性的一种包型。本次课后，请大家通过广泛查阅各种文献资料，包括本校的纸质或者数字图书资料、互联网上的时尚资讯、国内外各大服饰博物馆等资讯。通过自己对于资料的收集、整合和辨别，最终梳理出关于邮差包演变历史和设计特征的图文资料库，包括起源和演变、产品功能和设计特征、自己的思考和研究观点等。有简明的阐述文字和准确的图片，并标注资料出处。

5. 学生作业 1

学生：董文琪，杜雅婕，卜秋仪，吴媛媛，杨慧婷，杨娇

小组成员对于邮差包的产生背景和演变历史进行资料搜集，这里列举其中部分图文内容。

1. 在 17 世纪初期的苏格兰，随着口袋成为男士服装不可分割的一部分，男士不再需要钱包了，但是携带一些笨重的物品——书籍、文件和信件等物品就需要携带斜挎包。17 世纪的欧洲军队，士兵也会斜挎类似邮差包的粗帆布包，用来盛放口粮和弹药。

图 1-18 是 17 世纪初期苏格兰的皮质斜挎包。图 1-19 是英国军队士兵背用的帆布斜挎包。

2. 斜挎包实用性明确，长期是邮差、报童、户外作业工人等体力劳动者专用包。斜挎包被命名为邮差包的发源可以追溯到美国，在美国

图 1-18

图 1-19

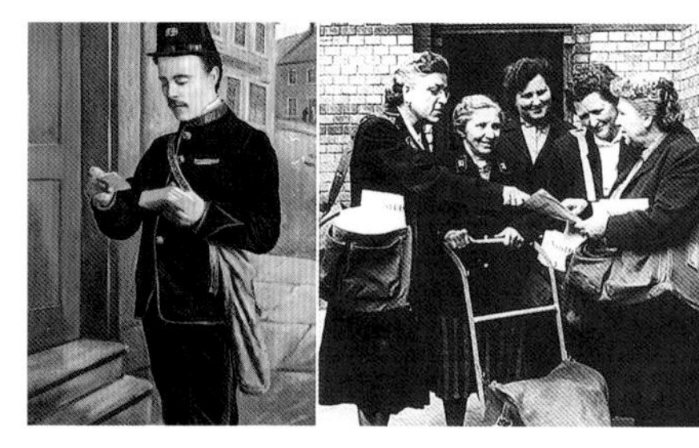

图 1-20-1

图 1-20-2

图 1-20-3

图 1-22-1

图 1-22-2

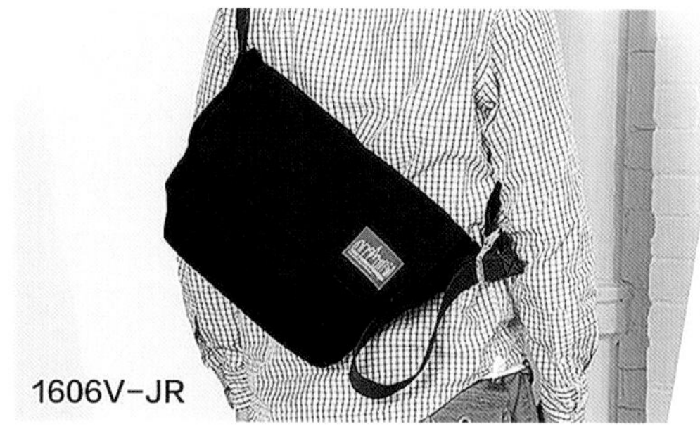

图 1-21

1860 年代南北战争后，为了追求更高的工作效率，美国邮递员率先开始使用大型斜挎包，以便减少送信时的往返次数，并在 19 世纪末迅速推广到了全世界的邮政行业。从此把类似于邮递员投送报纸、信件时候挎的包统称邮差包。自行车被广泛使用之后，邮差骑行斜挎有翻盖背包是送信的标配，也成为经典的邮差包使用场景。图 1-20 是 19 世纪末期至 20 世纪初期美国、英国、德国、法国等各国邮递员使用各种款式的邮差包的工作情景。

3. 让邮差包从单纯的邮递员专用职业包转化成街头潮流风格，则源于美国 20 世纪末期，实用结实、功能性强、背用方便的邮差包被美国纽约、旧金山等城市中很多喜欢骑自行车的人士所喜欢，逐渐带动这种款式和设计风格转向大众用包，并且在美国涌现了很多知名的专门做邮差包的背包品牌。比如 1979 年在纽约成立的 Manhattan Portage，1980 年在纽约成立的 John Peters，还有 1989 年在旧金山成立的 Timbuk2 等，均为鼻祖级的邮差包品牌。他们对邮差使用的斜挎包在功能、款式、材料、时尚度等方面进行了现代化改进，很多款型都成为现代邮差包的基本原型。对于带动邮差包在世界各国的流行起到了至关重要的推动作用。图 1-21 至图 1-23 分别是 Manhattan Portage、John Peters 和 Timbuk2 品牌的经典款式。

图 1-23-1

图 1-23-2

第二节 箱包艺术设计的演变

从远古开始，人类为了生存而对自然界的改造，其思想和行为都可以称为设计，直至20世纪上半叶之前，由于手工生产的特征，设计与生产的关系是糅合在一起无法完全分割的。18世纪中叶后，人类进入工业时代，高效率生产的机器将农耕时代隐藏在生产中的设计活动逐渐剥离出来，无论是美术的观念还是形式，都要符合工业化批量生产的标准化要求，符合大众消费群体的审美形式，因而设计师的职业才得以产生，设计学专门学科才逐渐形成。现代设计以服务于人为目的，正是这样的设计促进了现代人类文明的发展。在20世纪一波又一波的艺术思潮和设计运动的影响下，箱包的设计理念和艺术风格也在不断蜕变和发展，呈现出各具特色的艺术设计风格，留下了很多经典的设计。

1. 手工艺生产背景下的箱包设计

1.1 早期艺术运动背景

最早起源于19世纪下半叶英国的工艺美术运动，是传统手工艺技术和艺术创作思想与现代工业化设计的最初对抗。因为初期的工业化产品不尽如人意，造成产品在艺术美感和设计水平的下降，往往外观粗糙不够美观。因此，这引起很多艺术家的不满，他们开始亲自投身到实用产品的设计和制作中，用艺术家的创作标准加上精细手工艺来制造一件件完美的作品。虽然一些艺术家和理论家也提出“美术与技术结合”“艺术应该让大众理解”以及“产品设计和建筑设计是为千千万万的人服务的，而不是为少数人的活动”等具有先进性的艺术思想，很多画家也身体力行地投入到首饰、墙纸、家具、纺织品、书籍装帧等实用物品的设计工作中，但是，实现这些目标的手段却还是采用了已经落后于时代的手工制作方式。在19世纪末到20世纪初，发源于法国后扩散到十几个欧美国家的“新艺术运动”，总体上也并没有逃脱和工艺美术运动依赖于手工生产方式的局限。

20世纪二三十年代起源于法国的“装饰艺术运动”，与前两个艺术运动相比有巨大的突破，因为工业化的趋势已经势不可挡了，所以不再固守手工艺生产。但是设计的服务对象还是以上层社会为主，所以在艺术形式上仍不完全具备现代设计的特征。但是这些艺术运动所创造的风格形式各具特色，比如艺术创作的视觉形式上都受到东方意识的影响，尤其是受到日本装饰风格及浮世绘的影响。这为人类社会留下了众多艺术水准较高的艺术设计作品和实用产品。

1.2 箱包设计的装饰性风格

19世纪后期到20世纪30年代末，也就是第二次世界大战之前这个时期，由于制作技术、材料成本、使用需求和产业环境等各个方面的因素，欧美社会中的箱包仍然处于手工制造为主的传统设计阶段。当时上流社会女性的时尚风气还是多携带小包，最常见的是用丝绸、天鹅绒等织物制作，并用大量的金饰、刺绣、珠绣装饰出轻快、奢华、花哨、引人注目的奢华风格。还有多种彩色珠子串联的小包、金属链扣、金属网等金属质地的小包。图1-24是20世纪20年代非常盛行的银质网格金属链扣饰品包。小巧的包上还挂着三个更小的小包，分别是香水瓶、粉盒和卡片盒。图1-25是1920至1930年代的一款手包。方正的包体上绣有精致的虫形纹样，无论是浅粉色的色调还有纹样，还是镀金的框架和金属链，都具有当时典型的装饰艺术风格。图1-26是20年代的赛璐珞材质的晚礼包，挂在手腕或手指上，主要放唇膏和脂粉，包身上嵌有莱茵水晶石，绳带和流苏都是丝质的，在跳舞时非常优美。

这个时期在审美风格上受到东方传统艺术的影响，箱包设计也喜爱采用东方特点的材料和图案题材，如用色彩和纹样繁杂的阿拉伯地毯制成的手包，或用富有东方情调的刺绣品、锦缎等制成的手包，都是当时非常流行的款式；还有对于东方传统图案和人文景观的借鉴，如珠绣和刺绣盛行中国风景、象形文字、大象、埃及纹样、挂毯图案和小花边图形等，表现出一种东方情调。图1-27是1925年左右制造的一款长方形皮革手包。两个包盖上均有精美的中国风景，大象型的按钮是用象牙雕刻的。新艺术运动和装饰艺术运动还创造出一些手工艺和工业化时期相互交接的特殊艺术风格和形式美感，如简单的几何外形和细部装饰的有机结合。当时的箱包造型出现很多几何外形的设计，如金属材质的手包、烟盒、粉盒等，流行一种非常扁平的、外形简单的长方形造型。并且在锁扣、提手等处采用几何纹样来装饰。图1-28是20世纪30年代几何感强烈的盒式晚礼包，由法国克罗奇·佛莱雷斯设计。

图 1-24

图 1-25

图 1-26

2. 工业化生产背景下的箱包设计

2.1 现代主义设计运动背景

现代主义设计从 20 世纪 20 年代发起，至今一直在发挥着重要的作用。

随着工业化生产技术越来越成熟，艺术家和艺术设计师们在思想意识上终于彻底认识到工业化的发展趋势不可阻挡，是能够为全世界各个阶层的人们改善生活质量、提供美好艺术享受的唯一手段。工业化设计方法不是艺术创作和精湛手工技艺的简单相加，而是需要一种全新的设计理念和方法指导设计师的行为，才能充分发挥工业化生产的巨大潜力。1907 年美国芝加哥建筑派的领军人物路易斯·沙利文（Louis Sullivan）总结设计原则时所说的一句名言“形式服从功能”，即是体现工业化生产核心价值的设计方法论层面的创造。对于欧美各国当时苦苦寻觅一种新的设计理念去革新陈旧、落后的装饰主义、折中主义的设计方法的设计师而言，无疑是一剂及时的良药，是可以真正实现产品批量化、标准化和实用化要求的有用的设计准则。由此以“形式服从功能”为核心的现代工业设计运动在世界各国迅速展开，最终使得如汽车、冰箱、电视、时装等原本价格高昂的产品能够走入寻常百姓家庭。“形式服从功能”是现代主义设计的基本特征。

现代主义设计是 20 世纪促使欧美工业化迅猛发展，形成美国、日本、欧洲诸多经济发达国家的有力手段。随着工业生产规模的扩张和产量的剧增，很多产业都充分市场化，产品开始跨越地区、国家进行全球化销售。通过现代主义设计思想对于工业化大生产的影响，促进了社会经济的发展，让普罗大众也可以享受第一次工业时代的福利，功能性和艺术性都非常完美的工业产品带来的整个社会的生活质量提升。因此，现代艺术设计的一个核心内容，就是改变艺术设计长期以来一直为权贵服务的历史，转而为大众服务，即设计的目的是为人服务。

2.2 箱包设计的现代化风格

20 世纪初的女用手提包最初还体现着奢华的社会风气，更像是工艺品或装饰品。随着社会文明的进步，女性在工作、社会活动和体育运动中找到了新的生活目标，重新认识了自己的价值，已经不再仅仅需要靠华丽的装饰炫耀自己的存在了。因此，在这种社会背景下，现代主义的设计思想一经产生，就立刻主导了箱包的设计，使其逐渐从奢华繁复

图 1-27

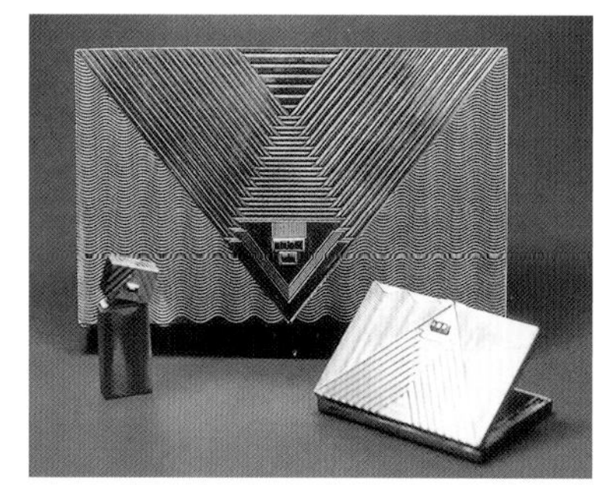

图 1-28

图 1-29

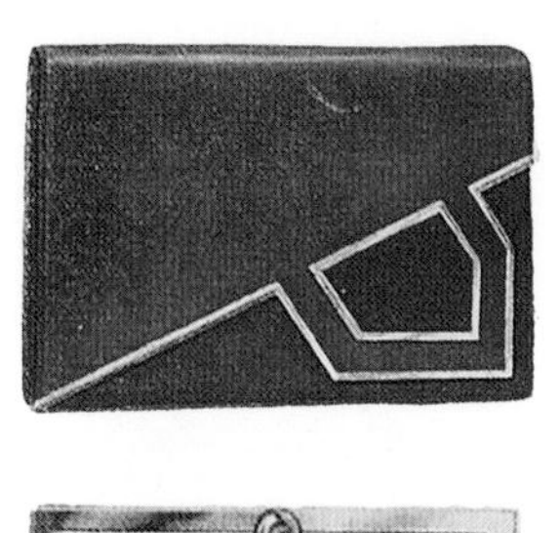

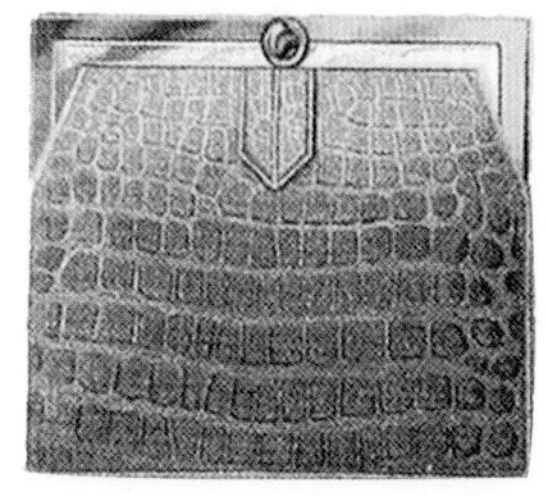

图 1-30

的装饰风格转向了成熟、简洁、庄重、雅致的现代风格，即使是昂贵的皮革材料和奢华的晚用手包在外观装饰上也低调了很多。并且这种风格一直延续到当下社会中，成为主流的设计风格。图 1-29 是一款 20 世纪 30 年代的棕色牛皮手包，午后外出使用。镀铬框架口和胶木提手组合成一套简洁实用的配件。而且提手可以折回放平，这时可用备用皮提手携带。其简洁大方的造型和多功能设计一改前期的浮华无用感。“这时的制包趋势是强调其结构而非装饰。事实上，设计的重点已从重视手包的细节和装饰转变为突出材料本身的构造和质地，无论它是鳄鱼皮、蛇皮或是鸵鸟皮。”[4] 图 1-30 是 20 世纪 30 年代英国商店的手袋广告中的款式。大多数款式设计都已经具有了现代风格：少装饰、结构简洁、功能实用、造型方正理性。

第二次世界大战期间，奢侈品皮具也受到了很大影响，处于艰难的时期。很多品牌破产，剩下的也在竭力支撑。但是，很多经典的设计反倒出现在这个困难时期。我们今天熟悉的意大利古奇（GUCCI）品牌最知名的竹节提手包（GUCCI Bamboo Bag），因为独一无二的天然竹节提手而显示了精妙的创意。法国爱马仕品牌的橙色皮料是其专属主打色，这个起源是“二战”之前物料紧缺，包装袋也缺货，被迫选择了当时不太受欢迎的橙色作为包装，没想到逐渐受到热捧，传承至今。回顾历史，就会发现事情的很多真相。设计不是万能的，离开物质条件只谈伟大的创意是一件无意义的事情。设计有巨大的主观能动性，能够在平凡和简陋的条件下获得最大程度的超越。

第二次世界大战以后，原西德、意大利以及日本缝纫机工业发展很快，欧洲各国的大多企业开始生产工业用缝纫机。工业用缝纫机和其他工业机械，如注塑、模压等快速成型设备的大量使用，使得产品的品质得到提升和稳定性的保证，而成本得到大幅下降。20 世纪 50 年代，随着飞机时代的到来，空中旅行已不再是富人的专利。1958 年美国旅行箱品牌新秀丽（Samsonite）制造出首款以轻物料镁为框架，以丙烯－丁二烯－苯乙烯（ABS）聚合物为箱体的轻型手提旅行箱，采用模具进行大批量制造，产品品质稳定，造型完全整齐划一，可以达到手工不可能达到的精密规整。ABS 材质的旅行箱具有突出的优点：外壳强度高，坚硬、不易被压变形，不受水、无机盐、碱及多种酸的影响，不易破损，能有效地保护内装物品。它逐渐成为美国中产阶级中行政人员、商务人士、航空人士等各个领域出差人员心目中最时髦好用的出行用品。图 1-31 是新秀丽公司 ABS 材质飞行手提旅行箱的宣传图。箱体大小造型合适，闪亮的金属框架、表面光滑的 ABS 材料，具有天然材质所没有的质感、肌理和视觉感，给人们带来极大的新鲜感，具有非常独特的现代工业设计风格。

图 1-31

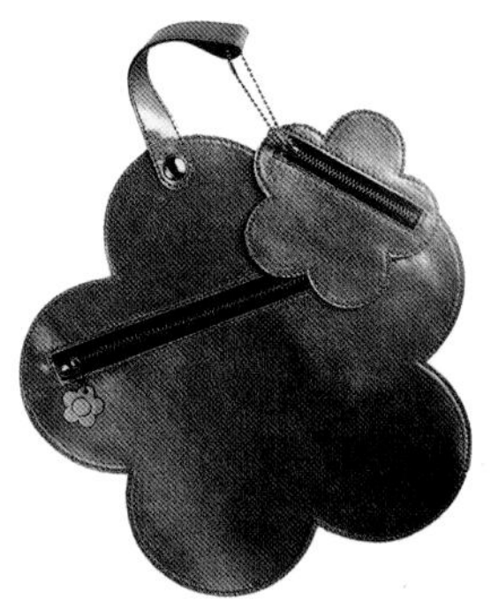

图 1-32

很多服装设计师也开始涉足箱包设计，从各自独特的审美观和艺术个性出发，为现代箱包创造出众多经典之作。如香奈儿品牌的 2.55 手包，国际上最知名的经典的奢侈品皮具款式，就是在 1955 年首次推出品牌的女士背包产品。手袋承袭了品牌女装一贯的设计风格：简约、实用、低调、华丽，选用软皮缝上交叉的斜线，模仿绗缝夹克的外观。

随着经济的复苏和科技的发展，原材料极大丰富起来，合成革、合成纤维织物、防水布、有机玻璃、硬质塑料等充满活力的现代人造材料使箱包面目一新。箱包材质的丰富和制造成本的大幅降低，款式设计和审美风格也脱离了真皮材质的局限和单调性，为箱包设计提供了丰富的创造空间。箱包市场扩大，涌现了很多箱包设计师和小型设计公司。箱包在 20 世纪中期开始进入了“价廉物美”的工业化生产时代，形成了大众箱包品牌占据更多市场份额的现代箱包产业。20 世纪 60 年代至 70 年代，欧美各国青年文化潮流中涌现了很多年轻而优秀的设计师和大胆的个性作品。图 1-32 是英国的玛丽 · 匡特（Mary Quant）设计的皮质手包。玛丽 · 匡特是当时最有代表性的年轻而前卫的服装设计师。这个小手包有一个短带系在手腕上，造型采用了她本人最喜欢的雏菊造型。简单随性的造型极富年轻气息，打破了奢侈皮具传统的时尚规则。

3. 品牌文化背景下的箱包设计

3.1 后现代主义设计运动背景

20 世纪 70 年代晚期开始，出现一种对现代主义设计进行反思和颠覆的设计思潮。由于现代主义设计发展到一定阶段，工业化制造规模越来越大，产品设计要适应越来越大的国际化市场和用户，所以产品抽离那些生动的、人情味、个性的、文化的元素，变得单调和过于理性。过度工业化和商业化的问题逐步显露，而这些是与人类多样化的精神需求和审美需求背道而驰的，这最终导致后现代主义设计运动的兴起。当代艺术设计思潮中影响力最为广泛的就是后现代主义。它追求更加富有人情味的、装饰的、变化的、个性的表现形式，后现代主义文化商业化实践最突出、最有代表性的领域之一是时装。现代主义对纯粹性和功能性的强调、对表面装饰的嫌恶，导致服装进行理性化的尝试，后现代主义的时装设计则试图脱离这种模式，而向装饰品、修饰和历史上的折中主义风格回归。依托现代商业和大众传媒，时装对于社会生活的影响力得以增强。表现为上流社会成熟的、社会精英式的主流时尚文化的主导地位被削弱，年轻人的、街头大众的真实生活得到了重视，平民的创意也可以搬上 T 台来影响全球的新时尚，青年文化潮流开始登上时尚舞台，亚文化成为被关注和放大的设计灵感源。涌现了个性张扬的时服装设计师。如英国前卫设计师维维安 · 韦斯特伍德（Vivienne Westwood），被称为“朋克教母”，让 · 保罗 · 高提耶（Jean Paul Gaultier），凭借着戏剧化的风格赢得“巴黎坏孩子”的名声。还有 20 世纪 70 年代日本服装设计师森英惠、高田贤三、三宅一生、山本耀司等通过法国巴黎的时装市场第一次走上了世界时装的大舞台。这些日本设计师打破西方服装传统格局，在时装中加入本民族的服饰因素，充分体现了东西方文化的交叉价值。后现代主义设计已经不仅仅是指与现代设计相对立的概念，而是包括了更多的设计风格。而随着信息技术对于世界的影响越来越深入广泛，计算机、网络等正在改变着设计的形式和方法，新材料、新技术、智能制造的不断发展，生态问题、民族文化、设计伦理等，都将从内涵和外延对箱包的艺术设计进行重新塑造。

3.2 箱包设计的品牌化特征

随着产品的极大丰富，服装服饰的实用性功能已经得到充分满足，审美需求成为人们最重要的着装目标。不管是奢侈品还是大众档次的箱包品牌，都随着生产技术的提升和行业规模的扩大、国际化贸易时代的到来，逐步进入一个产品和品牌越来越多、消费者需求越来越高、同行竞争越来越激烈的阶段。产品物质层面的差异化和营销手段已经有点力不从心了。只有通过塑造独特的品牌形象，在箱包设计中增加与众不同的品牌文化作为附加值，才能获得更多人的关注，标注更高的销售价格。于是在此基础上，形成了一种现代社会所特有的“消费文化”现象。其重要特征就是商品、产品和体验可供人们消费、维持、规划和梦想。对于某种商品的消费不仅仅是为了得到物质功用的实现，更是为了拥有这种商品后所得到的一种心理上的满足和自我表现。比如，购买某个名牌皮具，通过在别人面前的展示而传达出自己的经济实力和审美品位、生活方式的优越感等一些隐喻的与社会地位和身份象征等相关的意义。在信息得到成功的传达后，携带者就会产生一种满足和愉悦的感觉，并觉得物有所值。20 世纪 70 年代到 80 年代，这种基于品牌文化的推广和消费，激起了欧美以及日本等经济发达国家的人们对设计师和品牌标志的炫耀狂热，箱包上用字母和名牌 Logo 标志作装饰由此盛行起来。箱包设计要基于品牌文化和特色，在箱包上展示出标志性的品牌 Logo、款式造型、五金配件、标识纹样面料以及品牌色调等，经过高度符号化设计的产品，配合品牌文化的旁白，在消费者的眼里无形中具有了高度的艺术价值和审美吸引力。20 世纪八九十年代，从欧美国家进入中国的带有金属 Logo、标识纹样面料的品牌箱包，以精致高贵的产品设计，以及精心编写的传奇历史，给中国人带来了一种全新的视觉美感和心理刺激，从此就种下了品牌崇拜的种子。比如路易 · 威登的字母押花涂层帆布、意大利奢侈品品牌古奇最经典的双 Logo 标识花纹的丹宁布等，就是非常成功的案例，引起国内箱包品牌的模仿。

4. 21 世纪多元化背景下的箱包设计

4.1 多元复杂的设计背景

进入 21 世纪以来，艺术设计呈现多元化和跨越式的态势，无论材料工艺、生产技术，还是销售模式、消费习惯、生活方式、审美观念等方面，都发生了巨大的变化。已经很难找到哪一种设计风格可以成为绝对的主流，个性化的消费需求越来越强烈。大众的审美素质不断提升，已经不再满足批量化的、程式化的流行风格产品。虽然传统的设计理念和产品形态还占据主流地位，但是已经呈现出创新动力不足、发展乏力的状态。在互联网经济、信息技术以及人工智能技术的不断冲击下，技术美学的设计理念成为新的潮流动向。尽管其设计原则、形式美标准和艺术设计风格还没有定型，但是设计师已经进行了大量的创新实践和设计探索。2002 年，联合国教科文组织通过了“文化多样性”宣言，倡导在全球化的进程中保护和发展文化多样性。各个民族传统文化、地域文化、本土文化得到重视和挽救，传统手工技艺得到国家层面的重视。一直以来欧美国家对时尚趋势的话语权受到一定程度的质疑和挑战，世界各地的传统民族文化和设计重新复苏。民族传统如何与现代审美观念、制造技术进行融合、再设计，真正重新回到人们的日常生活中，这也是艺术设计面临的挑战。人类在 21 世纪面临着许多困难，诸如能源的大量需求、环境的污染、资源的耗竭、人口的膨胀等问题。生态环保问题也成为艺术设计必须直面的问题，可持续设计、绿色设计、设计的社会责任、设计伦理等成为除了实用性和审美需求之外必须要关注的产品制造因素。

4.2 箱包设计的新现象与新理念

4.2.1 箱包与艺术的“跨界”设计

21 世纪初期，“跨界”设计（crossover）成为国际时尚界潮流的一个新兴的领域和商业概念。它的原意是指不同领域间的跨界合作，现在代表着一种新锐的时尚态度和生活方式。作为一个全新的设计策略和营销手段，“跨界”设计给那些思想活跃、勇于挑战传统束缚的设计师们提供了一套新的方法论。进入新世纪后，传统的箱包品牌和产品设计理念受到了极大的冲击。路易 · 威登品牌率先在箱包设计上开创了艺术跨界的一步。1998 年路易 · 威登任命来自美国纽约的设计师马克 · 雅可为艺术总监。马克 · 雅可将这个法国皮包老品牌进行大刀阔斧的革新改良，使有些暮气沉沉的品牌迅速上位成为国际时装界风头最盛的时尚品牌。2001 年马克 · 雅可与美国前卫艺术家涂鸦大师斯蒂芬 · 斯普劳斯（Stephen Sprouse）合作了涂鸦系列，把斯蒂芬 · 斯普劳斯惯用的鲜艳色彩、玫瑰图案、“Louis Vuitton Paris”的涂鸦字样印在了手袋上。涂鸦，这个街头前卫艺术风格第一次进入了奢侈品这个最高端的时尚领域，给品牌带来了极大的年轻气息和街头风格。同时，路易 · 威登也是第一个发起时尚界与艺术家跨界合作的品牌。2003 年路易 · 威登与日本艺术家村上隆的合作系列成为行业中最成功的跨界项目，合作时间长达 12 年之久。这 12 年间，他们合作推出多款经典手袋，例如很多明星都非常喜爱的 33 色的字母押花多彩（Monogram Multicolore）系列。从而带动了各个箱包品牌与艺术家的多样合作。“艺术家”成为继“品牌”之后又一个促进附加值和形象增长的设计手段。图 1-33 是村上隆与路易 · 威登合作的 33 色的字母押花多彩系列款式之一。

4.2.2 “It Bag”箱包现象

21 世纪初期，时尚界出现一个很流行的“It Bag”概念，这也从一个角度说明了，箱包作为时尚先锋的地位已经达到了一个顶峰。所谓“It Bag”，是指“一定要拥有的”包，是最受关注、最热门、预订名单最长、媒体出镜率最高，也最多被翻版的手袋。“IT”是英语“Inevitable”——“不可避免”的缩写。它是各大名牌每季精心设计的主打产品。绝对耀目的形象带动了一波又一波的流行潮流。携带这样的一个“It Bag”无疑就拥有了最前沿的时尚形象。图 1-34 是时尚界第一只“It Bag”— Luella Gisele Bag。最早的“It Bag”崇拜现象一般认为是从英国箱包品牌玛百莉（Mulberry）的 Gisele（吉赛尔）包开始的。这款著名的“It Bag”是这个百年老牌玛百莉与伦敦的设计师露艾拉 · 芭特莉（Luella Bartley）的合作结晶，并以此为原本老派的 Mulberry 增添了时髦的新格调。2002 年的春夏季，由当时的超级名模吉赛尔 · 邦辰（Gisele Bundchen）手拎这款手袋作为压轴模特走秀，并首度被时尚传媒称为“Must-Have”。这也是“It Bag”含义的最初来源。这款包也被称为 Luella Gisele Bag，不仅成为流行经典，更被多位明星、模特、设计师和时尚人士竞相拥有。在此之后，每年都会出现一个国际知名品牌来推出一个“It Bag”，比如意大利芬迪（Fendi）推出的间谍包（Spy）、法国品牌克洛伊（Chloé）在 2004 年

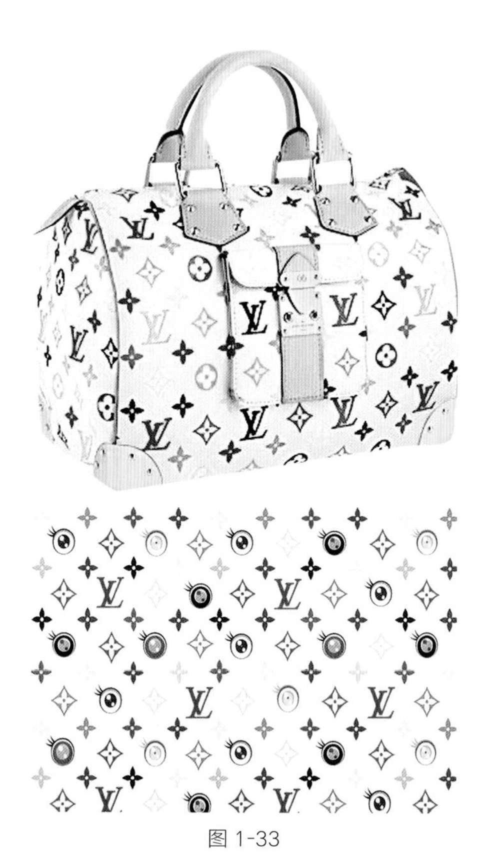

图 1-33

图 1-34

推出的锁头包（Paddington）和在 2014 年推出的小猪包（Drew）、法国品牌思琳（Celine）在 2010 年推出的笑脸包等。

4.2.3 箱包小众品牌

从路易·威登任命来自美国纽约的设计师马克·雅可开始，到“跨界”设计，尤其是和村上隆所代表的日本卡哇伊风格，都在预示着时尚品牌的设计趣味和市场定位越来越迎合 90 后、00 后年轻一代的审美爱好。一些年轻设计师创建的新兴的时尚品牌不断涌现，审美趣味更加强调亚文化和族群概念，用标识性图形和文化符号来表达年轻人喜欢的街头风、前卫艺术、民族风、古着风、手工感、嘻哈风、二次元、动漫游戏等。21 世纪后，涌现出众多被称为小众、潮牌或者独立设计师品牌的箱包品牌。相对于工业化大批量箱包，以及高高在上的奢侈品，小众品牌产量小、个性张扬、品位独特，材料工艺可高可低，并没有一定之规。图 1-35 是小众箱包品牌 MANU ATELIER 最受欢迎的经典产品。MANU ATELIER 品牌创立于 2014 年的土耳其，擅长运用拼色元素。手工制作的皮具产品，工艺精致，但在风格上年轻化，特别适合喜欢亮色和前卫风格的年轻女性。而且箱包自重比较轻，内部空间大，具有很好的功能。

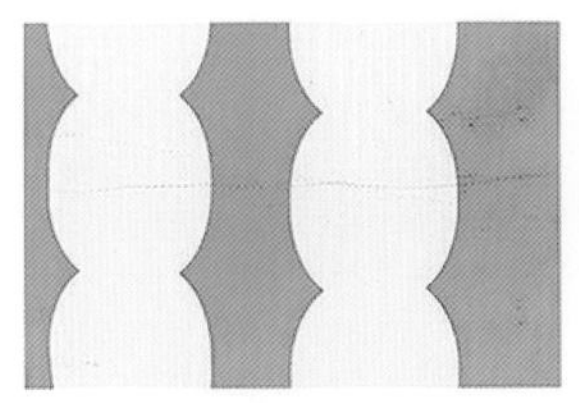

废旧卡车防水布

废旧安全带

图 1-36

图 1-35

4.2.4 箱包可持续设计

生态环境的污染是进入 21 世纪人类面临的最严重的问题之一。时尚公司在环保人士的眼里向来都是环境污染和资源浪费的一大制造者。时尚制造行业的可持续性探索，目前主要集中在材料、降低制造成本和回收利用这几个层面。研究机构都在探索发明各种新型的环保可持续材料。但这些新材料在现实中的使用表现、整个生命周期与天然皮革、人造皮革相比，是否真的更加环保和可持续，废弃材料是否真正可以做到完全生物降解也还有待研究和观察。但具有可持续性的新型材料的研发是必然，也将会代替一部分传统材料。

除了探索新型材料之外，对现有材料的回收再利用也有很多成功案例。图 1-36 是创立于 1993 年的瑞士包袋品牌 FREITAG 的一款购物袋包。利用回收的卡车篷布，把这种防水耐磨、还有很好的使用性能的材料制作成各种简洁实用的背包。回收得来的用料再处理后会呈现不规则的纹理，每一个 FREITAG 背包，都是独一无二的。由于兼具功能性与时髦的外观，现在品牌已在全球设立了 350 个经销点，还创办杂志宣传可持续的生活方式、消费价值和审美形式。虽然 FREITAG 品牌的旧物回收并不是传统意义上的箱包主流制造业和商业品牌，但是无疑值得时尚设计师进行反思，设计是不是就一定要被市场商业利益和流行趋势完全主宰和驱动。随着地球资源日趋稀缺，服饰产品可能会变得昂贵起来，消费者的购物需求会转回务实，对于产品的耐用、维护、租赁等需求可能成为新的消费形式。箱包设计师在制造流程和工序层面的探索也是层出不穷。比如改变箱包常规的缝合连接方式，采用更简单的折叠、拉链连接的方式，或者尝试3D打印一体成型等生产技术。其目的是通过减少烦琐的制造工序、降低制造环节中的资源消耗等形式来更好地实现可持续目标。

可持续发展是一个系统问题，涉及社会、经济、自然环境多个层面的复杂环节，必须要进行协同创新，而不可能单独从一个环节就可以实现可持续发展。目前已经有一些富有远见的时尚品牌将可持续发展提升到企业战略层面，跳出当下难以突破的困境，创造性地提出了更具有竞争力和独具优势的可持续发展方案，并将战略贯穿于产品和服务的开发中，探索有效的研发、生产、商业盈利和服务机制。而从微观层面上，可持续设计现在亦成为一个迫切的、不可回避的设计伦理层面的课题，每个设计师都要身体力行，成为可持续发展方面的践行者。当下的箱包设计师要做有社会责任感的设计，而不能只顾表达自我、盲目追求新奇性。从实践意义上来说，能够实践出具体有效的可持续设计方法，还可以逐步影响相关行业中各个环节的从业者，积极的社会性意义也不可小觑。

注释

1. 郑巨欣 . 世界服装史 [M]. 杭州：浙江摄影出版社，2000: 25.
2. 吐鲁番博物馆官博 . 吐鲁番博物馆馆藏精品介绍之皮制品—皮囊 [EB/OL]. http://blog.sina.cn/dpool/blog/s/blog_1320021070102uy0q.html?md=gd.2014-08-15.
3. 北京服装学院民族服饰博物馆在线 . 民族服饰——汉族 . 黄色缎破线绣花卉纹方形荷包 [EB/OL]. http://www-biftmuseum-com.vpn.bift.edu.cn:8118/collection/info?sid=2869&colCatSid=6.2021-08-02.
4.[英] 克莱尔 · 威尔考克斯 . 百年箱包 [M]. 刘丽，李瑞君，魏舜仪，陈淑芬，译 . 北京：中国纺织出版社，2000:44.

5. 教学案例 2：以历史研究为命题进行系列化箱包设计

本节内容是以历史发展为大背景，对箱包的演变做了一个简略的梳理。由于篇幅所限，很多相关的历史内容和设计细节都不得不忽略。在理论授课之后，学生可从本节内容中选取自己感兴趣的历史中任意一段的微观细节展开深入的个案研究。并结合自己研究过程中的感触和兴趣点进行创意转化，设计创作出一系列现代感的箱包作品。

比如，挑选一个能引起你兴趣的、在某一历史时期在服饰方面具有特色的历史人物、品牌或者风格流派展开深入和广泛的个案研究，包括研究对象所处的社会背景、习俗等更多范围和领域的相关内容。作业内容包括：①图文形式的研究资料汇总；②资料筛选和整合，灵感板、设计主题和创作方向；③绘制设计草图；④绘制系列化款式效果图；⑤制作等比尺寸的纸质模型；⑥从系列中选择一款制作实物。

6. 学生作业 2

学生：金璐菲

以 20 世纪时尚发展史上最著名的时装设计师嘉伯丽尔 · 香奈儿以及其品牌为研究对象，抽取出其独立前卫的个性、服装的几何直线廓形、格呢面料、山茶花形态特征以及黑白经典色彩等进行整合，作为设计核心元素，最终完成一系列（共五件女士手袋）设计。图 1-37 和图 1-38 分别是学生通过对香奈儿以及相关资料进行研究之后，绘制的人物形象以及精选的设计核心元素。图 1-39 和图 1-40 分别是部分草图和最终确定的五个款式图。图 1-41 是其中部分款式制作的纸质模型。图 1-42 是其中一个款式用皮革材料制作的实物。

图 1-37

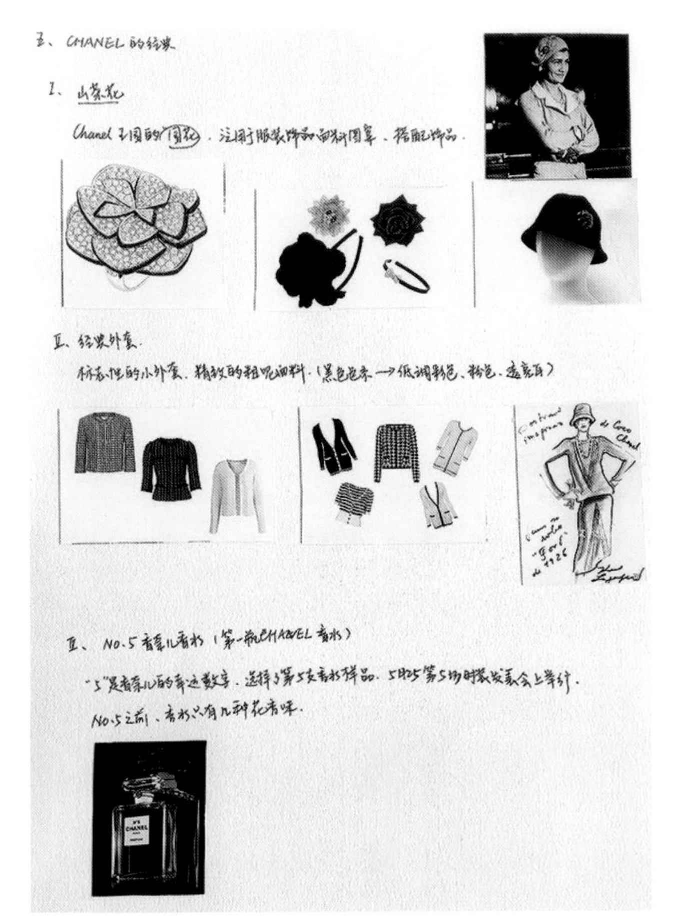

图 1-38

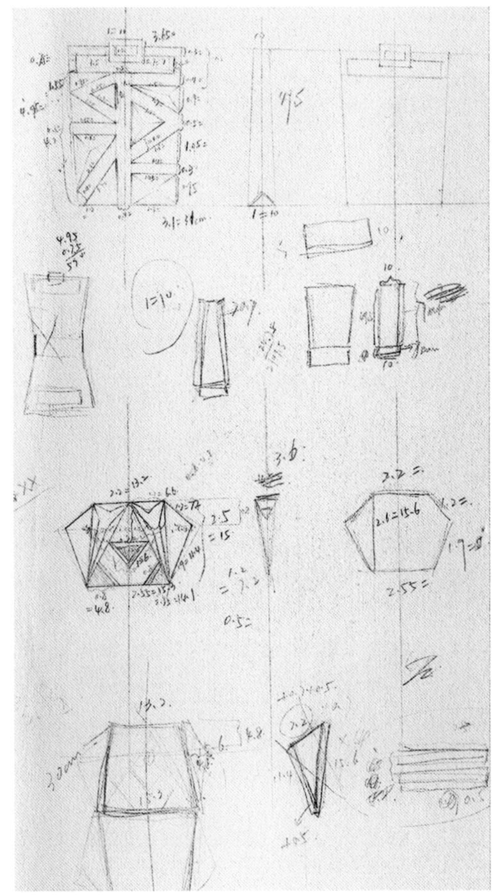

图 1-39

图 1-40

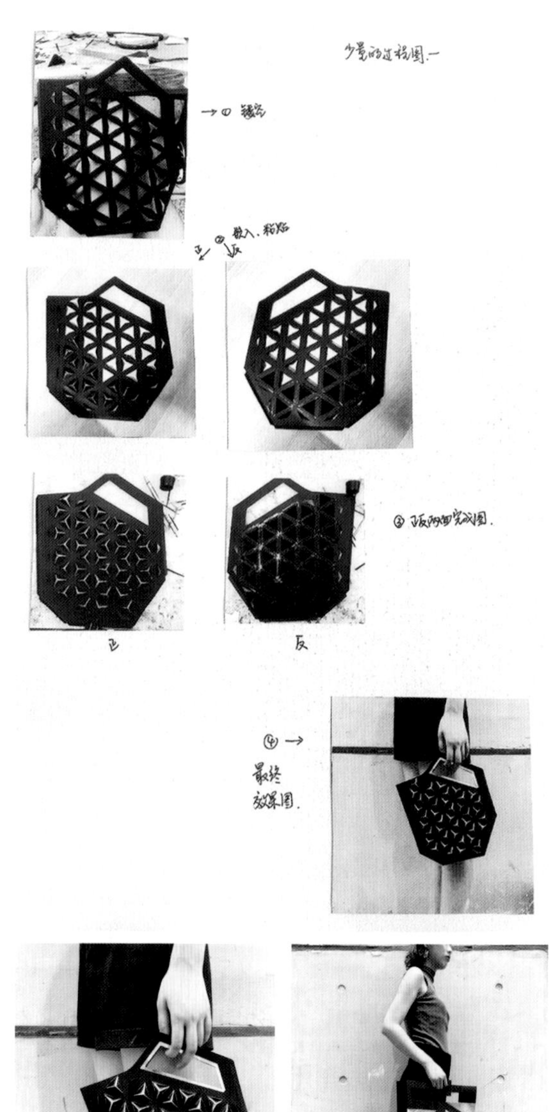

图 1-41

图 1-42

7. 学生作业 3

学生：陈禹驰

以 20 世纪时尚发展史上著名的“朋克教母”维维安·韦斯特伍德（Vivienne Westwood）以及“朋克风格”为研究对象，充分理解其设计精神和品牌个性后，采用解构的方法设计了一系列具有抽象艺术特征的款式。纸型制作中，为了充分体现本系列的色彩效果和前卫不羁的风格，选择了彩色纸张、废旧电线、废旧五金件等材质，使得纸型效果也达到了较完美的设计预期状态。图 1–43 是前期研究过程的部分资料的整理。图 1–44 是其中一个款式的设计效果图。图 1–45 是其中两个纸质模型的单独照片。图 1–46 是整个系列的纸质模型与一个实物包的照片。

图 1-43-1

图 1-43-2

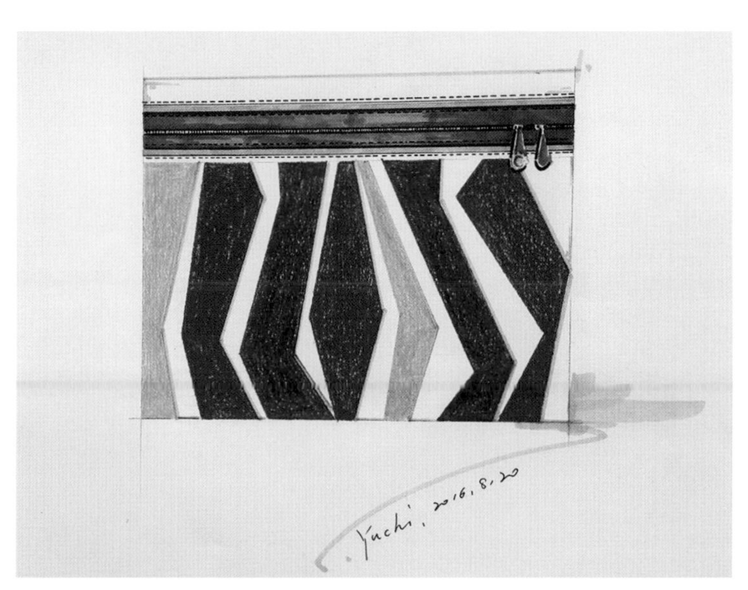

图 1-44

图 1-45

图 1-46

8. 总结与思考

本章对箱包的发展演变进行了概要的梳理和讲述。重点是近现代欧美国家的箱包发展历史。本书对于历史的梳理，并没有采用简单的空间和时间划分方式，而是随着历史的进程，以不断出现的推动箱包发展的内外因素为线索进行阐述分析，更利于了解箱包设计在不同历史和社会背景下的形式和价值，以及其合理性和先进性，并列举了大量的设计案例和丰富的产品图片。从历史回顾中可以感受到，优秀的箱包品牌，都是及时抓住了社会变革带来的新技术和新机遇，顺应了时代的需求而得以成名。反过来思考，品牌的百年延续也是建立在不断为社会和大众贡献价值的基础上。从 19 世纪中叶开始，科学技术的突破带来了生产力水平的加速度提升，促进了整个人类社会文明的进步。箱包从一种不起眼的简陋的小物件，逐渐演变成现代社会中千姿百态的必需品，为人们的生活提供了很多便利和审美享受。

随着智能化技术的指数级变化，生产方式又将迎来一次颠覆性的技术革命，我们的生活方式也产生了不可逆转的变化。而现在大部分箱包制造业已经可以定性为传统制造业了。作为身处传统制造业当中的设计师，如何发挥自己的创新能力，为传统制造业提供顺应时代需求的设计服务，并在未来智能技术时代的背景下，重新找到自己的职业定位，这都是应该考虑的问题。要以史为鉴，保持对社会的观察和敏感度，对新技术、新事物的好奇心，敢于颠覆自己现有的知识结构，勇于跨界学习和协作，做头脑清醒的创新者而不是固守陈规的随从者。

可以结合本章内容做如下调研和思考：

1. 请环视自己和周围人的日常生活、工作、旅行和休闲等状态，看看有哪些已经被改变或者被颠覆的外出行动、服饰穿着方式，并观察他们携带的物品和携带方式等方面有什么新的变化。

2. 大胆设想一下，在未来的智能时代、数据化生活和虚拟世界中，人们对于箱包这种产品的需求会有什么变革，箱包形态、审美和功能方面的创新会有哪些可能性。

第二章
现代箱包行业

第一节　箱包产业链

箱包在人们日常生活中是不可缺少的出行用品，市场对于箱包的需求很大。现代箱包工业已经形成一个构成复杂、企业数量庞大的产业链。产业链的形成首先是由社会分工引起的，上游环节向下游环节输送产品或服务，下游环节向上游环节反馈信息。产业链分为狭义产业链和广义产业链。狭义产业链是指从原材料一直到终端产品制造的各生产部门的完整链条，主要面向具体生产制造环节；广义产业链则是指在狭义产业链基础上尽可能向上下游拓展延伸。产业链向上游延伸使得产业链进入基础产业环节和技术研发环节，向下游拓展则进入市场开拓环节。

箱包产品主要包括各种材料制作的衣箱、提箱、旅行箱、手提包袋、背包以及类似的箱包容器等。中国的箱包产业具有良好的产业基础和完善的产业链条。目前已形成了皮革、纺织面料、发泡材料、织带、拉链、拉杆、箱包机械、五金配件等较为完整的产业链，同时带动了相关配套行业的发展，形成了产业集群的协作配套机制。中国是世界箱包生产第一大国，也是最大的箱包出口国。箱包产业集群地主要集中在东部沿海。广东、福建、浙江三地占我国规上箱包企业销售收入的一半以上。再加上山东、江苏、河北三地，合计占我国箱包行业销售收入的80%以上。[1] 图2-1是狭义的箱包产业链示意图，包括与箱包产品具有直接联系的众多生产制造行业。

1. 上游产业链——原辅材料制造企业

上游环节中的企业，主要是指为箱包提供各类原辅材料的生产型企业。包括面辅材料制造企业，如天然皮革制造企业、合成皮革（PU、PVC）

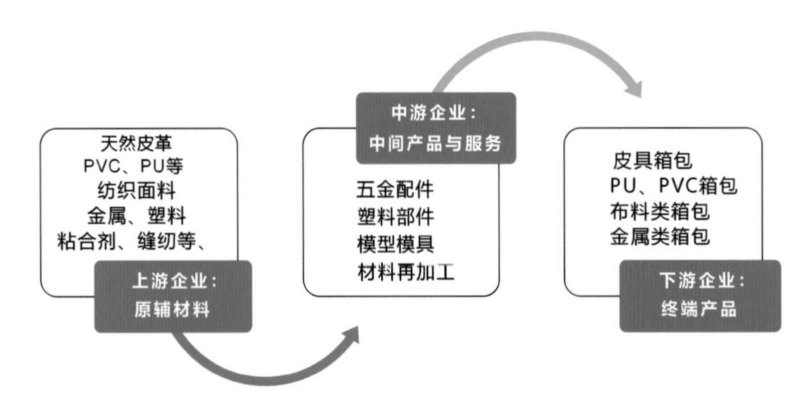

图 2-1

制造企业、纺织面料织造（尼龙、涤纶、纯棉帆布、牛仔布、涤棉混纺等）企业；用于加工箱包配件的铜、铝、合金、塑料原材料制造企业；海绵、EVA、塑料板、纸板、粘合剂、皮边油、缝纫线等辅助材料的制造企业，以及必要的化工原料生产企业等。这些原辅材料企业多数并不完全是专属箱包产业链的企业，也为服装服饰、家居产品、工业产品等制造业提供原辅材料。制革厂会为皮衣、皮鞋、箱包皮具、家居产品提供成品真皮，只是由于终端产品的用途和性能要求不同，对于皮张的选择、鞣制工序、厚度、柔软度、表面涂饰等方面会有所区分。

上游企业制造技术的改造升级，材料的更新改良、淘汰或换代，必然会对终端的箱包产品产生重大影响。20 世纪 50 年代合成皮革问世，尽管其性能与天然皮革差距较大，但其生产速度快、产量大、价格低廉、外观变化丰富，更加适合现代大众消费市场的需求。对于现代箱包行业的快速发展、商业市场的繁荣扩大，以及满足普通大众的社会生活等方面，合成革的发明无疑是非常重要的推进因素。

2. 中游产业链——中间产品制造和服务企业

箱包的很多零部件产品，以及面辅材料的再设计、美化装饰等加工服务，箱包制造企业自己往往不具备能力去完成，需要从外部相关企业采购。比如箱包上的五金配件，包括各种金属或者塑料质地的环扣、锁具、链条、磁力扣等，均需要到五金加工厂进行采购或定制。硬箱的箱体需要借助模具成型，而模具也是箱包制造企业无法制作的，需要模具厂的配合。箱包面料上的图案定位印制、电脑绣花、编织编结、绗缝线装饰等美化工序，一般也需要到配套的加工厂进行外加工，以减轻企业购置设备和组织生产的压力。

再扩大范围的话，还可以把更多相关配套行业纳入产业链条中。包括提供各类制造机器和设备工具的企业。比如下料机（裁断机）、工业用缝纫机、片皮机、压合机、打磨机、铆钉机、烫金机等专门的箱包制造设备。很多企业已经采用比较先进的智能数控下料机代替手工程度较高的液压式裁料机，比较普遍的有振动刀头切割机和激光雕刻机。将电脑软件绘制的样板数据输入下料机，用极细小的金属刀和激光束取代了笨重的钢制刀模，自动化的排版和高速切割代替了手工排料、铺料和下料，极大提升了工厂裁断工序的效率和裁料的精准度，也节省了大量人工。激光雕刻机还可以对真皮、合成革、布料等进行精细的图案雕刻或镂空，为箱包面料的装饰美化提供了新的设计表现手段。当前大型箱包生产制造企业中，应用 CAD/CAM 软件系统进行产品设计研发与生产管理也是比较常普遍的。专业的软件公司也成为产业链中游的新型服务企业。

3. 下游产业链——终端产品制造企业

最终端的箱包制造企业，负责将箱包的零部件进行组装并最终成型的环节。终端箱包产品制造企业数量众多，在企业经营模式、材料和制造技术等企业资源上也有很多区别。但总体来说，箱包企业多属于中小规模的劳动密集型企业。

3.1 以制造技术划分的企业类型

箱包的用途、功能以及材料、工艺技术分类众多，工业化生产模式下的箱包产品，从制造技术和产品基本特征方面可大致分为包袋和箱类这两大类。制造企业可据此划分为两大类型的工厂。前者一般规模相对较小，手工化程度比较高，制作相对简单，只需借用工业用缝纫机、一些基本的加工机械就可以进行生产制造。由于生产技术和设备投入不高，所以入行门槛较低。相对来说，包袋类产品款型、结构的更新变化比较容易，设计灵活多变，生产组织也比较便捷。比如可以组织生产单个包袋，一般小工厂的流水线上几十个包（同款同色）也可以生产。有些线上品牌甚至可以以更少的几个、十几个数量进行生产。后者规模相对较大，需要大型的加工设备，以及高温高压等特殊配套设施和生产环境，自动化程度较高，流水线生产规模较大，不能生产单个或者几十个的小批量订单，而且前期新产品研发成本较高，因此产品外观设计更新较慢，款式也相对简洁经典。

包袋的材料多为皮革、纺织面料等易于裁剪和缝纫的柔性材料。平面的材料经过结构样板设计，先是裁剪成零部件，再按照一定的顺序缝纫组合后，最终形成各种造型的立体腔体。根据材料主要分为真皮工艺、合成革工艺和纺织面料工艺。总体来说手工化程度较高。还有一些特殊的生产技术，如编织、编结、串珠、布艺等，生产制造的手工程度更高。箱类根据材料的不同和加工技术的不同，可再细分为硬箱和软箱两大类。目前主流的硬箱有 ABS、PP、PC、ABS+PC 等塑料材质，以及铝镁合金材质的硬体箱。

硬箱一般都分为前后两个立体箱壳，利用箱锁或者拉链来连接。塑料硬箱箱壳的制造，比较常用的方法有模压、注塑或喷塑的成型技术，制造出前、后两个箱壳，之后可以用铝合金型材经弯曲后作为箱壳的边框，在边框上安装箱锁来连接固定。也可以不用铝合金型材，而用拉链进行连接。金属硬箱的箱壳制造，是利用大型机械设备对金属板材进行裁切、挤压、拉弯，形成立体的箱壳，之后再与金属边框装订组合。软箱的箱壳相对于硬箱较为柔软，箱壳表面一般是涤纶等纺织面料或者合成革，在面料背面会利用高温复合一层 EVA 材料，复合后的面料具有一定的厚度和坚韧度。复合面料可以根据设计需求裁剪为多个部件，像包袋一样再进行拼接、缝合，组成有很多变化形式的箱壳。软箱的前后箱壳一般采用拉链连接，生产工艺和技术相对于硬箱要简单一些。

3.2 以经营方式划分的企业类型

从现代箱包制造企业的业务承担和利润获取模式方面来看，下游的箱包制造型企业可以分为 OEM、ODM 和 OBM 这三种模式。

（1）OEM，Original Equipment Manufacture（原始设备生产商）

生产制造公司（甲方）具备足够的产品生产能力，但没有自己的品牌，只是按其他品牌公司（乙方）特定的条件而生产，所有的设计图等完全是乙方提供来样，也称为“代工”或“贴牌生产”。

（2）ODM，Original Design Manufacture（原始设计制造商）

生产制造公司（甲方）根据其他品牌公司（乙方）的规格要求来设计和生产产品。与 OEM 的纯代工不同，ODM 企业有自己研发的技术和设计，甚至是成型的产品，可以为客户提供从产品研发、设计制造到后期维护的全部服务，客户只需向 ODM 服务商提出产品的功能、性能，甚至只需提供对产品的构思，ODM 服务商就可以将产品从设想变为现实。

（3）OBM，Original Brand Manufacture（原始品牌制造商）

企业自己注册商标并开拓商业市场，或者说生产商自行创立产品品牌，生产、销售拥有自主品牌的产品。

从整个箱包产品制造企业的布局来看，这三种模式是大企业和小企业之间、处于不同发展阶段的企业之间的一种必然的分工。在国际分工明显的今天，每个企业要根据现有条件从事自己的优势环节，从而使整个价值链价值最大化。目前全球制造环节主要集中分布在亚洲等劳动力丰富廉价的国家，而欧美先进国家着重于价值链两端的开发，如研发、市场推广和售后服务等环节。从单个的制造企业来说，从 OEM 到 ODM 再到 OBM，是由“贴牌”向“创牌”发展的一个过程。从处于产业链中最低的制造环节和价值链环节，最终完成企业发展过程中的一次质的飞跃。

目前中国仍是全球最大的箱包制造基地，承担国际知名品牌代工业务的 OEM 企业也是最多。中国的箱包制造企业经过长期的资本积累和技术积累，也出现很多 OBM 模式的企业，但只在中国本土范围内具有一定市场知名度和竞争优势，没有达到与国外竞争者相比的阶段。同时中国也是世界上最大的箱包消费国家和出口国，无论是从全球化视野，还是国内消费升级的需求层面来看，未来我们必须、也必然要创建拥有设计原创能力和独立自主知识产权的，真正具有国际竞争力的 OBM 企业。

4. 产业链延伸一：基础产业与技术研发

基础产业指原材料制造的前端和支撑行业，多属于资源型行业。比如制革企业中用来制造真皮的原料皮，即皮革加工的基本原料，取自各种动物的皮，由于主要是取自家畜，所以都是来源于肉食加工企业，再往上回溯则是畜牧业和养殖业；合成材料、塑料、橡胶等人造材料是来自化学方法聚合而成的高分子聚合材料制造企业，再往上回溯则是天然气或石油开采企业；纺织面料的前端基础产业是纱线、纤维，再往上回溯则是棉花等农作物的种植产业。近年来皮革受到了动物保护者和绿色环保主义者的抨击。在不断的社会舆论的宣传质疑攻势下，很多国际知名品牌宣布不再使用动物皮毛和皮革。这种激进的观念对于一贯以真皮为主要材质的品牌来说冲击较大。但也要看到其具有积极的一面，迫使箱包设计师重新思考，如何更加有社会责任感地合理使用真皮材质，也驱动了产业自身对于新型环保材料、可降解材料研发的积极性。未来箱包的设计材料会更加丰富多样，箱包行业在设计策略和方法上也需要进行重新思考和规划。

技术研发是围绕箱包产业链各个环节开展的基础性研究和技术应用性转化研究。国际上很多行业领头企业都非常重视基础研究和技术的自主原创。比如国际上知名的体育运动装备品牌，会从人体运动生物力学和医学、康复学等基础层面去持续研究人的运动规律、着装状态中的体验感等，将这些基础数据和科学结论运用到产品的结构、材料和功能设计中，从根本上进行新产品的原创改良。美国旅行箱品牌新秀丽公司在 2021 年推出的 Aero-Trac 专利减震轮搭载特殊减震悬挂系统，有效降低拉杆箱在滑行中与地面摩擦产生的振动及噪声，使箱体获得更加稳定的支撑和保护，减少拉杆箱振动给旅行者手腕带来的不适感与损伤。这种新技术研发对产品性能具有巨大的变革意义，在同类市场拥有领先的原创优势。但是需要跨出本行业，集结力学、人类工效学、材料学等各个领域的专家设立课题，进行长时间的研究和实验，并投入大量的研发费用。长期以来，国内箱包行业对基础性的自主技术研发并不重视。企业多关注市场短期趋势，所做的更多是外观的改良设计和技术的跟随改进，而不擅长主动与产业链更前端的基础产业、科研机构进行联合研发，从源头上做产品原始创新的研发工作。拥有的自主原创技术专利较少，因此也缺少可以引领市场导向的真正的领头企业和品牌。

5. 产业链延伸二：信息与展会机构

现代箱包已经成为时尚行业的重要组成部分，受到社会流行趋势的影响。新产品的开发既要从本行业获取制造技术、材料、市场需求和设计发展的新趋势，同时也要从行业外更多的领域获取广泛的信息和启发。表 2-1 列出的是对于箱包行业比较重要的展览展会和趋势资讯机构，是各类箱包企业和品牌寻找新技术、开发新市场、进行产业链供需信息交换，以及设计师获取行业发展动态、设计资讯和创意灵感的重要来源地。新冠肺炎疫情暴发后，很多实体展会都被取消，只能通过网络进行展示和信息交换。这也促使了传统的大型实体专业展览展会逐步向线上线下混合形式转变。展览商开发各种软件工具、图片浏览工具、虚拟仿真手段、线上沟通交流以及交易的便捷技术来应对未来更复杂多变的发展趋势，减少不必要的线下展会，降低展会成本并提升信息的有效传播和交换。

表 2-1 国内外知名的皮革箱包展览展会和趋势资讯机构

主办行业	名称	时间	地点
皮革及皮革制品、箱包皮具、鞋类等	上海国际箱包展览会	一年一届 每年秋季 10 月份	上海新国际博览中心 全球三大专业箱包展览会之一，是全球箱包制造商与经销商、代理商、电商、微商、国际贸易买手、品牌商、设计师对接交流的高端平台，展出内容包括箱包皮具、时尚休闲户外类箱包成品及生产设备、箱包手袋原材料、箱包手袋配料互联网平台、研发设计公司、国际检测机构等。
	中国国际皮革展（ACLE）	一年一届 每年秋季 9 月份	上海新国际博览中心 1998 年创办，是国内唯一的国际级别展览，主要是针对皮革业上游产业，亦即制革企业的商贸展，展示原料皮、半成品革、皮革化工原料、皮革机械等最新技术和产品。
	香港亚太皮革展会（APLF）	一年一届 每年春季 3 月份	香港国际会议展览中心 亚洲首屈一指的时尚配饰展览，是寻找原始设备制造商 (OEM)、原始设计制造商 (ODM) 及时尚品牌的展会，适合订购中小批量的时尚买手、零售商、设计师、批发商及采购办事处，物色中高档手袋、鞋、皮革饰物及成衣的生产商及品牌设计。重点是推广“从头到脚”的时装概念。主要展览的有手袋、箱包、鞋履、服装、旅行用品及时尚配饰，是参展商向独特、潮流时尚的国际买家展示最新产品的理想商贸展会。
	意大利米兰国际箱包皮具展览会（MIPEL）（属于意大利米兰国际皮革展览会三大展之一，还有皮革和鞋类展览）	一年两届 春季 3 月份 和秋季 9 月份	意大利米兰国际展览中心 自 1962 年举办以来，已经举办了 109 届。包括各种高档真皮革、纺织纤维和其他仿皮材料制作的各类时装包、运动包、行李箱、钱包及各种皮制品和箱包种类，是箱包手袋最重要的 B2B 国际展会，国际参展商众多。提供寻找流行趋势、时尚风格的创意和更新，为品牌企业提供与国际买家、专业人士和国际媒体见面的机会。
	意大利米兰琳琅沛丽皮革展览会	一年两届 每年春季 2 月份和秋季 9 月份	米兰 RHO 展览馆 是世界上著名的专业皮革及鞋材展之一，也是专门面向皮革、配件、部件、合成材料、纺织材料和鞋类模具、皮革制造、服装和装饰等领域，最重要的国际展览。历史发展的与众不同，使其在时尚和质量的创新方面一直处于权威地位，成为全球不可或缺的展会。
	中国皮革协会官网	1998 年成立 中国最权威皮革行业门户网站	中国皮革协会的官方网站，是中国皮革行业建立时间最早、规模最大的门户网站。中国皮革协会成立于 1988 年，是我国皮革行业跨地区、跨部门、不分经济性质的全国性行业组织，是由企事业单位、科研院所、贸易机构，以及个人自愿组成的社会经济团体。网站设立行业数据、特色区域、信用皮业、专业市场、专业展会、政策法规、科学技术、质量标准、等级认定、贸易动态、设计赛事、生态皮革、节能环保等丰富的栏目，为国内皮革行业从业者提供信息咨询和服务。

续表

主办行业	名称	时间	地点
流行时尚、服装时装、服饰品、附属产品	中国国际服装服饰博览会（CHIC）	每年三届 春季3月份、7月份大湾区和秋季9月份（上海）	上海国家会展中心 1993年创立，亚洲地区最具规模与影响力的服装服饰专业品牌博览会。有国内品牌和海外展团。服装品牌推广、市场开拓、时尚体验感、前沿与潮流引领、创意和跨界启发的时尚平台。展览包括服装、饰品、鞋履、箱包等品类丰富的展品。
	中国国际时装周	每年两届 春季3月份和秋季10月份	于1997年创办，主要展场是北京751D · PARK中央大厅 / 第一车间 /79罐 /751罐，也会在鸟巢、北京太庙、北京饭店金色大厅等各具特色的地标举办。是国家级时装周，举办专场时装发布、专业大赛、DHUB设计汇、时尚论坛、新闻发布、商贸对接、创意展演等超过百场专业活动 。是中外知名时装、成衣及配饰品牌展示新设计、新产品、新技术的主流渠道和国家窗口，成为时尚品牌和设计师形象推广、市场开拓、商品交易、专业评价的国际化综合服务平台。
	法国国际时尚配饰展 PREMIERE CLASSE	一年四届 春季1月、3月和秋季9月、10月	巴黎凡尔赛门展览中心。 以创意为切入点，向国际买手提供各种时尚饰品。每年的1月底、9月初与WHO'S NEXT时装展在凡尔赛门展览中心举行，3月中旬、10月中旬在巴黎杜勒里公园与巴黎成衣发布周同期举行。展示了珠宝及配饰、鞋子、箱包、皮革制品以及丝巾、领带、帽子、腰带、手套、眼镜、雨伞等。吸引了全球的采购商，展现了时尚配饰的最新潮流趋势与品牌。
	日本东京箱包及服装配饰展会 IFF MAGIC	一年两届 春季4月和秋季10月	东京有明国际展览中心 亚洲地区最大的集男装、女装、童装、前卫时装及面料、服饰、箱包、鞋类为一体的专业展览会，也是亚洲时髦界公认的时髦“风向标”，是亚洲鞋及服装商场最为重要的商场信息发布基地和买卖场合。
	美国纽约国际服装配饰及鞋展 COTERIE	一年一届 秋季9月份	纽约贾维茨会展中心 纽约知名的鞋类及服装服饰展览会，创办于2001年。为奢侈品品牌及设计师品牌等与高品质工厂之间建立纽带关系，已成为优秀品牌开拓美洲市场的好渠道。三个主展区，其中Sole Commerce为中高端鞋类及配饰的专业展区，致力于为全球零售商提供新的潮流产品。
	POP（全球）时尚网络	2004年成立于中国上海，是全球第一家中文专业时尚设计资讯平台。2008年成立全球首家箱包资讯网站。	为服装、箱包、鞋类、饰品等行业企业、贸易公司以及设计师提供最专业、最前端的款式方面的流行资讯。内容囊括全球最新最专业的流行趋势分析、款式研究、卖场实拍、设计手稿、设计图案、店面设计等十几个方面。箱包资讯网站提供箱包手袋、五金、腰带等皮具款式设计素材。
	WGSN 趋势预测服务提供商	1998年在伦敦成立，2011年在上海开设中国总部，针对中国市场提供特别内容。	英国在线时尚预测和潮流趋势分析服务提供商，专门为时装及时尚产业提供网上资讯收集、趋势分析以及新闻服务。 WGSN可以提供提前2年的趋势和色彩预测，以及2至5年的消费者情报，覆盖时尚、美容美妆、消费者洞察等多行业；还可以提供时尚趋势报告、品牌主题企划、色彩企划、面料企划、款式企划、配饰企划、秀场高清图片，以及趋势预测、创意灵感和商业资讯，是全球最权威的时尚趋势预测服务提供商。

6. 产业链的未来转型趋势

虽然目前我国的箱包产业规模庞大，产业链发展很完善，各个环节的整体配套能力和制造生产的能力居世界领先地位，但是也必须要看到危机，那就是世界经济数字化转型是大势所趋。制造业在信息化和自动化发展基础上，随着大数据的海量积累和计算分析技术的指数级增长，向数字化转型成为必然趋势。加快数字化发展，建设数字中国，已经成为我国“十四五”规划的重要内容之一。因此，制造业下一步要实现生产要素的全面数字化，实现资产全面管理、生产线实时性、生产过程和业务过程的数字化。但数字化并不是最终目标，其背后真正的终极目标是实现智能化和智能制造。数字化只是实现了量化指标，而智能化则要靠系统解决落地，最终必然要走向全产业链的智能化升级，而不仅仅是某个个体企业、生产车间的智能化制造。并且还要与客户端、零售端等关联环节都处于一个数字化运行和管理的系统中，形成闭环，更加利于调节优化，实现更加智能化的调度指挥和制造管理。

箱包行业作为传统产业，产品技术含量相对较低，品种多、款式变化快，而且制造工序繁杂、手工化程度较高，造成了企业数字化转型的困难。有很多箱包企业虽然在多年前进行了精细化生产，以应对品类多、批量少、周转快的小订单和小批量货品，但仍然还没有迈进真正的数字化转型阶段。近几年也有极少数企业在尝试小规模的箱包数字化生产，但是总体来说，大多数企业还没有投入全面的数字化转型。其内在原因很多，但是其中一个最重要的因素就是传统的箱包企业多为中小型企业，企业个体缺乏强大的经济实力和技术支撑。因此，箱包企业未来要做数字化改造转型，就必须要借助国家、行业、社会等各方面的资源条件。需要跨出本行业，导入智能制造研究机构、技术专家等资源，才能快速有效地深入推动制造业的数字化转型。

7. 教学案例 3："市场考察与采风"课程

箱包生产技术的微小革新需求往往都是自下而上的，源于产业实践活动中产生的问题和市场的倒逼，各个产业链上的新技术运用也比学校教学中运用的技术手段更加先进和超前。因此要经常性走出校园去了解产业的实际情况和发展趋势。而且作为中国的设计师，一定要客观全面地了解本国箱包企业、社会和市场现状，建立民族自信和责任意识，将个人设计能力的最大化发挥与中国箱包产业发展协同起来，那将是最佳的人生职业规划。

本次课程 10 天的行程中，学生们在教师的带领下参观考察了杭州、上海两地的 5 家国内知名的服装服饰品牌企业，并对当地的博物馆、市场进行了实地采风学习。实习结束后要求学生认真回顾和思考，并完成 1500 字的实习考察报告。

课程负责教师总结：通过此次实践，学生们由衷地感叹国内箱包服饰等产业发展的迅猛；也拓宽了专业知识的结构，加强了与行业的接触与交流，培养了实践探索的创新精神；收集到了新鲜的一手资料，而且还对后续的专业学习乃至毕业创作有了实质的启发与推动。在他们即将步入的下一个专业学习阶段，通过对行业、产业及相关企业机构的走访，对所学专业方向未来的就业场景、工作方式、行业情况加以直观和亲密的了解，帮助学生建立对当下消费环境、流行趋势、企业运营模式、主要商业模式、知识产权保护等方面因素的全局和必要的认知，使学生了解未来服务社会的落脚点及可能性，形成职业预期和更明确的学习目标。

8. 学生作业 4

学生：蔡镇州

杭州、上海考察与采风个人报告（摘选部分内容）

时间：2019 年 09 月

地点：杭州、上海

考察内容：

本次课程是我们班级大学期间第一次较长时间的考察采风活动。这次采风去杭州和上海两个地方，调研了 5 个时尚集团和 1 个博物馆以及数个商业店铺。这次活动我觉得很开心，很充实。

调研 J 牌集团。首先由公司负责接待的员工介绍基本情况、企业文化以及基本战略。由配饰总监介绍品牌设计理念、工作流程，分享个人工作和学习经验，并带领我们参观了公司各个部门、样板间、生产车间，体验J牌集团线下买手店，获得了很多实用的信息。参观之后，举行了一个交流会。在会议中配饰设计总监介绍他们的工作方式，其中指出新设计师在工作中需要注意的几点：1. 新人不要被商场的东西局限，发挥一些自己的东西；2. 配饰是服装形象的重要配套部分，对服装方面的知识要非常了解；3. 要了解消费者的喜好，更好地与市场对接。在会议的最后，设计师回答了我们提出的几个问题，我印象中大概是这样的：

问：自己有一个好的想法，但没法儿坚持做出来，要怎么做下去？

答：坚持不下来是因为没有浓厚的兴趣，要培养兴趣，了解新的知识。

问：一个能力较全面的设计师和个人特点鲜明的设计师相比，公司可能更喜好哪一个？

答：特点鲜明的，因为这样的人才能引领潮流，为公司做出风格不同的更新的产品。

问：自己的想法无法让人很好理解，总被反驳。

答：自己的东西不能被人理解，完全是自己的表达不够充分，被人反驳是因为有些部分不够合理。

问：设计过程总卡顿。

答：克服卡顿，要么旅游看看，要么翻找资料，发现灵感。

图 2-2

图 2-3

图 2-2 是学生在体验公司线下买手店参观的情景。图 2-3 是学生在交流座谈会上认真记笔记。

第二节　箱包商业市场

箱包在工厂制造环节中称为产品，一旦进入商业市场就转变为商品。商业市场是箱包最终实现其物质和精神价值的终端场所。市场直接面对的就是消费者。箱包从商业角度来看也有很多不同的分类方法，还有不同的销售渠道、不同的市场定位。对于初入社会工作的箱包设计师，一定要全面深入地了解现代箱包商业市场的划分依据和表现特征，才能有的放矢地进行产品的设计。

1. 箱包商品类型的划分

现代箱包经过一个多世纪的发展演变，已经成为人们日常生活、运动以及工作中不可缺少的用品。作为商品的箱包是融合了多种物理特征、审美要素和社会意义的载体。用户会根据自己不同的功能需求、携带场合、搭配的服装，以及更多使用目的，去选择适合自己的产品。在商业市场

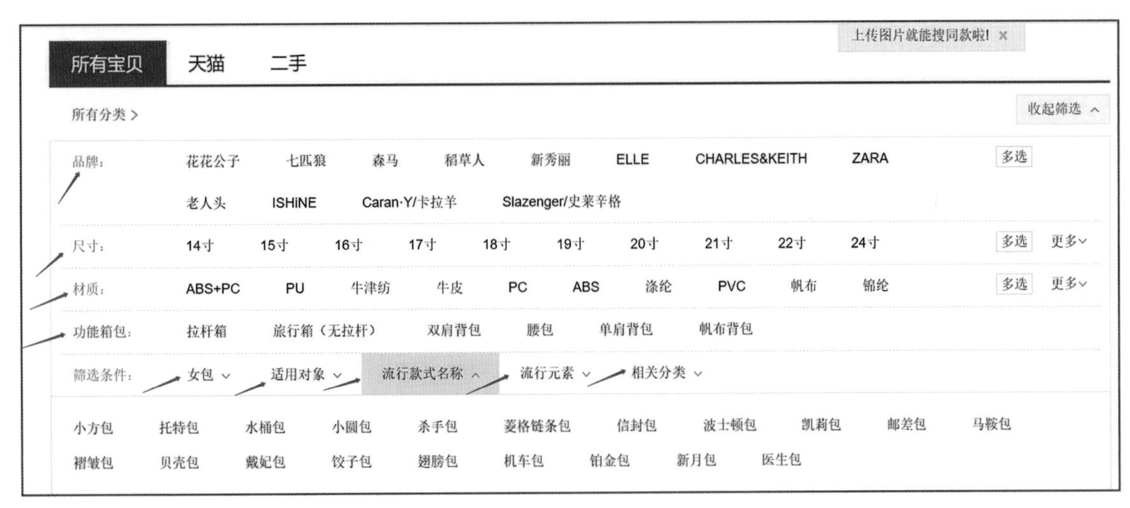

图 2-4

上，对于箱包的品类划分有很多方法，但总的来说，围绕着人的各个层面的需求形成了比较固定的分类形式。从生理状态进行分类，如男包、女包、儿童背包、中学生书包等；从材质进行分类，有真皮包、合成革包、布包、毛线包、塑料包、金属包等；从使用方法进行分类，有手拿包、手提包、双肩背包、单肩背包、斜挎包、走轮式等；从款式特征进行分类，有托特包（Tote）、水桶包、横款包、竖款包（日字形包）、圆形包、半月形包、方形包、梯形包、翻盖包、拉链口包、束口包、口金包、敞口包等；从流行元素进行分类，有流苏包、绗缝包、菱格包、编织包、亮片包、绣花包、铆钉包、字母印花包等；从尺寸上进行分类，有小型、中型、大型、18 寸、20 寸、24 寸等。

如在一些线上购物平台上，图 2-4 是中国淘宝网的箱包页面截图，在纵横方向从各种角度列举出箱包细致的属性和特征，采取了一站式综合并列的分类方式。消费者一打开页面，就可以看到箱包的各种使用性能和款式特征，依据自己购买箱包的目标快速锁定最关键的需求项。点选之后再逐渐添加更细致的需求选项，最终找到需要的款式。其目的就是可以减少选择的步骤，提升找到满意产品的效率。

无论是从消费者选购的途径还是销售市场的分布形式来看，最常见的就是依据用途进行分类。有什么用途、携带什么物品、需要如何放置、在什么场合环境使用、需要什么样的保护性、使用方式等需求是购买箱包时最基本的考虑。只有充分满足了这些需求之后，才考虑外观的美观性和时尚感。即使是流行的款式、知名的品牌，如果不能满足基本的功能用途，消费者购买起来也会有所顾虑。纯粹只是为了美观和时髦的设计虽然也有一定的市场，但是并不占主要地位，而且使用的频率比较少。根据现代人社会活动的内容、环境和目的，笔者对常见的箱包按照如下方法进行了归类，可供参考（图 2-5）。

不同类型的箱包产品，所提供的基本功能和用途有不同的侧重和特点。比如商务办公用包，功能非常有针对性，必须满足商务人士的职业化需求，强调功能分区的规范化和条理化，对于材料性 能、工艺制作形成较高的要求。但是在日常生活中使用的休闲箱包则对功能没有过于特殊的需求，通勤百搭即可。基于不同的功能和用途，箱包在具体的制造工序、工艺技术、主辅材料、造型结构、设计方法、款式风格等方面产生了明显的差异性。因此，依据箱包的社会用途分类，箱包生产企业和品牌也形成了类型分化。一般极少有生产加工企业或品牌的箱包产品是覆盖全品类的，都会基于一定的制造技术和设计研发能力，开

图 2-5

发相应范围内的产品类型。比如体育运动类箱包品牌，主要设计制造各种纺织面料的轻便的休闲运动背包，一般不会生产经典风格的皮具产品。

生活在社会经济落后、交通不发达的时期，或者生活内容简单、生活方式单调的社会环境中，人们对箱包的需求比较弱。一个简单的款型就能满足所有外出需求和用途，因此箱包的种类非常少。随着社会的进步，人们的社会生活日益丰富多彩，对于箱包的功能需求不断扩展和细化，箱包的类别也就越来越多。比如通勤包就是源自现代都市上班族的通勤需求而出现的。由于通勤时间很长、身心比较疲惫，因此箱包的舒适性和便捷性就提到了首位。出现了一种比职业装更随意，但比平日所穿的休闲装更正式的着装形式。比如针织衫、牛仔裤外搭宽松的风衣，穿着平跟、低跟或坡跟鞋，携带柔软轻便、容量较大的通勤包袋。包袋要求可以放下笔记本电脑、文件和化妆包等每天使用的重要物品，而且柔韧结实，经久耐用，不需要刻意打理，使用后随便一扔也不会变形。随着社会休闲风盛行，很多公司对于职业着装不再严格要求，通勤装逐渐形成一种可以穿到工作场合的正装，替代了刻板的职业装的地位成为着装主流。这种休闲又实用的轻便的通勤包也成为都市上班族最喜欢携带的类型，是现代市场中数量和款式最多的一类箱包产品。

设计师要想满足用户的多重需求和复杂的期待值，就需要全面深入地了解各种人群真正的消费需求，并巧妙地转化成设计元素的不同形态和组合方法，最终完美地表现在箱包产品中。箱包的类型会随着社会需求进行动态调整，有些会消失，也会涌现新的类型。因此，基于用户生活方式的需求和变化，是设计师开发新产品重要的出发点和灵感来源。

2. 箱包营销渠道的分级

箱包从生产企业进入商品流通市场后，在传统的营销模式下，一般会经过批发商、代理商等各种类型的中间商，最终通过零售商进入零售市场这个终端销售环节，将产品传递给终端，即消费者（生活消费）手中，实现商品所有权的转移，以及实现产品的价值。

箱包零售市场对整个产业的良性健康发展起着重要的作用。随着社会的发展，大众的消费能力越来越强大，因此零售商业也不断升级，种类繁多、经营方式变化快，构成了多样的、动态的零售分销系统。传统的营销模式下零售活动主要是通过各种类型和形式的实体零售商店进行。主要有百货商店、专卖店、专营店、连锁商超、折扣店等。还有零售新业态，商业街、购物中心、买手店、设计师产品集合店等。新兴的网络营销渠道，即电子商务营销渠道，则根据销售双方的身份和销售特征分为多种类型，如企业与消费者之间的电子商务（Business to Consumer，即B2C）、企业与企业之间的电子商务（Business to Business，即 B2B）、消费者与消费者之间的电子商务（Consumer to Consumer 即 C2C）等。其中企业对消费者模式（简称“B2C”），就相当于传统销售渠道中的零售营销渠道。企业通过互联网为消费者提供一个新型的购物环境——网上商店，消费者通过网络在网上购物。B2C 的典型有早期的亚马逊网上商店、当当网，现在的淘宝天猫、唯品会等，还有新兴的更加灵活的微商、代购、网络直播等，现在中国的电子商务法也明确将其纳入电子商务经营者范畴。这种模式节省了客户和企业的时间和空间，大大提高了交易效率，特别是对于工作忙碌的上班族而言，这种模式可以为其节省宝贵的时间。但不足之处是缺少了现场真实体验产品的过程和购物逛街的乐趣，购物成为一种纯粹的物质消费行为。

传统的线下实体销售渠道虽然受到电商的影响，但是仍然是重要的终端市场。尤其是对于品牌产品来说，实体商店的空间环境是展示企业实力、品牌文化和形象的重要空间。店面的装修、空间布局、产品展示方式、招贴图片等，都是一种非常有效的品牌视觉营销手段，而且也是接触品牌用户并为其提供优质服务和体验感的最佳场所。知名品牌企业主要的线下销售渠道是城市中百货商场内的品牌专店或专柜，以及商业街、大型购物中心的专卖店。国内外一线品牌和奢侈品品牌则分布在一、二线城市的高档购物中心、百货商场、商业街。连锁商超一般是低档品牌线下主要的销售渠道。而批发市场，则是低端品牌与非品牌低档产品的聚集地，主要是通过价格进行竞争。

网络销售迅速崛起后，已经成为箱包产品销售的主要渠道之一。从实体商场转变为线下、线上融合的销售形式，甚至很多企业只有线上电商平台而没有实体店铺。网络销售渠道的广泛和深入、单品销售量之大、市场反馈信息的及时性和海量的市场数据等是任何线下渠道都不可比拟的。网络电商平台出现后，首先成为低端品牌与非品牌产品的主体销售渠道，而让高端品牌和奢侈品品牌望而生畏。初期电商平台销售成本和管理成本非常低，市场则可以拓展到国内外各个角落，消费者以年轻人为主，对于产品设计的风格和个性化接受度较高，比较适合新品牌、新产品的成长和快速发展。由此诞生了一批知名的“电商品牌”“淘品牌”。这是新型营销渠道带来的优势，打破了品牌和销售的成本壁垒。但网络电商经济发展迅猛，各种成本也开始快速攀升，甚至与传统渠道相比也不相上下。而消费者的线上购物习惯慢慢养成，高端品品牌和奢侈品品牌也大批入驻了电商平台，并建立自己的电子商务销售网络体系。

3. 箱包品牌定位的分级

市场上的箱包品牌主要依据产品价格、消费群体、技术水准以及设计特征等综合因素，一般可以分为奢侈品品牌、轻奢品牌、设计师品牌、高街品牌和大众品牌这几个级别。基本上在市场上按照从高到低的产品档次，零售价格大幅降低，受众群体则呈几何级递增，同时产品设计目标和需求也各有侧重，外观的时尚感、品质感和个性化也逐渐减弱。

3.1 奢侈品品牌

“奢侈品”是一个舶来概念，英文为 luxury。单纯从单词的本意来讲，英语的很多权威词典对它的解释都有三个共同点：好的、贵的、非必需的。但是对于“奢侈品”学术界还一直没有广泛接受这个定义。在国际上有一个比较被认同的定义为“一种超出人们生存与发展需要范围的，具有独特、稀缺、珍奇等特点的消费品，”[2] 又称为非生活必需品。而且奢侈品的概念其实也是在不断随着时代的变化而变化的，今天的奢侈品在内涵和外延上与历史上不同时期的奢侈品概念都存在着明显的差异性。

奢侈品不仅是提供使用价值的商品，更是提供高附加值的商品。受众一般是少数人群，即社会的财富精英。皮具一直以来都是其最重要的产品类别。现代社会中奢侈品箱包皮具多是从欧洲传统的皮革作坊发展起来的，材料奢华、工艺精湛、细节考究，将西方上流社会传统的端庄、华丽风格与定制产品的功能性完美地结合起来，达到艺术与技术融合的极致美。奢侈品品牌一般具有悠久的品牌历史和独特的文化，拥有原创的核心技术，众多发明专利等知识产权，以及被市场推崇的经典产品款式。所以在产品设计研发上更加注重继承和保持自己的纯正形象，而不是随意地创新和追赶潮流。一直以来，奢侈品品牌对于现代箱包市场都起到重要的引导作用。奢侈品皮具每季推出的新产品，都会成为更低级别的箱包品牌追随、模仿或原样照抄的原型。从设计概念、造型色彩，到功能结构、工艺技术等，奢侈品品牌都掌握着绝对的时尚话语权。即使是当下人们对于奢侈品的消费和崇拜热度已经有所降温，但在时尚箱包和高级皮具方面，顶尖的奢侈品品牌仍然可以带动整个市场的风尚趋势。像路易·威登、香奈儿、古奇、思琳等奢侈品品牌，都在持续不断地推出吸引人眼球的原创箱包产品，成为流行度极高的时尚款式。比如路易·威登品牌在 2018 年、2019 年分别推出了三款硬箱风格的硬壳小包袋：Petite Malle、Soft Trunk 和 Petite Boite Chapeau，也被称为盒子包。这三款包一经推出就异常火爆，开启了整个时尚界的盒子包潮流，热度一直持续了很多年。图 2-6 是 Petite Malle 系列的硬壳小包。不仅路易·威登品牌自己每年会设计各种各样的新款式和配色，而且几乎各个级别的箱包品牌，都跟风设计出不同风格的盒子包。

3.2 轻奢品牌

一般指定位中高档，又带有独特品位和生活体验感受的品牌形式。轻奢侈品与奢侈品最大的区分在于价格，不会像奢侈品那样可望而不可即，具有顶尖设计师的原创设计和高品质的面料工艺，时尚与品质兼具。轻奢品牌定位的消费群体主要是现代都市中年龄层次较低的白领阶层。他们经济收入中等，但对时尚和品质又具有较高的追求。因此决定了其购物区间是在“轻奢侈”概念内上下移动的理性消费，愿意为了个性、舒适和时尚度付出相对可控的“更高价格”，而非盲目追求隆重的、高高在上的奢侈品。一般认为美国蔻驰品牌是轻奢箱包品牌历史上最早的成功代表。

图 2-6

创立于 1941 年的美国纽约曼哈顿的蔻驰，其创建初期的定位就是满足消费不起奢侈品的美国职业女性对于高品质和高品位的要求。因此，也有人称它为性价比最高的品牌，产品实用简约、历久弥新的风格具有非常强烈、鲜明的美式文化和时尚个性。虽然没有百年传统历史，却是一个很成功的国际皮具品牌。

轻奢侈和奢侈品的消费人群也是时有交集的，富裕阶层也是轻奢产品的重要消费人群。而且知名的奢侈品品牌为了扩大品牌市场的影响力，抢夺年轻消费群体，也多会衍生出“轻奢侈”副品牌。例如，意大利奢侈品皮具品牌普拉达（Prada）和其副品牌缪缪（Miu Miu）就成功地通过清晰的主副品牌划定，完美地展示了作为奢侈品与轻奢侈品品牌的两种截然不同的消费体验，成为奢侈品品牌进入轻奢侈领域的典范。

3.3 设计师品牌

一般定位中高档，但其产品设计风格往往并不广为大众所接受，以特定的小众消费群体为目标。其最大的优势和与众不同的特质就是注重艺术形式的创新，品牌的风格往往基于创始人或者主设计师的个人风格，具有强烈的个性特质并且两者之间互为依存、不可分割。所以不像其他类型的品牌设计师可以不断更换，设计师品牌的品牌风格不会轻易改动。设计师品牌对于产品的工艺、细节和品质的要求也比较高，但是与奢侈品、轻奢品牌相比，在品牌实力、市场地位、形象声誉和文化传承等方面都处于明显的弱势。因此设计师品牌往往致力于采用新概念、新风格或新材料，研发独辟蹊径、独树一帜的产品，借此在竞争激烈的市场上赢得一席之地。图 2-7 是英国箱包设计师品牌安雅·希德玛芝（Anya Hindmarch）在 2007 年设计的环保帆布包“我不是塑料袋”，在当时环保、限塑等概念还处于小部分人群谈论的阶段，以及奢侈品品牌还在追逐奢华的稀有面料的行业背景下，这款价格低廉的帆布包的设计概念非常超前，在伦敦时装周由名模携带后立刻在时尚界成为炙手可热的产品，设计师本人也因此在时尚领域获得了极高的关注度。但是很多新兴的设计师品牌都没有自己的生产实体与核心知识产权，生产量相对较小，市场销售渠道有限。中国很多初创的箱包设计师品牌一般都会在买手店、设计师集合店进行销售。但是由于市场销售结款不及时、品牌资金薄弱等客观因素，导致市场拓展非常困难，生存也会成为难事，极大地影响着品牌的持续发展。

图 2-7

3.4 高街品牌

所谓的高街（High Street），是指一个城市最主要的商业与零售街道。对于高街品牌，其实时尚界也没有一致的看法和明确的定义。其中一种比较普遍的说法是：最早的高街品牌，是指那些英国主要商业街的商店，仿造 T 型台时尚秀上所展示的时装，迅速制作为成品销售，让人人都能买到的品牌。高街品牌的主要特点就是既迎合了年轻人对时尚的追求，又解决了这个群体囊中羞涩的问题。所以高街品牌最早出现时，其本质上是一种涉嫌抄袭奢侈品以及一线高档品牌原创设计的市场营销行为，产品的设计最多只能算是一种模仿或改造。只是保留原创产品最具特征的流行元素，其他都尽量简化删减、降低技术难度和成本。虽然设计品质和风格已经被大大弱化，但这些都造就了高街品牌快速消费的特征，款式更新速度快、款多价低。如果按此种定义方法，西班牙的 Zara、美国的 The Gap、英国的 Topshop 等快时尚品牌也可划归其中。快时尚品牌 Zara，从设计师下单到出现在卖场的时间只有短短的十二天，能不断满足大众市场花最少成本去追求流行潮流的需求。但也有很多时尚界的从业者认为快时尚并不属于高街品牌，而是属于大众品牌，认为那些有一定自主创新元素、品质较好的中档品牌更符合高街品牌的定位。

随着市场竞争的加剧，很多高街品牌也逐步摒弃了一味地抄袭，开始加入了一些自主创新的因素，注重提升产品质量，也在环保和可持续发展的社会舆论压力下，不再过度追求快时尚的营销模式。如此发展下去，可能就慢慢转变成为普通的大众品牌，或者朝向轻奢、潮流品牌转型了。高街品牌可能只是一个大众市场与奢侈品品牌博弈的过程性阶段，随着市场的规范化发展和大众消费理性的成熟，将逐步退出历史舞台。

3.5 大众品牌

大众品牌与奢侈品品牌形成鲜明对比，可以说是同一个市场的两个极端，是指以社会中绝大多数的中下阶层中的平民百姓为主要受众群体的品牌。大众品牌以迎合大众消费者最基本的使用需求和最普遍的审美特征为设计目标，以实现最大销售量为商业目标。随着社会的发展，大众阶层的审美需求也不断提升，大众品牌也会不断融入更多的流行元素和时尚设计。但是总体来说，其对新观念和新事物比较保守，具有较强的消费稳定性。因此大众品牌产品对于流行元素的接纳就比较谨慎和克制。

档次低的产品就意味着质量差、设计含量低，大众品牌就一定是缺乏原创设计的，这是很多学生和年轻设计师的一种误解。恰恰相反，越是功能基础、简单，普及面广的产品和廉价的材料、简单的技术，越需要投入更多的设计创意，也越能检验设计师的创意水平和实践能力。通过巧妙的创新思维和设计手段，制造出性价比合理、美观独特的产品，满足大众阶层的生活需求，也可以成就经典设计。

图 2-8 是瑞典北极狐品牌在 1978 年推出的“KANKEN 经典背包”。最初是为瑞典学校中的孩子们设计开发的。其出发点是为了减轻学生背部的不当受力和对脊柱的伤害。外观设计看似很普通，但做了很多内在的功能性设计。包括特殊的 W 状一体成型背带与直立式重力分担设计，面料采用安全无毒、轻盈耐磨的防水帆布等，尺寸合适、造型方正，能盛放很多必备物品。由于其实用性很强，外观简洁朴质，上学、旅游、上班都很适合。时至今日，这款经典背包已经陪伴了很多瑞典人的一生，成为不折不扣的“瑞典国民包”，成为大众背包市场中优秀的产品设计经典，为品牌带来的商业利益和市场影响力，可能并不比奢侈品品牌皮具低，反而为更广泛阶层的普通大众提供好的产品和体验，带来美好的生活，其社会价值和意义更为高远。同时，KANKEN 经典背包也具有原创核心技术，选用的 Vinylon F 是一种耐磨防水性极佳的布料，是 KANKEN 背包畅销多年的主要原因。

其实各个级别的箱包产品都需要好的设计创意，大众品牌不是廉价材料、落后制造技术的代名词，更不是假冒伪劣产品。只是设计侧重点有所差异，需要

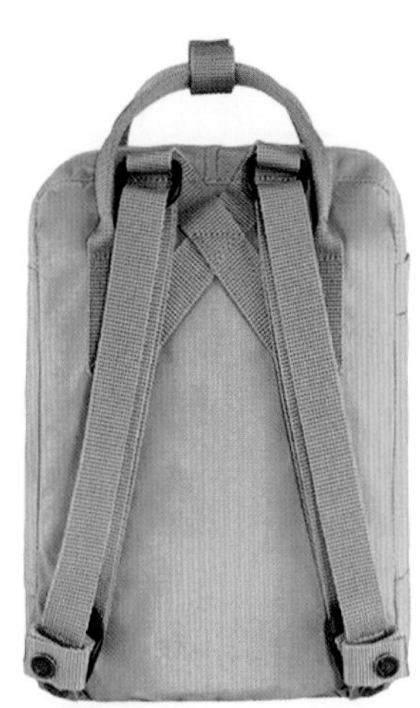

图 2-8

设计师掌握平衡性。大众品牌产品虽然最为普通，却充分体现了一个时代、一个国家，甚至于一个地区的鲜明发展特点和文明进度。从一定意义上可以说，一个国家是否已经拥有一批国内外知名、能够充分满足本国大众阶层在物质和审美等方面需求的大众品牌，是衡量其制造产业和设计发展水平的重要标准，而不是拥有多少奢侈品品牌。

注释

1. 中国皮革协会 . 辉煌历程——中国皮革协会 30 周年特辑（1988-2018）. 北京：中国皮革协会 ,2018：87.
2. 百度百科 _ 奢侈品（超出人们生存发展需要范围的消费品）https://baike.baidu.com/item.

4. 教学案例 4：“毕业实习”课程

在学校的学习中，学生们较少直接接触商业市场的情景和需求，所设计的箱包只能说是作品，而不是产品，更不是商品。因此很需要在企业进行一段较长时间的深度实习。通过参与企业应季产品的开发工作，体会真实的品牌在产品研发时要考虑的商业化因素。在实践中逐步学会如何处理设计师自身的艺术个性与品牌定位、市场定位之间的关系。

毕业实习是高校针对四年级设计专业方向的专业必修课程。实习内容立足于本专业培养目标，同时依据实习单位的业务特点进行合理安排。学生必须要参与实习企业的产品企划、设计和研发工作的各个环节中，如有必要，也可参与到品牌、市场、宣传、销售等其他工作领域中。要求学生写详细的实习报告，总结收获和提出问题。根据实习报告以及实习企业对学生实习情况的评价做成绩评定。

课程负责教师总结：

根据学生个人意愿，结合企业的面试选择，主要进入国内知名的头部企业进行实习，包括运动、时尚、休闲品牌，以及新兴的小众设计师品牌企业。学生们在实习中取得的成绩和收获总结如下：1. 加强了同校外实践基地企业的相互了解和教学支持；2. 学生初步了解本专业所涉猎行业的工作方法和工作内容，为今后更好地服务行业做好准备；3. 学生充分实践了大学所学知识技能在具体工作场景中的实施和变通，能够理解学习的目标和意义，对自己的能力有更为充分的认知。

5. 学生作业 5

学生：李盟吉

毕业实习报告（摘选部分内容）

实习单位：深圳某知名品牌皮具有限公司

实习时间：2019 年 8 月

1. 实习单位简介

实习单位是中国的女性原创精品皮具品牌。目前也是国内一线的轻奢品牌。做工考究，选材上乘，强调“一针一线做好包”的“匠心”品牌精神。在最近两年，品牌开始了风格上的转型，风格从之前的知性、优雅、传统保守逐步向时尚、潮流、酷感转变，对消费群体的定位也转向了较为年轻的 85 后年轻女性。

2. 实习内容

在总公司的实习主要分为三个阶段：店铺实习（每日撰写总结报告）、设计部实习（制作小皮件、参与走秀款修改与设计）、版房实习（技术部门）。其中本人在设计部的时间较长，在设计部的实习中，除了完成自己设计小皮具的项目之外还参与了公司的时装周走秀款的设计与修改。

3. 实习感想

在短短的三个星期中，我经历了丰富而又充实的实习，也收获了很多在之前的学习生活中未曾了解的知识。

整个实习过程中，带给我冲击最大的是市场实习调研的部分。因为之前对市场的接触较少，我没有意识到市场对产品的设计起着如此巨大的影响力。在开始实习的第一天，负责人便开始强调市场的重要性和市场的导向作用。他说："只有设计落实到商品上，商品被大众所喜爱以及消费之后，设计的产品才能发挥它的意义。相反，我们又能从销售产品之中了解到什么样的商品是消费者所喜爱的。设计、产品、消费、市场，这是一个轮回。"

除此之外，在商圈店铺考察中，我认识到，同样的品牌，同样的产品，同样的款式，在不同的地域甚至同一个地区不同的商场都会有不同的市场反应。所以当在一个公司工作的时候要考虑市场的差异性做设计，对不同地区的消费区域做个性化的了解，从而设计出更实用、畅销的产品。在设计部与版房技术部的实习，更是令我们收获颇丰。我们不仅专注于自己手头上的工作，更与公司季度的主题相结合，在设计部前辈和设计总监的带领下，在工作中真真切切地了解产品设计的过程，全面地了解到一个大公司该如何运营，各部门如何分工合作来促进一个品牌的流畅运营。特别是我们在设计公司的秀场包袋时，设计总监会带上我们与各部门同事交流解决问题，我感受到合理利用不同部门人员的重要性，也感受到与不同部门人员交流时候思维方式的多样性。在与版房师傅的沟通中，我也了解到设计从图纸到产品的转换，更感受到设计师与版房师在产品设计生产中相辅相成的作用。

图 2-9 是学生在设计部门的实习情景。图 2-10 是学生在技术部门的实习情景。

图 2-9

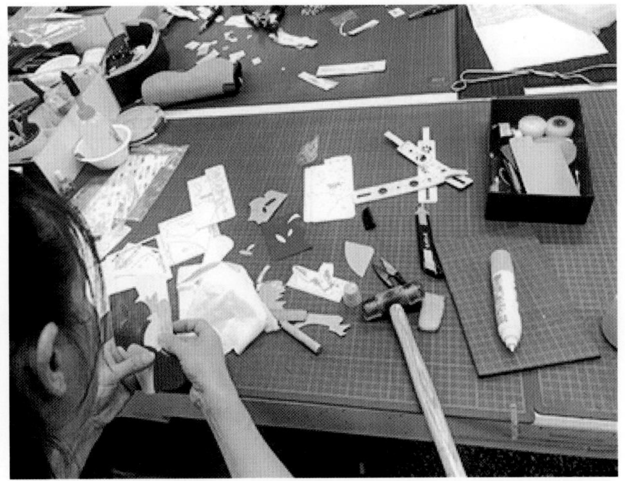
图 2-10

6. 总结与思考

本章站在箱包产品制造和商品消费的背景下对箱包行业进行概述和介绍。第一节是对箱包制造阶段的产业链构成环节、产业特色，以及所包括的各种制造型企业、服务型机构等进行较为详细的阐述，从而有助于学生全面了解箱包产品背后有哪些支撑产业和机构，认识到一个成功的产品并不仅仅是设计师个人造就的。第二节对箱包销售阶段的商业市场中的类型划分、营销渠道，以及品牌级别等进行了基本解读。将箱包外观形态中隐藏的由商业和用户驱动的设计要素剥离出来，从而展示出设计目标和行为的多重性、复杂性。只有平衡好艺术创意与制造技术、商业利益、用户需求之间的关系，才能从产品转化成商品并最终成为好的用品。

这些内容虽然与我们熟悉的设计创意思维不能直接关联起来，有些内容还是比较抽象的，但是希望大家还是要认真学习和尽量去理解，课余多拓展学习，多关注产业和商业的发展动态，理性认识未来要进入的这个产业的全貌特征和运行规则，从职业的立场去把握箱包产品及其背后的产业所具有的经济价值和社会意义，这样会减少工作初期的困惑，能够较快调整好工作状态和方法，正确认识自己在企业中的岗位职责，制定合理的职业发展路径。

可以结合本章内容做如下调研和思考：

1. 积极参加学校和老师组织的实践活动，利用各种机会实地考察国内箱包行业和典型的企业，认真观察企业人员、设备、技术和生产状况，了解品牌和产品设计工作现状。把自己的专业学习与产业进行联系，站在未来中国设计师的角度，逐步认识自己的社会责任，树立发展目标。

2. 选择自己生活城市中最知名的商业街区进行实地考察。对不同箱包品牌的店面装修、消费人群、款式造型、产品价格、潮流设计等各方面进行观察和对比分析，对品牌级别进行划分。

第二章
箱包品牌设计风格

风格，可以指人类生活中不同层面的各种事物或者现象所表现出来的面貌特征。比如历史风格、国家风格、团队风格、说话风格、做事风格、绘画风格、音乐风格、个人风格等，而设计风格就是指设计事物的风格。

在现代社会中，物质产品极大丰富，日常用品在物质层面的功能都得到了基本满足，因此对于时尚风格的不断创新成为设计师主要的工作内容和目标。20 世纪以来，现代时尚产业的发展持续推动着风格突破的加速发展，消费者从初期不习惯新的风格，到对于新风格接受能力的提升，逐渐发展为对新风格的渴求，时尚风格流行的内容及更替频率不断加快。其中服装服饰产品最为突出，形成了以季度为单位的风格更替周期。甚至手机、电脑、家电等这种耐用产品也加入了外观设计风格变幻的行列中。从品牌企业层面说，品牌产品最大的卖点，品牌与非品牌产品之间的差异，就是形成了被市场认可的、独特而稳定的设计风格。在物质极大丰富的现代社会，人们选择某一个品牌的产品，也并不完全是因为品牌提供了独一无二的功能，很多时候是独特的品牌文化和产品审美风格打动人心。

第一节　设计风格

1. 设计风格的概念

设计风格是指在设计理念的驱使下，设计结果所表现出来的设计个性和艺术趣味。设计风格是通过设计结果的外观表现而被人们感知到的。设计行为所形成的结果，主要是由设计载体的造型、色彩、材料、图案、结构、工艺等设计元素本身的特质，以及这些设计元素特定的组合方式共同塑造出的形式感来传达出不同的设计风格。因为视觉是人们感知外部事物信息的第一个途径，而功能、使用性和技术等是内在的，如果消费者首先对产品外观不感兴趣或者厌恶，那再好的功能可能也没有机会被发现。甚至在时尚类产品中，会为了美观而牺牲部分功能。比如高跟鞋就是一个典型的案例，为了展现出女性挺拔的身姿，塑造性感的风格，不惜影响行走的舒适性。

设计风格的形成，是主客观两个方面共同作用的结果。主观方面反映了设计师的个性气质和艺术趣味，会自然而然地流露在设计创作过程和最终的结果中；客观方面则反映了设计活动所处的地域、民族、阶层、市场等社会环境的因素，以及设计载体的形式、功能、技术、材料等特质。设计风格还会受到所处企业和品牌诉求的约束。如果设计师个人的风格与企业、品牌的风格协调一致、互相弥补和促进的话，双方的能量都会充分发挥，设计创作活动将非常有效，产品风格成功的概率较大。反之则会出现不协调，产品面貌不清。同时，设计风格不能脱离时代背景，既要反映当下的需求、顺应时代变迁不断进行自我颠覆和创新，但又不能过于超前，以自我为中心，而让消费者无法认同。

设计风格中设计师主观的设计个性和追求是非常重要的。很多学生和年轻的设计师认为，我有自己的艺术追求、对于审美的个人偏好，以及对于设计元素运用的个性特质，那所呈现的作品的外观形式感是不是也可以称为设计风格呢？对于大部分学生来说，在上学期间创作的非常有个人特点的设计作品，可能更多应该偏向于一种设计个性的自然流露，可以称为一种设计趣味。虽然个性化的设计趣味也很重要，是今后形成设计风格的基础，需要保护和充分发扬。但是个性化的设计趣味更加偏向于自发、随机、感性而流于表面，缺乏扎实丰富的内涵和共性支撑，还暂时不能上升为可以被公认的设计风格。设计实践的过程中，在设计师个人的人生观、价值观、艺术观逐步完善，不断与客观因素碰撞、交叉和融合的基础上，设计师具备了指导自己设计行为的一贯性原则和理念性思维，并且在一定的用户群和社会阶层内有相当的影响力和引领作用后，才能说设计师的个人风格形成了。

消费者在购买产品时，习惯于首先从产品外观形象做判断。如果一件产品设计元素组合不协调、外观面貌模糊，而且设计风格类型不明确，人们就会因为不能判断这件产品的价值和塑造的社会形象定位，而无法定义这件产品对于自己产生的审美意义和穿着用途，从而产生选择困难。虽然只要在市场上销售的有商标的产品都是有一定的设计风格倾向的，但非品牌产品往往缺乏统一的风格定位和系列设计规划，单件产品之间风格迥异，在品牌众多的市场中缺乏强有力的品牌整体形象展示度，所以给人的印象比较模糊。而在商业上很成功的服装服饰类品牌，产品外观不一定是很个性夸张的，也可能是平淡日常的款式，但是品牌旗下所有产品的风格都是统一的，每件产品都会由内而外地发散出一种完整而独特的审美气质。

2. 设计风格的基本类型

现代社会中无论哪个领域的设计，不管设计结果是平面图形、影视图像，还是具体的产品，其设计原理是基本相通的，所有这些领域的设计结果外在的设计个性和艺术趣味都有共性。经过大量的设计实践、市场和消费者的不断选择，以及历史的演变沉淀而最终形成一些共识性的类型。为了清晰表述，笔者根据

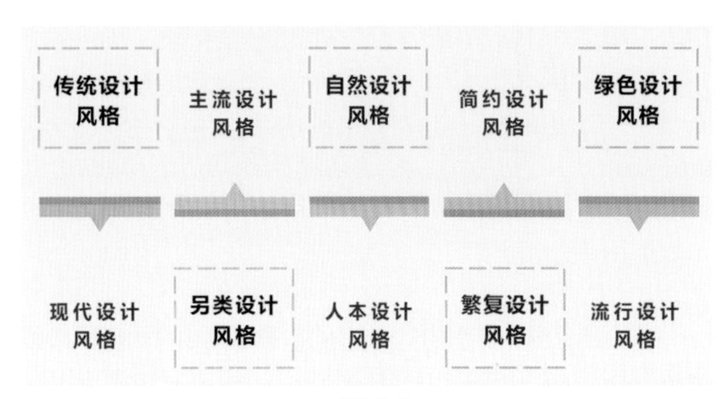

图 3-1

东华大学刘晓刚老师在《品牌服装设计》（第 4 版）中对目前市场上民用产品的设计风格的概括，绘制了十种共性的风格图示（图 3-1）。

比如，“传统设计风格是指以历史遗产和文化传统为特征的设计风格，”[1] 会采用世界各地不同民族流传下来的具有地域性特征的题材、工艺或样式来设计当今社会生活中使用的新产品。图 3-2 是淘宝网新中式家具品牌的一件储物柜，是近年来受到国内消费者喜爱的中式风格家具，沿用了中国传统木制家具的榫卯木工工艺和典型的古代家具款式，但是又进行了功能的转化和审美风格的时代化。当然，传统风格并非简单地沿袭，而是以现代生活方式和消费观念为前提，对传统元素进行改良取舍和不同程度的创新，让它能够融入现代人的家居生活中。

图 3-3 是一款线条简练的铁质灯具，表现出了典型的简约设计风格特征。“简约设计风格是指以简单集约和以少胜多为特征的设计风格。受到功能主义的

图 3-2

影响，简约设计风格腻烦了喧嚣的城市生活，从为消费者减压的角度出发，去除一切不必要的细节，推崇‘少即是多’的设计理念。”[2] 这款灯具除了灯杆、两个椭圆圈和灯盏以外，没有任何多余的物件。设计的特征就是用最少的元素和手段来达到恰当的美感。

图 3-4 是意大利手工制造的水晶玻璃吊灯，具有手工技艺细腻、复杂的精美风格。“繁复风格是指以复杂多变和炫耀手工为特征的设计风格……借助机器难以完成的复杂的手工制造程序，表现出复杂而精美的结构特征。”[3] 而这种设计与制作高度统一，充满艺术创造性的灯具，是工业化流水线不可能达到的。

图 3-1 所示这十种风格类型，概括形式感和设计元素运用相似的十种设计风格集群，每个类型中又包括了众多细分的风格倾向，并且也都在不断衍生变化，内涵和形式都进行着动态的调整。比如流行风格，会敏感地捕捉社会发展动态和趋势，迎合大众趣味的设计风格，流行风格非常多样化且不断推陈出新、快速兴起又迅速消失，像复古风潮、古着风潮、机能风潮等。

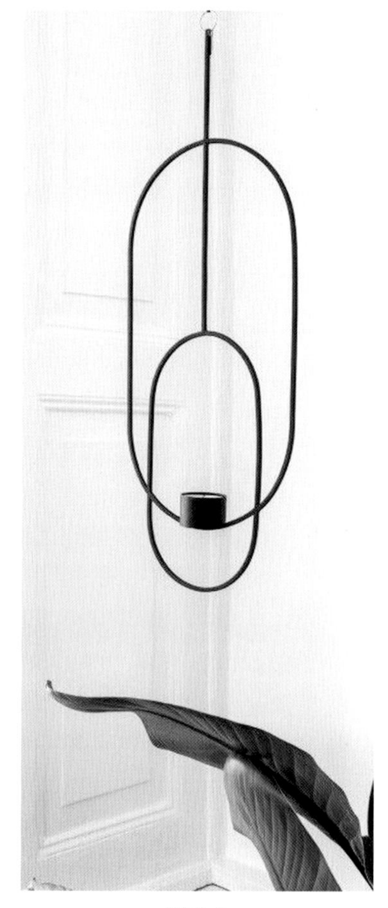

图 3-3

3. 教学案例 5：品牌设计风格与文化研究

本节设计训练主题的目标是通过对国内外真实品牌的个案研究，深入把握设计风格与品牌文化之间的对应关系，并进行设计调研方法的实践学习，培养独立思考和分析问题的能力。

该小组选择了国际知名的运动服饰品牌 Vans（万斯）作为个案进行品牌研究。首先，从品牌发展历史、社会背景、青年文化、时尚形式以及产品特征等相关层面做资料搜集和分析思考。最终，学生们充分理解到，品牌设计风格的塑造在很大程度上取决于品牌独特的文化内涵。初步了解到作为青年文化标志性的品牌，是如何将青年人的生活方式、艺术音乐和街头时尚等融合在一起，通过简约的产品款式和设计元素，形成独具魅力的 Vans 设计美学风格。其次，结合本次箱包设计课程的要求，还对品牌的背包产品设计现状进行了初步调研，为下一步针对该品牌进行背包系列的改进提供了佐证。

由于时间和资源有限，调研信息搜集不够全面，学生个人的分析理解难免不成熟。所有结论只是基于本次课程的训练过程和目标进行评价展示，并不代表品牌真实的状况和产品需求。

图 3-4

4. 学生作业 6

学生：余朋洋 周佳映 张洁彤 杨潇 王卓希 黄凯翔

摘选研究报告中的部分内容如下：

1. 品牌研究

●品牌历史概述

Vans Off The Wall 是 1966 年 3 月 16 日由 Paul Van Doren 创始的原创极限运动潮牌，公司位于美国南加州，以极限运动起家，包括滑板、冲浪、小轮车（BMX）、滑雪等。该公司以滑板运动为根，将生活方式、艺术、音乐和街头时尚文化等注入 Vans 美学，形成别具个性的青年文化标志，成为年轻极限运动爱好者和潮流人士认同欢迎的世界性品牌。

●核心经典产品

1966 年，Vans 生产了第一双鞋：海军蓝的 Authentic。

1976 年，世界上第一双专业滑板鞋 Era 诞生了。它由 Tony Alva 和 Stacy Peralta 合作设计。

1977 年，Old Skool 诞生了，它是首个采用标志性侧边条纹的鞋款，也是 Vans 第一个含有皮质材料的鞋款。

1978 年，SK8-Hi 诞生了，它是 Old Skool 的高帮款，延续了标志性的侧边条纹。

1979 年，一脚蹬的 Slip-on 首度登场，获得众多滑板爱好者及小轮车车迷的喜爱及推广。

1991 年，Steve Caballero 的改良版 Half Cab 诞生了，Vans 针对滑手的需求将高帮设计剪短。

●品牌标志元素

图 3-5 为品牌三个最经典的设计元素：图 3-5-1 为 1960 年末 Vans 推出的华夫大底，鞋底 9 条直线纹和钻石图案酷似华夫饼干，具有出色的抓板性能与耐磨效果，使 Vans 在滑板界的专业地位坚不可摧；图 3-5-2 为 1977 年 Old Skool 鞋上的侧边条纹，成为 Vans 的经典标志；图 3-5-3 为 1981 年首次用于 Slip-on 鞋面上的黑白棋盘格图案。

●背包产品系列

现阶段的背包产品比较突出的是在面料表面做印花处理，经典的黑白棋盘格与 Vans 字母 Logo 为常用的设计元素。色彩以黑白色为主，用色单一；用料以帆布为主，包款结构单一，多采用基本款式；品牌标志特点明确突出，但整体创新度一般，街头时尚风格不足。表 3-1 是对背包设计基本情况做了一个简单的总结。

图 3-5-1

图 3-5-2

图 3-5-3

表 3-1 Vans Off The Wall 品牌背包设计调查基本情况

品牌名称	调研品类	主要款型	款式设计	消费群体	价格区间	功能性	材质与工艺特点	用户满意度
Vans Off The Wall	运动背包	双肩背包、小型斜挎包、托特包、腰包	中性化，基本款，较少创新变化	大众青少年	200 元至 500 元人民币	实用、耐用、舒适，简单、通用	帆布加印花图案	撞包概率高，对现有款式勉强接受，设计吸引力不强

2. 品牌社会背景研究

基于 Vans 的品牌文化与受众群体，我们对与其相关的市场、产品现状、滑板文化与青年群体进行了系列调研。

图 3-6

●滑板文化

滑板纪念日：6 月 21 日

节日是由 IASC（International Association of Skateboard Companies）组织发起的，属于全世界滑手的世界滑板日。6 月 21 日是美国学生放暑假的第一天，所以大家会在放假的第一天尽情滑板，这也是当初选它作为滑板日的初衷。希望滑板运动得到更广泛的普及和支持，希望更多的人了解并接受滑板运动，也让更多的朋友加入滑板运动中来。

滑板（Skateboard）是 20 世纪 50 年代末 60 年代初，由冲浪运动演变而成的一项极限运动。最早的滑板是由爱好者把双排轮滑的支架装在木板上，后来慢慢地发展成现在的滑板，在而今已成为地球上最“酷”的运动。随着滑板运动的开展，滑板技术直追其始祖冲浪运动。Alan Gelfand 发明了豚跳（The Ollie），使滑板界更注重高技术的表演，产生了诸多如 Tony Hawk、Steven Caballero 等明星。由滑板商、著名公司组织的巡回品牌推广活动，给商家带来巨大利益。图 3-6 是 20 世纪七八十年代滑板运动兴盛时期年轻人运动的情景。

图 3-7

● 受众群体

图 3-7 是当时爱好滑板的年轻人的代表形象。

滑手的泥土感很重的衣着和怀旧球鞋一度成为世界潮流，而相关音乐（New Wave Music，Punk，Hip-Hop）也达到了鼎盛，其语言、技巧、服饰和音乐，构成了独具特色的滑板文化。

3. 用户画像

滑板、音乐、街舞、泡吧、涂鸦、KTV、电影、看漫画、骑行、聚会、打游戏。

图 3-8 是当代社会中喜欢滑板运动的年轻人画像。

服饰风格品位：

Hip-Hop 风格 / 朋克 / 街头 Oversize 风：较宽松适合运动；喜欢反传统、个性化、破常规的服饰。

图 3-9 是受众群体有代表性的着装整体形象。

图 3-8　　图 3-9

第二节 箱包品牌设计风格的分类

市场上品牌的设计风格多种多样，而且新的设计风格不断涌现，也有一些风格因为比较陈旧而逐渐被淘汰。但是无论何种风格，依据其在市场上的消费受众面以及市场覆盖率特征，都可分为主流风格或者支流风格两大类。每一类中又可继续细分出众多迥然不同的支流设计风格，并且是动态发展的。

主流风格是指在市场中表现为主要的流行风潮与趋势的风格类型，涉及的用户面较广、产量也较多。[4] 支流风格则是指次要的、非主流的其他风格，其共同的特点是市场接受度尚小，产品生产和销售规模小，社会影响力不及主流风格。但是支流风格对于一个社会、市场和行业来说，具有一定的时尚先锋作用，可能是引发下一轮潮流和风格的创新地，其影响力不容小觑。[5] 主流品牌的设计师也会到支流品牌去吸取灵感，将其进行改良后运用到主流品牌中。

1. 主流设计风格

以图 3-1 所示 10 种设计风格为基础，依据消费人群的年龄阶段、功能用途、使用环境等主要因素，结合目前市场上典型的品牌和产品的表现特征将市场中占据主流的箱包设计风格划分为 6 种类型：经典风格、都市风格、青年风格、休闲风格、运动风格、商务风格。

1.1 经典风格

主要表现为一种来自西方服装服饰的经典形式。服装款式表现为西装、套装、西服衬衣、风衣、小礼服等款式，是当代国际社会中成年人在社交礼仪环境中通用的、被大多数消费者接受的一种成熟的装扮模式，多是由一些经过时间洗礼而流传下来的、经久不衰的设计元素所构成的风格样式，讲究穿着品质，不过度追求流行趋势，力求保持品牌本色和品牌内在的基因，隐约透露出正统、保守、真实、高贵的低调的艺术韵味。

经典风格的箱包品牌产品，以具有悠久发展历史的欧洲传统奢侈品皮具、高端箱包品牌为主。这些品牌的经典款型、工艺技术、惯用的材料、设计元素和手法等，也就成为其他各个档次产品学习借鉴和仿制的主要来源。这些品牌一般都会以优质的真皮等品质考究的材质为主，制造工艺精细复杂，手工程度较高，并以廓形简练、比例协调完美的定型包或者半定型包为主，具有精致高贵、超凡脱俗、优雅稳重的审美特质和沉稳低调、经典大方、耐用舒适、功能考虑周到细致等产品品质。

1.2 都市风格

风格基于工作环境，介于休闲和正装之间，定位较年轻有一定时尚意识的职业群体，适用于都市快节奏的社交、生活、娱乐等多种场合。产品品种、款式多变，款式多模仿和改造奢侈品等一线品牌，但是制作工序、材料品质、细节处理等方面就显得简略、平易很多。比较常用的有头层真皮的修面革、二层革、PU、PVC、纺织面料等。其设计元素追随最新的流行趋势，是对流行最敏感的类型。

都市风格品牌内涵贫乏，缺乏鲜明个性和文化痕迹，产品缺少原创性。外观时髦好看、好用、易于搭配，但创新仅限于色彩、廓形、装饰、材料等表面化，整体略显平庸，审美形式非常宽泛而含糊。有简约的、装饰感的、淑女风、少女风、通勤风、美式、日韩风等细分。都市风格品牌众多，类型档位分布高低差异较大，从轻奢到大众，如美国品牌轻奢 MK、快时尚品牌 ZARA 等，均属于此类。但是因此也很容易变得同质化，市场竞争激烈，品牌缺乏绝对的优势与核心价值，所以不得不被市场销售左右，被流行趋势所驱动，频于缩短新产品的开发周期，加大开发数量，寄希望于爆款。此类风格是现代消费文化驱动下的商业产物，成为市场上最重要的一种主流类型，数量众多，受众多为追求时尚但是消费能力有限的城市女性群体。

1.3 青年风格

定位以青少年消费群体为主，包括高中生、大学生、30 岁以下的职场年轻群体。此风格集群内包含设计迥异的多种风格类型，对于主流审美趣味和着装规范礼仪等会做出有意无意地漠视或小叛逆，具有很鲜明的自我意识和着装态度，展现出我行我素、酷感十足、个性张扬的形式特征，很多细分品牌被称为“潮牌”。很多历史较长的国际品牌起源于 20 世纪欧美各国和日本的一些青年亚文化社会现象，如波普、朋克、嬉皮士、嘻哈、黑人文化、东京原宿、欧美校园文化等；或者是发端于以特定运动、事物为兴趣点的小众圈层，如滑板、篮球、街舞、户外、工装、军警服、动漫、汉服、国潮情怀等。

青年风格箱包可以在日常生活的各种环境中使用。包型结构比较简单，功能实用，款式品类较少，多以双肩背包、邮差包、挎包、胸包、腰包等为基本款。材料多为涂层帆布、尼龙等面料。在面料上追求高科技、高性能，在使用功能的人性化以及良好的体验感方面下功夫。外观上的设计并不复杂多变，以黑色、深蓝色、棕色、卡其色、灰色等单色为主，商标文字、图形 Logo、卡通形象、标语口号、涂鸦、拼贴画等设计元素为主要的设计手段，展示独特的品牌文化和符号特征。大多数潮酷品牌都是面向青少年男性群体的，设计风格偏男性化气质，色彩沉稳、廓形较大、体量感较强，视觉冲击力较强。女性用户的产品就是在尺寸上进行缩小，一般不会重新设计。也有极少部分新兴的品牌是专门面对女性群体的，比如日本的 MILKFED 品牌，不同于卡哇伊的日本可爱风，展示出独立自由，不被潮流所左右，带有鲜明的原宿风格。如中国的 RFACTORY、GOFEFE 品牌，既非常明显地受到了朋克风格等青年文化的影响，又加入了少女感的元素，呈现出一种独特的甜酷风格。

相对来说，这个风格类型中的各个支流的消费群体数量都比较少，商业利益和市场受众广度上可能都远不及主流风格中的一些细分类型。但是从近年来设计风格的社会传播效应、对于青少年时尚观念的影响力等方面来看，确是具有巨大而深远的商业跨界价值和较高的艺术水准。所以本书中将其列入到了主流风格类型中。而且其受众群体中有一部分忠实用户为具有一定社会知名的明星、艺人等公众人物。通过他们个人穿搭的社会活动的曝光，形成了与常规市场商业宣传营销模式所不同的所谓“粉丝效应”，从而产生了不可轻视的商业利益，即所谓“粉丝经济”。进入 21 世纪，在“粉丝效应”的推动下，一直以来比较小众和边缘化的品牌和产品，逐步跨越了狭窄的受众人群，产品设计风格的传播范围和商业影响力都大大增强，从粉丝扩散到一部分普通的消费群体中。青年风格也主动与主流品牌联名推出产品，借机进入大众市场，获得更大的市场份额、商业利益和品牌曝光度。因此，随着 90、00 后青年一代逐渐成为市场消费的主力军，目前一些已经很成熟的、半只脚已经踏入主流市场的青年风格的品牌，未来可能会变得越来越大众和商业起来。

1.4 休闲风格

由一些体现轻松自由、回归自然的设计元素所构成的风格类型。主要受众为广泛的大众阶层，适用于日常家居、休闲运动、外出旅行等非职业化的生活环境，注重还原穿着者的本我状态，生活气息浓厚。服装款式上多为简单的大众成衣便装，款式的基本款经典款居多，可以适合男女老少；舒适耐用，色彩简练，没有过多细节装饰，也无须精心打理。

休闲风格的箱包设计偏重外观款型简练干净，多为轻便舒适的软包；满足宽泛的使用需求，并不需要特殊的功能设计。购物袋、双肩背包、托特包、斜挎包、水桶包、手提旅行包、拉杆软箱等为常用款式。

休闲设计风格的款式多来源于体育运动中的各类背包和一些购物纸袋、工具袋等最简单的款型，无须体现男女差异，所以也就表现为中性化的外观特征，很多款式都是男女通用的，尺寸、色彩也基本上通用，多采用无彩色系和纯度较低的百搭色，如黑色、白色、米色、深灰色、卡其色、藏蓝色等基础色。尤其是一些中低端的国际性大众品牌，价格低廉，为了适应更广泛的市场需求，有意弱化款式的性别和年龄差异，可降低开发和生产成本，取得更加优惠的价格优势和消费的通用性。同时通过尺寸缩小、增加一些女性化和儿童化的色彩图案等手段来区别女款、儿童款。休闲风格材料以帆布、牛仔布、尼龙涤纶、PVC、PU 合成革等为主，结实耐用，价格亲民，包型柔软随性，制作工序尽量简化。

随着简洁轻便的休闲服饰越来越受到消费者的喜爱，休闲风格的产品也越来越多，针对不同阶层和特定受众群体的休闲风格也融入了都市风格、经典风格等其他风格，分化出多种多样的细分类型。比如具有明显休闲风格的中高档皮具产品、女性化的休闲背包产品等。但是相应地，受众对象就变窄了，使用的功能性也就有了新的要求，适合都市职业人群的日常休闲。

1.5 运动风格

最初是在各项竞技体育运动中穿着使用的服饰类产品。根据每项运动的特点进行功能性的设计，最终形成了在使用功能、外观廓形和面料、图案、色彩等方面具有强烈的运动感特征的一些产品款式。比如网球包、羽毛球包、保龄球包、沙滩包、自行车包、训练包、跑步腰包等。运动背包一般都非常实用，廓形多为简练的正方形、长方形、圆筒形等，包体柔软，内腔宽大，采用抽绳束口、敞口或拉链密闭。材料多为轻便结实的合成材料，如尼龙、涤纶等材料，耐磨防水，结实耐用。合成材料色泽非常鲜艳，亮丽的玫红色、蓝色、黄色、橙色、果绿色、紫色等，较常使用纯度较高的单色多色拼接和印花面料。

在欧美国家，从20世纪70年代开始，随着体育项目的大众化普及，体育运动、健身锻炼等越来越成为一种大众休闲的生活方式，大众使用各种运动背包的场合也越来越多。竞技运动员专用包逐步成为普通人在日常运动、锻炼和休闲时最常使用的一类背包，运动休闲风格成为一种被大众广泛喜欢的产品类型。基本的款式有双肩背包、斜挎包、单肩包、腰包、胸包和大型手提健身包等。一般不刻意区别男女款，只在尺寸和花色上有所区分。

目前比较常见的运动背包产品风格除了专业运动和运动休闲之外，还有运动时尚类型。2009年10月Y3品牌在巴黎时尚周正式亮相。这是日本设计师山本耀司受阿迪达斯公司邀请，对传统的运动品牌进行重新定位，正式开启运动风格品牌的时尚主义。运动时尚风格成为众多传统的体育运动品牌开拓的新的市场增长点。运动时尚风格的背包更多是在非运动的日常环境使用，设计风格首先基于专业运动背包，比如面料采用尼龙、涤纶等合成纤维，色彩纯度高；在包体上更喜欢印刷尺寸夸张的商标图形Logo。也会经常使用色彩对比强烈的多排直线、斜线、条纹、涂鸦等图形。整体设计风格明亮张扬，单纯有力，充满着健康活力和体育气息。但是在色彩上则更喜欢选用黑色、灰色等中性低调的色彩。

1.6 商务风格

在职业办公环境中使用的功能单纯的公文包、文件袋、电脑包等箱包产品基础上，集合办公场合典型设计元素发展起来的一种现代职场通用的设计风格。商务风格成为一种主流风格，是由于20世纪80年代开始世界各国产业迅速发展、城市扩张，商务人士大量出现。在现代大都市商务办公背景下的产品功能、品类、款型设计、社会象征性意义等也形成了自己的体系特征。产品涵盖了从日常上下班通勤、办公室工作、商业会晤、商务出差、商务社交礼仪等各种场合下使用的箱包。主要款式有手提公文包、手提电脑包、双肩背商务电脑包、商务斜挎包、休闲通勤旅行包、商旅手提包、大容量单肩商旅手提包、商旅拉杆箱等。色彩以深暗色的黑色、灰色、藏蓝色、卡其色、酒红色等为主。面料主要有高性能的尼龙面料、牛津布，面料搭配真皮、PU革等性能优良的材料。设计风格以严谨实用为基调，根据不同的品牌和用户定位，融合进不同的风格，也可以比较年轻，带有一些时尚气息。但是总体来说男女款式都呈现出严肃理性、方正工整、内外功能性结构较多的特征，以及成熟冷静、老练考究的现代大都市气质。

表3-2选取了国内外市场中部分主流风格的箱包品牌与典型产品的图片。重点要关注的是，近十几年来中国本土箱包品牌的发展成果显著，产品品质和设计水平在整体上都有了极大提升，渐渐占据了国内市场较大的市场份额，为国内大众渐渐熟知。很多品牌都在有意识地重塑自己的文化内涵和品牌形象，或者融入中国文化和审美意象，或者结合时代背景进行艺术形式的全新创造。总之，国内各个市场领域的知名品牌都已经从模仿西方品牌，转向走自己的民族品牌建设之路。但是通过对比还是可以看出，在高中低端各个品牌类型中，国内品牌与国外品牌在产品研发意识和实力上还存在一定的差距。比如个性面貌模糊、核心理念尚需凝练、市场细分定位雷同、产品研发系统性不足、没有代表性的突出款式等问题较为明显。

2. 支流设计风格

结合市场上典型的品牌和产品的表现特征，对市场中种类繁多、风格各异的支流风格，从其受众人群的广度和创新意义等层面，总结出以下七种支流设计风格的类型：民族风格、设计师品牌风格、手工艺风格、户外风格、军事风格、智能化风格、可持续设计风格。

2.1 民族风格

从20世纪初，欧美各国率先进入现代工业社会以来，以欧美服饰文化和形制为核心，形成了一个国际时尚统领的社会时尚体系。但从20世纪末开始，世界上众多民族和地区在大一统的国际服饰风格中，渴望回归能够体现本民族风格的着装。不同于西装皮具形式的、富有各国传统文化特色的民族风格开始变得越来越强劲。中国的消费者和设计师们在对中国传统文化和民族服饰进行反思的同时，也开始关注传统服饰在当代生活中的重生和创新。最早是采用民族符号直接应用的设计方式，将传统的题材、手法和审美

表 3-2　主流风格的箱包品牌与典型产品

风格类型	国际知名品牌典型产品	中国本土品牌典型产品
经典风格	表图 3-2-1 法国香奈儿 CHANEL 品牌 2.55 小背包 表图 3-2-2 法国思琳 CELING 品牌 CLASSIC 小方包 表图 3-2-3 瑞士巴利 BALLY 品牌 Highpoint 系列男式商务手提包	表图 3-2-4 迪桑娜 DISSONA 品牌 秘印系列 表图 3-2-5 半坡饰族品牌 留白系列 表图 3-2-6 金利来 GOLDLION 品牌 公文包
都市风格	表图 3-2-7 美国汤丽·柏琦 TORY BURCH 品牌 拼色链条翻盖单肩包 表图 3-2-8 美国迈克·科尔斯 MICHAEL KORS 品牌 拼色铆钉链条翻盖单肩包 表图 3-2-9 新加坡 CHARLES & KEITH 品牌 亮片包	表图 3-2-10 PLD 保兰德品牌 鳄鱼纹真皮手提贝壳包 表图 3-2-11 赫莲娜 HR 品牌 编织软皮小包 表图 3-2-12 菲安妮 FION 品牌 老花面料箱子包
青年风格	表图 3-2-13 美国潮牌 Supreme 品牌 双肩背包 表图 3-2-14 日本 BAPE 品牌 鲨鱼迷彩印花双肩包 表图 3-2-15 日本 HEAD PORTER 品牌 男女包小挂包	表图 3-2-16 中国你好熊猫 HIPANDA 品牌 女式彩色熊头字母购物袋 表图 3-2-17 中国潮牌 RFACTORY 品牌 怪兽背包 表图 3-2-18 香港 Subcrew 品牌 虎纹迷彩双肩背包

续表

风格类型	国际知名品牌典型产品	中国本土品牌典型产品
休闲风格	表图 3-2-19 美国乐播诗 LeSportsac 品牌 托特包 表图 3-2-20 比利时凯浦林 Kipling 品牌 帆布单肩包 表图 3-2-21 日本无印良品 MUJI 品牌 男女不易沾水薄款小挎包	表图 3-2-22 哇呜品牌 雕塑小众设计感双肩背包软包 表图 3-2-23 ito 品牌 男无边界女休闲通勤背包 表图 3-2-24 小米 Xiaomi 品牌 商务多功能双肩包
运动风格	表图 3-2-25 法国鳄鱼 LACOSTE 品牌 女双面子母包 表图 3-2-26 德国阿迪达斯 adidas 品牌 三叶草男女运动背包 表图 3-2-27 法国迪卡侬 (DECATHLON) 品牌 健身包干湿分离收纳袋	表图 3-2-28 李宁 LI-NING 品牌 男女包训练系列背包运动包 表图 3-2-29 安踏 ANTA 品牌 花木兰联名女双肩背包 表图 3-2-30 361° 品牌 男款休闲双肩背包
商务风格	表图 3-2-31 美国途明 TUMI 品牌 弹道尼龙男士双肩背包 表图 3-2-32 新秀丽 Samsonite 品牌 女士通勤双肩包 表图 3-2-33 瑞士 SWIZA 品牌 女式商务通勤双肩背包	表图 3-2-34 七匹狼 SEPTWOLV 男士商务手提包 表图 3-2-35 奥康 AOKANG 品牌 商务双肩包 表图 3-2-36 润米公司 -90 分品牌 男女商务简约双肩背包

形式不加改造地、直接搬运用到当代服饰产品中。民族标志性和装饰感强，但往往塑造的产品与现实生活有一定距离感，风格过于生硬。无论从功能还是审美形式等方面，并不能很好地融入大多数用户的日常生活中。

随着设计实践的不断深入，设计师们逐步总结经验，取得了一些成功的设计案例。以其他主流风格的产品功能审美行为为基调，采用解构和混搭的设计手法来改造或局部借用传统的民族设计元素。因此并不会有明显的、程式化的民族风格模式，但却可以把民族元素有效融入时尚风格中，让用户可以接受，并适合现代社会的着装习惯和生活方式。高田贤三品牌在卫衣、圆领衫、背包上印制传统图形，打造既有一点民族风味又实用、好搭配的流行风格。民族元素只占较少成分，只是为了增加趣味感、个性化和顺应潮流。近几年中国大众的民族意识和自信心得到极大提升，时尚界"国潮"风盛行，李宁、安踏等运动品牌，以及一些设计师品牌都在不断挖掘民族文化元素，比如与敦煌、故宫联名，在运动款式基础上点缀一些传统图形和色彩。但是运用这种设计手法塑造的产品依然还是以国际化的运动品牌为基调的流行风格，民族元素占比较少，只是以点缀或者新奇点的形式出现，并不能改变产品本质的审美文化和使用、搭配方式等。

还有相当一部分受众和设计师，对于民族风格的情怀和表达形式，反倒越来越表现出一种原汁原味的中国传统文化的纯粹性坚守。不是以大一统的国际时尚服饰风格为产品基础架构，不只是用民族元素做表面改造和时尚点缀。而是坚守民族服饰传统体系，从产品物质实体、材料、技术工艺、着装方式和美感韵味等方面传承创新，或者结合当下国情重新构建新的时尚体系。比如很多女性将非常传统的、或者稍加改良后的旗袍、汉服等各种中式传统袍服直接穿到日常的工作、社交礼仪或休闲生活环境中，抛开过去一直遵循的欧美国际时尚那一套服饰产品和礼仪规范，在生活方式、审美观、价值观和社会象征意义等方面，也刻意与国际化进行区别和隔离。这并不是刻意炫耀给别人看的，而是从内心认可和享受这种服饰形式和生活方式。2010 年创建于北京的端木良锦品牌，品牌寓意"端正的木头、优良的锦缎"，就是受到中国唐朝的细木镶嵌技艺的启发，创建的以木质为主材的高端女包品牌。方方正正、比例协调的手包通体用木头打造，表面用多种不同色彩的木材薄片镶嵌出精细华丽的宝相花、唐朝簪花仕女等经典纯正的传统纹样。无论从产品设计概念、材料、制造技术，还是品牌文化、艺术形式、审美观念等各个方面，都有别于欧美奢侈品皮具，已经成功摸索出了一条中国民族风格的原创之路。

2.2 设计师品牌风格

设计师品牌风格的创建，一般都是直接源于设计师本人的个性气质、审美趣味和艺术追求，是设计师本人的个性更能够得到自由发挥和极大张扬的风格类型。因此本集群中的细分风格类型也是非常多样化的，没有定式。每个品牌在市场中的定位还是比较狭窄的，对大众并不具备很大的吸引力。

目前多数品牌的产品一般多针对年轻的女性消费群体。她们是具有较好的审美品位，追逐时尚潮流但又不愿意从众，希望产品具有独特性，但消费不起奢侈品和高端皮具品牌的人群。近些年国内外的设计师品牌箱包不断涌现，设计师本人多具有设计教育背景或者时尚界从业经历等，设计艺术水平较高，制作技术和产品品质也有不错的口碑。有些慢慢成长为在国际上具有较广泛知名度的品牌，慢慢发展壮大。但是大部分品牌的生产实力和社会声誉较弱，再加上年轻设计师初创品牌时，虽然个人特色鲜明，但是设计风格往往还不够成熟，在产品开发上表现不稳定。因此，设计师品牌也是在大浪淘沙，不断发展变化。

设计师品牌风格最大的特点，就是产品具有非常强的个性化和新颖度，打破常规，采用新材料、新技术，敢于坚持自己的观念，不会盲目追求流行趋势，设计的原创程度较高。因此，为箱包市场增添了异样美丽的多道风采，可以是很实用的，也可以是不太实用但是可爱萌趣的，还可以是前卫艺术、滑稽搞怪的、复古换旧的、DIY 制造等。并且由于生产力和资金有限，市场开拓能力差，所以设计师品牌风格并不像大型企业和品牌，会成系列开发产品，一般都是开发单个的款式，集品牌特色和设计创意于一身，打造独特而新颖的、辨识性极强的爆款。爆款成功了，则代表品牌初步被市场认可了。设计师品牌风格的宣传形式和营销模式是直面忠实的消费群体，以社交媒体为据点，以电商为主要零售渠道，以及依赖买手店拓展批发。

2.3 手工艺风格

以传统的手工制作技术、民间的手工技艺为特色制作的箱包产品所表达出来的审美形式和特征。现代市场上的手工风格箱包，整个过程也不完全是百分之百纯手工制作，也会借助现代化加工设备来提高效率，比如缝纫机、打钉机等必要的机器设备。只是相对来说，手工制作工序比较多，工序比较简单。其中有些品牌是比较小的个人工作室性质的，只接受个体消费者的定制或者按照自己的节奏小批量地生产。很多设计师本人也兼任制作者，掌握着精湛的手工技艺，从设计到制作全流程都是自己独立完成。但有些手工风格的品牌则是企业化运行，生产规模较大，产品也是采用批量化流水线的生产方式。

其实手工设计风格最重要的不完全是生产模式，核心特色还是要塑造出手工感的外观风格。具有明显的不用于其他商业化的、流行性的审美韵味，散发着一种与世无争的、自然随意、本质天成的气息，外观具有很明显的手工痕迹，具有单纯、质朴和纯粹的艺术魅力。手工技艺的制作过程偶尔产生的痕迹、手工艺者的个性偏好、独特的匠心等，都能够得到极大地彰显和放大，这是工业化产品所不具备的。

手工制作箱包是人类最古老的生产模式，虽然已经不是现代社会的主流生产模式，但是手工技艺却一直经久不衰，低调传承和发展着。喜欢手工风格箱包的受众人群比较少，包括少数享受高级定制皮具的高端人群，还有相当一部分中低阶层的大众也是非常忠实的销售群体。市场上主体的产品都是采用先进机器设备批量化制造的，标准化程度高，从内到外都完全一致，高度严谨和理性。而手工制作的产品，面料一般为天然材质，如真皮、帆布、棉麻等，表面一般不做过度的涂饰美化，保持原始肌理和天然的差异性、不完美感。辅料用得比较少，制作工序不复杂。手工化较高、产量低，较多依赖于制作者手艺和经验。所以不能保证每一个产品都制作得很精准，完全整齐划一。但这也造就了其最大的优势，就是可以个性化地处理材料、部件等设计元素，根据用户需求去做设计。

手工皮具是手工设计风格箱包产品中最典型的代表。手工皮具源自欧洲传统皮具手工艺，包括手针缝线组合、皮面上色、处理边缘、雕刻纹样、立体塑型等多种工序。手工皮具一般结构简单、组合部件较少，也不会运用很多辅助造型的材料，充分利用和体现真皮的质感美和立体造型能力，具有一种沉着内敛、低调朴素，但又温和有力、极富质感的风格。其他还有手工编织、编结的各类线绳、草辫、竹条、藤条包袋，以及用手工布艺、刺绣、印染等其他民间技艺制作和进行装饰的产品。

2.4 户外风格

源自各种户外职业工作、专业级别的户外探险、竞技性的户外运动中使用的背包产品的设计风格。比如在陆地和山地等自然环境下的地理摄影、极地探险、野外勘探、越野探险、徒步运动、登山、攀岩、海钓、山地穿越、山地车运动等。在恶劣的自然环境下，背包既要满足背用轻便省力、不影响行走、不影响做各种动作、不伤害身体的基本要求，还要在合理的容积下携带尽量多的必需物资，有很好的分区处理。对于面料的高性能要求较高，一般采用高密度的涂层尼龙、涤纶等，具有结实耐磨、防水防尘、防撕裂等多种特定的性能。面料色彩非常鲜艳，具有醒目的标识作用。户外风格非常重视对产品的人体工程学研究，不断提升产品的舒适性、安全性和防护性。产品外观设计呈现出功能决定形式的原则，简单有效，基本上没有一处是无意义的、纯粹为了好看而存在的设计细节，具有极强的科技感、机能性和高品质感。

其中双肩背包是最重要的款式，因其容量最大，受力均匀且最大，而且不影响行走。在双肩背包的设计中，背负系统和散热系统是产品最核心的创新价值所在，好的设计可以保证将肩膀的重量合理分散到下肢，可以极大减轻负重感，背用省力舒适，不会因长期的使用而对身体造成伤害。外挂系统也是很重要的功能性设计，外部的多种形式的小口袋、挂扣、绳索等，是不同户外运动过程中必备的辅助功能。大多数中小体积的具有户外风格的背包，一般都是用于普通人进行一些带有休闲性质的户外运动，如郊游、爬山、野营、短途徒步等，相对来说，功能性和安全性要求比专业级有所降低，功能设计更加通用。与普通的运动背包比起来，虽然外观可能差异不大，但是也仍然具有比较明显的优势，比如背负系统设计、高性能面料等。

2.5 军事风格

在主要用于非专业性的大众户外运动的背包中，还有一类非常小众和特殊的产品，被称为军事背包或军迷背包、战术背包风格。主要是以国内外军队的单兵装备系统中军人背用的各类军事背包为模板，在保留其主要设计特色的基础上进行民用化改造，所产生的一类产品和外观设计风格。这类风格非常受到有军队情结的男性喜爱，外观更加具有男性的阳刚之气和威严冷酷感。

款式主要有不同容积的双肩背包、多功能斜挎包、胸包、腰包等。包体造型更加方正、厚重。其外挂系统与运动风格的户外背包相似，但是功能和形式上也具有自己的特色，比如包体前面缝纫多排的织带设计或激光切割横线形式是一个快挂装置设计，可以快速挂、插很多小物品。面料采用迷彩、数码图形、军绿色、土黄色、卡其色等色彩的牛津布、帆布、尼龙等，面料质感粗犷，但是也具有防水、耐磨、防撕裂等性能。

2.6 智能化风格

随着智能制造技术的不断深化研究，智能软、硬件设备的制造成本也在不断降低，在传统产品中置入简单的智能功能，具备进行产业转化的可行性。目前已有一些智能箱包产品进入了商业市场。主要有智能旅行箱、商务背包、休闲背包等更加注重功能性的类型。如智能拉杆箱具备蓝牙 GPRS 定位以及报警功能，将使用者的手机或电脑与拉杆箱进行无线连接后，无论身于何处，都能通过手机或电脑搜寻到智能拉杆箱的位置，避免个人物品遭窃。还有防丢失自动报警功能，当拉杆箱与使用者的距离超出一定范围，便会发出消息警报，避免遗失在出租车或餐厅。还有自动跟行的拉杆箱，可以识别障碍物，选择合适路径跟行，以及智能自动称重功能，防止登机超重。背包的智能功能一般有智能锁，与手机连接后自动定位、计步，在包体表面嵌入 LED 屏，用手机蓝牙控制进行图形显示等。

目前购买体验智能箱包的人还不多。虽然智能功能的置入和使用还存在很多不足之处，外观造型和风格与常规产品没有太大差异，但是无疑是一个非常值得关注和探索的设计方向。未来哪个企业率先采用了新的智能技术，成功设计出全新形式的新产品，那么他就是智能箱包的设计风格的开创者。

2.7 可持续设计风格

最早源于 20 世纪七八十年代的绿色设计风格，绿色设计概念只是强调人类对于自然环境保护和可持续性发展，在时尚界主要就是采用一些本色的、纯天然材料进行简单加工，设计结果体现出一种外观非常简单朴素、返璞归真的风格。但是在功能性和美感方面都比较简陋、单调，缺乏美感，实在无法激起消费者喜爱和使用的兴趣。到 20 世纪 90 年代后可持续设计这个概念取代了绿色设计。两者间在本质上是相同的，区别在于可持续设计不仅需要关注自然生态，还要体现对经济增长、消费者需求的满足以及对社会关系的维护。其中重申了人们天生的爱美之心也是需要满足的。可持续设计不需要人们为了环保而不消费，或者牺牲对于时尚的热爱，而是合理消费、理性消费，对于时尚和美的价值观进行全新的塑造。可持续设计近年来成为时尚界一种新的设计风潮，创新设计手段也更加丰富和多样化，所以外观风格也不再单一和简陋。产品的美感、时尚度和功能性得到极大的提升，获得了较好的市场反馈，逐渐拥有了一批忠实的受众群体。但比较成功的案例多集中在欧美等国家，主要是一些小众设计师品牌、少数知名的品牌和大型企业。

可持续设计风格并不是一种唯一的风格定式，但是从目前成功的品牌案例来看，总体都是采用环保的、生态的、新型环保材料和回收利用性能较好的材料。因此，材料的风格在很大程度上决定了产品的审美特征和品牌的设计风格，多是倾向于简约、实用、休闲、质朴、自然、单纯的形式感。与现在主流品牌的过度追求外观美观、时尚度，过于执着于打造新奇品牌形象的设计观念相比，可持续设计风格是毫不造作和清新低调的，甚至是刻意追求一种日常化的风格。尽管功能性和品质也很好，但是不过度追求完美无缺和精工细作，设计理念趋向于做适度的、恰当的设计，不是为了设计而设计。虽然还不是很多人乐意接受这一风格，但在一定程度上预示着设计界对于设计价值体系有了全新的思考，整个社会的价值观和审美风向也可能由此发生重大转变。

可持续设计理念在国内还没有得到产业和设计师们的足够重视，比较成功的案例还不多。但对于中国箱包产业来说，现实已经不等我们沿着欧美箱包产业发展和品牌建设的老路慢慢前进了。以可持续性发展为目标，积极融入可持续发展理念和设计方法，采用新的环保材料和技术，也可能是中国本土品牌快速发展的一条突破之路。

表 3-3 是市场上属于支流风格的品牌与典型产品。在支流风格市场上，近些年中国本土箱包品牌和产品呈现出比主流市场更加活跃、积极和风格多样化的良好状态，涌现出很多年轻有才华的箱包设计师和设计师品牌，在市场上也不断涌现原创性较高的热销款式，产生较好的商业效益和社会影响力。他们会更加主动和大胆地采用新技术、新材料和开拓新的风格类型。小众品牌近几年借助电子商务和互联网平台迅速成长起来，在国内市场上获得了很多关注度和美誉度，带动了中国箱包市场原创设计的升级，为传统行

业注入了新鲜的血液。未来可能很多知名的商业名牌、设计师品牌等会从中创建起来。但是目前也存在着一些品牌的定位和风格与中国国内市场、大众需求契合度不够的问题。还有行业对于初创品牌的扶持力度较弱，以及品牌发展后劲不足等发展瓶颈有待突破。

注释

1. 刘晓刚，李峻，曹霄洁，蒋黎文. 品牌服装设计 [M]. 上海：东南大学出版社，2015:40.
2. 同上，2015:43.
3. 同上，2015:44.
4. 同上，2015:48.
5. 同上，2015:53.

表 3-3 支流风格的箱包品牌与典型产品

风格类型	国际品牌与典型产品	国内品牌与典型产品
民族风格	表图 3-3-1 日本人 OKAJIMA 品牌 用日本传统友禅工艺手绘和染色的丝绸包 表图 3-3-2 哥伦比亚 Wayuu 部落手工编织瓦尤水桶包（无品牌）	表图 3-3-3 端木良锦 DUANMU 品牌 镶嵌宝相团花纹木作晚宴包（袍红色配水曲柳） 表图 3-3-4 上下 SHANG XIA 品牌 揽月系列包——牛皮 + 帆布混编材质（爱马仕与蒋琼耳合作品牌，致力于传承中国的生活美学和精湛的手工艺）
设计师品牌风格	表图 3-3-5 美国凯特 · 丝蓓 KATE SPADE 品牌 桃心旋锁风琴单肩包 表图 3-3-6 美国 CULT GAIA 品牌 最经典的 ARK 竹篮包	表图 3-3-7 素然公司设计师品牌 EXTRA ONE 的汉堡袋 表图 3-3-8 古良吉吉 WARMSTUDIO 品牌 mini 小烟盒珍珠链条斜挎包
手工风格	表图 3-3-9 日本 HERZ 手工皮具品牌 原皮色翻盖双肩背包 表图 3-3-10 日本一泽信三郎品牌 帆布送牛奶包	表图 3-3-11 食草堂品牌 经典植鞣皮女包 表图 3-3-12 淘宝 ASMOINTAIN 象山品牌 老布手工小包

续表

风格类型	国际品牌与典型产品	国内品牌与典型产品
户外风格	 表图 3-3-13 加拿大始祖鸟 ARC'TERYX 品牌 登山双肩背包  表图 3-3-14 美国哥伦比亚 Columbia 品牌 户外防水登山包	 表图 3-3-15 探路者 TOREAD 品牌 三防徒步登山包  表图 3-3-16 凯乐石品牌 越野跑背包送水袋
军事风格	 表图 3-3-17 美国马盖先 MAXPEDITION 品牌 双肩背包  表图 3-3-18 德国塔虎品牌 TT 军迷战术户外背包	 表图 3-3-19 作战 2000 COMBAT2000 品牌 城市应急背包  表图 3-3-20 凤凰工业品牌 迷彩户外登山双肩背包
智能风格	 表图 3-3-21 新秀丽 SAMSONITE 品牌 GS1/HH0 指纹登机箱 / 自带称重 / 蓝牙智能商务旅行箱  表图 3-3-22 2019 年谷歌联合 YSL 推出的 Cit-E 智能背包——触控式肩带，可以用于控制或连接智能手机	 表图 3-3-23 乐儿 ALLOY 品牌 指纹解锁 /10 米距离报警智能旅行箱  表图 3-3-24 CUNIA 品牌 智能防丢防盗双肩包
可持续设计风格	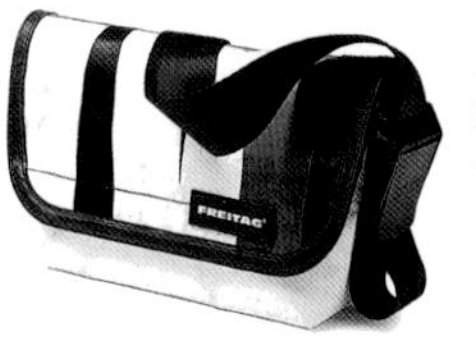 表图 3-3-25 瑞士乐活 FREITAG 环保品牌 卡车布邮差包  表图 3-3-26 英国斯特拉 · 麦卡特尼 STELLA MCCARTNEY 品牌 生态皮革手提包	 表图 3-3-27 素然公司可持续品牌 KLEE KLEE 的 NAZE NAZE 包袋 （独龙族传统织毯面料）  表图 3-3-28 再造衣银行品牌的“乐系列” ——旧衣料回收改造 （公益组织“同心互惠”的留守妇女制作的三角包）

3. 教学案例6：商务风格品牌的产品设计

本节设计训练的主题是体会真实品牌的产品开发设计流程和方法。

在学校的大部分专业设计课程中，学生主要是从个人主观的创作立场出发的，但是到了高年级之后，需要尝试从品牌的立场去做设计训练，塑造特定用户和市场喜爱的设计风格。这并不是妥协和放弃个人的立场，而是互相交融、互相促进。一个设计师成熟的必经之路，就是要具备将个人艺术特色融合到品牌诉求中的能力。即使是独立设计师的自创品牌，也需要从用户的角度考虑品牌需要和满足什么样的诉求，而不是一味地固守自己的喜好和个性。

选择行业中成熟度高的国内外知名品牌为研究对象，最好是有较多实体店铺，便于进行考察调研。教师制定虚拟的产品设计开发命题，学生们将自己定位成品牌的设计师身份，在对品牌相关的各个方面进行充分调研的基础上开展设计模拟训练。要符合品牌定位和设计风格，并具有可行性和商业价值。可以与品牌联络，进行企业、店铺参观，企业可以派相关人员作为兼课教师参与到课程环节中，会更加有助于学生了解企业品牌，并使设计结果更加具有实施性。

本次以国际某知名旅行用品公司品牌为本课程的虚拟研究对象，对标公司旗下以年轻商务背包为产品主线的副品牌。此产品线针对35岁以下的公司职员、教职工、公务人员等职业人士。他们的出没场地多为公司、写字楼、酒店、交通枢纽、购物中心、展会、健身房、旅游景区等地。以双肩背包形式为主，功能是日用通勤、商务出差、休闲旅行等。参考价位：200—300元、300—600元、600—1500元、1500—2000元不等。高端产品可加入科技性元素及功能、智能数码化。

4. 学生作业7

学生：刘旭泽

刘旭泽同学通过前期对市场、用户、产品、流行趋势、社会背景等多方的实地调研和文献资料调研，确定了以都市年轻人、简洁、通勤款为产品设计方向，以“运动＋街头＋科技”为设计定位，提取流行色，满足年轻商务人士追逐潮流的愿望，并加入科技元素，提升便捷性。

1. 前期设计调研（摘选部分内容）

●品牌实体店调研

选择品牌在北京的主要店铺，进行实地考察调研。包括店面、陈列、产品、顾客等多方面的内容。最终撰写详细的调研报告，并确定几个预计的设计方向和创新点。

●生活方式调研

近几年，人们选择健身的原因，大多是平日工作生活节奏紧张，与高强度脑力劳动成反比的是体能得不到有效的锻炼，身体经常处于亚健康状态。去健身俱乐部，不仅可以使自己的身体得到有效锻炼，而且可以放松心情，通过参与会员活动扩大自己的社交圈，所以健身对他们来说不仅是身体健康的需要，也是心理健康的需要。图 3-10 是生活方式调研过程中搜集的部分视觉素材。

●设计趋势调研

流线型的廓形线条，简洁理性的几何造型，实用的功能，适合城市中通勤的年轻人。智能科技与传统的背包进行融合。年轻用户愿意大胆尝试新设计。从流行色趋势中借鉴了大地色系，将品牌以往常用的冷调深灰色面料，改为偏褐色的暖灰色调，在局部小部件和设计细节上则选用了明亮的橙色产生对比，使得背包既保持了品牌一贯低调实用的都市通勤风格，又增加了一些运动活力，满足年轻商务人士对于潮流设计的需求。图 3-11 是在设计趋势调研中整理的大地色系色彩板。

2. 设计定位

面对群体：大学生，上班族，运动爱好者

目标消费使用场景：通勤，日常出行，休闲活动，运动健身，短期出差旅行

出没场合：校园，健身房，工作室，旅行途中

性别：男女通用

产品风格：运动科技感，日常简洁，随性休闲

使用方式：双肩背

功能要求：牢固，抗压，轻巧，耐磨，防水，放电脑尺寸（15 寸 Mac Pro），透气，加隔层

设计创新点：骑行安全扣，可穿戴肩带卡包，蓝牙音乐语音控制器

材质：涤纶，尼龙，聚酯纤维，Curv

市场价位：600—1500 元

图 3-10

图 3-11

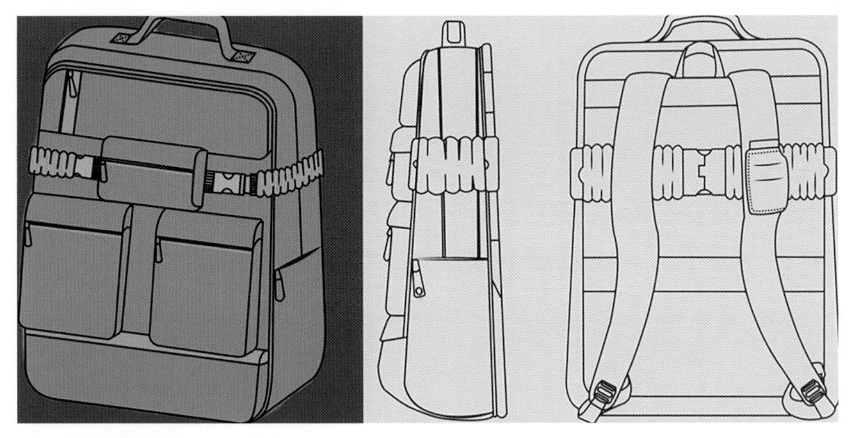
图 3-12 第一款

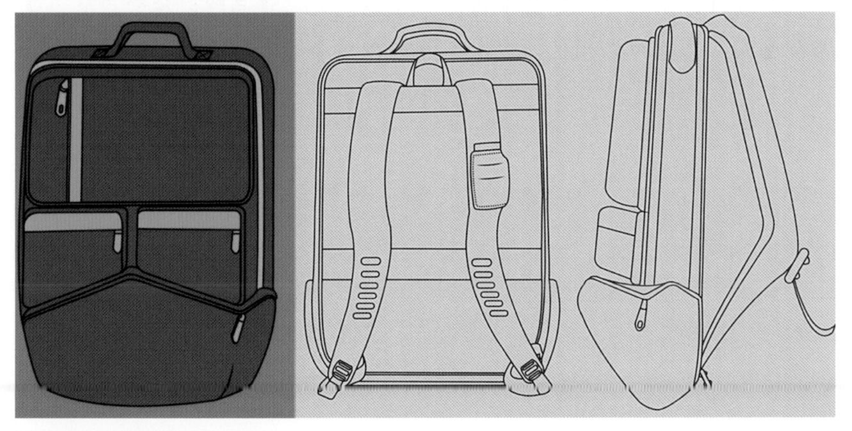
图 3-13 第二款

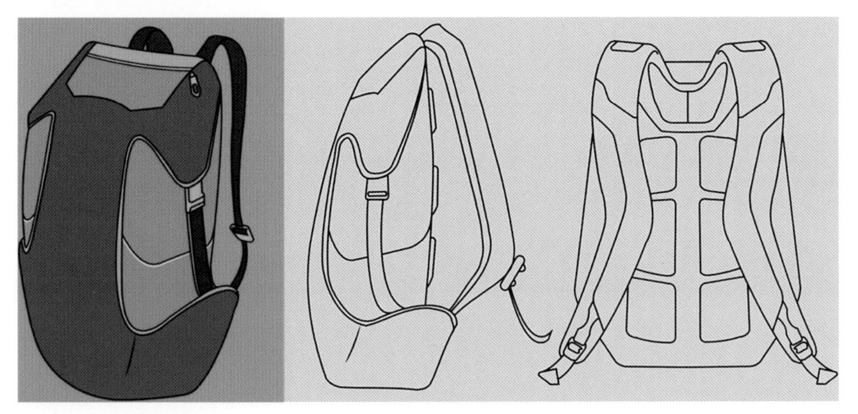
图 3-14 第三款

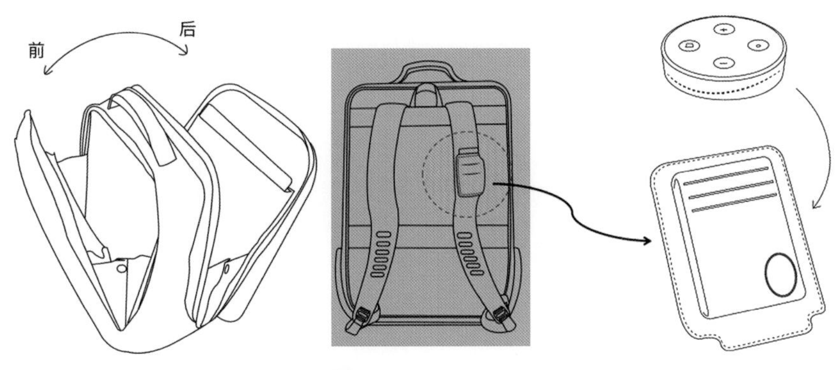

图 3-15　　图 3-16

3. 款式设计效果图

图 3-12 至 3-14 为款式设计效果图。

4. 设计细节

图 3-12 是在第一款背包的背部加入安全扣设计。灵感来源于飞船安全设计，如同飞船中的安全带一样。在日常骑行中起到很大的稳固作用。防止在骑车或徒步旅行中背包大幅地摇摆，加强与身体的贴合作用。在日常使用中如果不需要加固稳定时，可组装在包体两侧，起到加固包体和装饰点缀作用。方便拆卸，简易组装便可使用。

图 3-15 是三款背包都分为前后两个储物仓，包体宽度加大，增加背包的储物空间和实用性。靠近背面是专用的电脑仓，前面是大容量的衣服仓，可放入二件衬衣和一件外套，方便短期出差的人群使用。图 3-16 是在背包设计中加入科技元素。在包带内加入蓝牙控制器。蓝牙控制技术已经很成熟了，控制器可以做得很小巧，置于肩带上的可拆卸小口袋中。在路途中随时随地连接蓝牙进行音乐播放，接听电话。同时，可以起到防盗作用，手机可放在衣服口袋或者背包中，也可以随时监控背包丢失。

5. 总结与思考

本章是设计风格的相关概念和分类。教学重点是对目前国内外市场上的箱包品牌和产品进行整理，归纳出 6 种主流设计风格和 7 种支流设计风格共 13 种风格，从每种设计风格形成的渊源背景、发展演变、用户定位、文化内涵，以及设计元素、艺术潮流、代表性品牌和典型产品等不同的层面进行详细解读和图例解读，目的是从专业的角度，透过众多产品、品牌变化多端的外观形式，对其所共有的、较为稳定的内涵特质和规律性设计元素进行归纳，有助于学生将平时积累的相关感性体验和碎片式认识进行对照验证，并提炼出每种设计风格有别于其他类型的核心理念和形式特征，用于指导在具体的设计调研中对风格的判别与定位，并在进行产品设计时，有明确的设计依据和创新指导方向。

在现代商业市场中，绝大多数品牌并不是纯粹单一的设计风格，而多是以某种风格为主，兼容其他风格的某些特征。随着箱包产品与品牌数量的增加，竞争日益激烈，品牌风格的差异性越来越微小，产生同质化现象越来越明显。因此，设计师在做市场调研时，需要通过表面复杂形态去确定其风格特征，找到真正的竞争对手和研究对象。而风格的创新成为品牌竞争的必然方向和突围手段。各种混搭、跨界、联名的新颖风格不断涌现，比如奢侈品与街头品牌的联名、朋克风格与女性化风格的冲撞、运动风格与民族风格的结合等。

可以结合本章内容做如下练习和思考：

1. 选择几个同属于经典风格类型的国际知名箱包品牌，通过对其品牌的文化内涵、市场定位和产品特征等因素的对比分析，找到品牌风格之间微妙的差异和个性化表现。

2. 混搭风格是由一些本来分属于完全不同风格的设计元素构成的，在视觉上具有打破常规的新奇感，原有的多种风格特征被解构、模糊。可以尝试去寻找符合这种特征的产品和品牌，分析其所包含的多种原始风格类型和组成比重，以及设计师的创新意图。

第四章
箱包设计元素

第一节 设计元素的分类与分级

东华大学的刘晓刚教授在他的《品牌服装设计》这本书里，借用化学领域的元素概念，将“设计元素是指在产品设计中用来构成产品的最小单位的集合，也是对产品组成部件及其表现形态的最大限度地分解结果。”[1]设计风格是由人们看到的产品的外观形式特征而形成的。这些外观形式一般我们都认为来自造型、色彩、材质、图案、结构等设计元素的特征。每一件产品的实体和风格达成都是由众多设计元素共同来构成的，这些元素包括以物质实体形式表现出来的各种面辅材料，还有以思维结果形式表现出来的造型、色彩、图案、结构，还有技术工艺驱使下表现出来的版型、工艺做法、装饰手段等。但是设计工作中经常把这些元素混合在一起考虑。经过漫长的设计构思和反复调整、试错之后，即使出现了一个很理想的结果，但具体的某个元素是如何定义的，各个元素之间又是按照什么规范组合的，哪些设计元素的应用是具有规律性的，为什么成功，设计师自己可能都说不清楚。因此，无论是对于设计师个人还是品牌设计团队，都非常有必要深入、细致地剖析各项设计元素。通过分类和分级这两种研究方法，理清设计元素的性质和形态变化特征，把混沌模糊的设计工作进行明晰化和规范化，达到对设计元素的透彻了解，可以主动选择最佳的设计元素和组合方式，减少盲目和反复试错，提高设计工作的效率和专业性，能够高效地完设计目标，塑造出预期的设计风格。

1. 设计元素的分类

设计元素是设计风格的构成要素，对于一个知名品牌来说，消费者对于品牌的认同是对于品牌风格的认同。这种风格的认同表现在品牌旗下所有产品当中，而不是某一个具体的产品。品牌旗下的所有产品设计元素要高度统一，形成一个有别于其他品牌的设计元素集合。因此，首先就要对设计元素进行类型划分，即了解构成品牌产品的所有设计元素类型，以及哪些是本品牌最重要的设计元素，才能确定品牌设计元素集合的构成基础。表 4-1 是笔者依据刘晓刚教授的设计元素理论，结合箱包产品特征将箱包的设计元素归纳为 10 种类型。

表 4-1 箱包设计元素的分类

序号	设计元素	表现形式与特征	设计作用与显示度
1	造型	是指箱包立体形态的空间特征，也称款式或外轮廓。箱包的造型是一个腔体，内部要盛放物品，外部造型又要具有美观性。用长、高、宽三个维度的尺寸、比例、外轮廓线条形态等来描述。一般多为左右对称的立体几何形态，如横版长方形背包、半月形手提包、梯形购物包等，外形硬挺或柔软等。	属于显性设计元素。 造型既是承载其他设计元素的平台，也是决定功能、视觉形象和风格特征的基本要素，因此往往是设计开端的第一步，做好造型可以说设计已经成功了一半。很多经典款式都是在造型不变的前提下，不断改变材料、色彩，既保持了经典形象又不失新鲜感。
2	色彩	是指色相、纯度、明度等构成箱包外部物质材料色彩的最小单位和基本成分。通过染色等技术在材料面层上表现出来，色彩变化多样。如明度和纯度都较高的鲜艳的大红色，明度较高、纯度较低的粉红色等。	属于显性设计元素。 色彩能在短时间内快速引起人们的关注，还可以给人们带来不同的心理感受，从而影响人们的美感体验。是打造设计亮点、塑造审美风格最有效和便捷的设计手段，也是最能直观表现流行倾向的设计元素。
3	材料（面料）	是指成分、组织、质地、肌理、光泽、手感、柔软度等构成箱包实体面料的最小单位和基本成分。面料是箱包呈现在用户视觉中最大面积的物质部分。如材料的质地是粗糙还是细腻、柔软还是僵硬的，是天然皮革还是合成皮革等。	属于显性设计元素。 面料自身的质感和细节都具有很强的分量感与存在感，也有一定的审美倾向性。可以烘托、强化或者改变、破坏造型元素的固有风格，需要充分认识和合理利用材料的设计语言。
4	图案	是指题材、风格、形式、套色等构成图形特征的最小单位和基本成分。可以通过不同工艺手段来表现出平面或立体的形态。如本身带有 Logo 图案的织花面料、烫标、印花图案等。	属于显性设计元素。 图案元素具有很强的视觉焦点作用，可以影响造型元素的固有风格倾向。既可以为单调的造型增加丰富感，为低廉材料增加美感，又可以塑造与众不同的个性。
5	附属部件	是指构成箱包的外部次要部位或者零部件的最小单位和基本成分。用种类、形状、颜色、质地、数量及位置等来描述和设定。多以功能性为主，如小贴袋、搭袢、皮条、边骨条、标牌等。也有一些只有装饰性，如流苏、装饰皮条等。	属于显性设计元素。 一般须与整体造型特征统一协调，不能喧宾夺主，破坏外轮廓。但有时也会通过打造个性化的巧妙细节，起到画龙点睛的作用，使平庸的款式获得新意；或者通过局部夸张变形，打破固有造型的呆板，获得新奇感。
6	五金配件	是指构成箱包上结构件的最小单位和基本成分。用种类、外观、造型、尺寸、规格、材料、加工方法、颜色、数量、位置等来描述和设定。多为金属、合金和塑料材质，一般都具有特定功用，如方扣、针扣、锁具、铆钉、磁力扣等。也有的单纯为了装饰，如挂饰等。	属于显性设计元素。 起到固定、连接、锁闭和防护等重要作用，是箱包最具有特色的设计元素。主要设置在承重处、连接处、开闭处，以及需要有一定活动余地的关键节点位置，可以弥补面料性能的不足，并提升外观的品质感。
7	辅料	是指辅助构成箱包实体材料的成分、种类、造型、外观、手感、规格等最小单位和基本成分，如暴露在外面的缝纫线、拉链、束口线绳、里布等。还有隐藏在面料和里布之间无法看到，如用于定型加强的纸板、塑料板等托料，以及用于提升手感的海绵等垫料。辅料在质地、规格、性能等方面有很多细分类型，根据不同面料和造型需要选择。	根据具体情况，属于显性设计元素或者隐性设计元素。 显性辅料直接参与到外观风格的设计中，一般要尽量减小显示度，与造型等元素保持协调一致。隐形辅料一般是通过从面料背面衬托、改善、强化其塑型效果的方式来发挥作用的。箱包隐形辅料的设计作用非常重要。如造型硬挺的定型皮具，是在皮料背面粘合硬质托料才得到的效果。
8	结构	是指构成箱包立体形态的各个主要部件的搭配、排列或构造。表现为各个主要部件的形状、数量、比例，以及在从平面到立体的塑型过程中所采用部件的转折、角度、组合次序等。结构首先受到成型技术和方法的制约，比如 ABS 箱和皮具软包的结构特点就截然不同。结构是箱包版型的基础，决定了箱包造型的基本特征。	属于隐性设计元素。 结构设计是箱包从二维平面材料转变为三维立体实物的桥梁。但并不是通过变化外轮廓形或尺寸去改变造型的平面形状，而是通过改变三维立体造型的各个立面的转折线和关键的结构线来改变形态的空间特征。需要有空间想象力，并熟悉箱包造型的专业方法和技术。
9	工艺	是指制作箱包的必要手段，基于箱包本身产品特征形成的一套完善、规范的工艺方法。大部分工艺手段是比较隐蔽的，并不会凸显出来，软包和硬包的制作工艺、缝纫工艺、片削工艺、胶粘工艺、折边工艺等。也有在外观上表现比较显现的工艺，如装饰线迹、边油处理工艺、压印、编织、拼接等，主要是对材料进行局部的或细微的加工处理。	根据具体情况，属于显性设计元素或者隐性设计元素。 显性工艺直接参与到外观审美塑造中，更多从设计创意的角度出发，辅助强化风格，增加工艺美感。隐性工艺的选择和设计，主要受限于材料、制造条件、结构等，客观性要求更加重要，以符合加工需求、制作方法，达到合理、简便等设计目的。
10	形式	是指比例、节奏、对称、均衡、对比、协调等构成箱包外观美感的最小单位和基本成分。并不是一种物质形态的设计元素，而是指安排、设置表格中描述的其他物质形态的设计元素的规则，是被普遍认可的形式美的原理。如箱包正面有多个小贴袋、皮条等附属部件时，如何使它们合理布局，与整体造型协调，设计师就要运用一些具体的形式美的规则去处理。	属于隐性设计元素。 在不改变外观上原有面料、附属部件、五金配件等物质形态设计元素本身的情况下，只是对它们进行数量、位置或组合方式的重新调整和设置，就可以使外观发生明显的变化，从而产生一些新鲜的视觉感。设计师要有对美的形式的敏感度，要个性化地运用形式美的基本规则，才能获得灵活多变的设计效果。

以上 10 类设计元素在箱包产品的功能性和审美性设计中都发挥着不同的作用。

显性设计元素。通常在设计风格的塑造中，从外部可以看到的显性设计元素的作用更重要和明显。其中造型、色彩和材料（面料）是三大设计元素。我们会在下一节进行详细解读。在研究设计元素对于风格塑造的作用时，既需要从单纯元素的角度进行深入分析，也还需要横向结合其他元素进行关联性的研究，也就是需要考虑多种类型的设计元素之间的多种组合形式。比如同一个方形的造型与不同的色彩、面料的组合，会形成不同的风格，甚至截然相反。

隐形设计元素虽然不够直观，甚至有时候会被设计师遗忘，但是其作用也是不可忽视的。比如结构设计元素是最重要的隐形元素，是构成实物内部空间、塑造外部立体形态，以及实现基本功能的设计元素；是设计图稿从平面构想转化成真实立体形态的桥梁，通过裁剪图，以样板或者版型的形式表达。图 4-1 是国内皮具品牌迪桑娜（DISSONA）在 2021 年出的一款皮质的墨绿色小水桶包。图 4-2 是同年出的另一款棕色牛皮小水桶包。两款包的大小、廓形、功能和使用方式都是比较相近的。第一款的造型比较常见，是最基础的一个水桶包结构：前后幅面料在两侧缝合后形成一个筒状，下部边缘与椭圆形的包底面料缝合，就构成了一个简单实用的圆柱形立体造型。第二款水桶包在第一款的基础上，把前幅完整的一片做了一个大的弧形分割，分成上下两个部件。上面部件采用了两个立体活褶的装饰方法。这个装饰性结构的创意，改变了整个包型的外观风格，增加了活泼、轻松、柔美的女性气质。第一款的设计是将设计重点放在皮质、色彩、五金配件、比例尺寸的协调等设计元素上，采用最基础和常见的包体结构，比较中规中矩，经典耐看。第二款的设计指导思想则是要对常规的水桶包做一点创新改变。但如果仅从色彩、材料、配件、装饰等显性元素进行常规改变，是很难从市场上相似的水桶包产品中凸显出来的。而从隐形的结构元素出发，通过改变版型、部件的形状等，则可以达到对造型形态从内到外的根本性变化，很容易产生新颖的、个性化的设计效果。但是很多设计师并没有意识到结构设计元素的重要性，设计焦点往往只停留在一些易于操作的显性元素层面上。很多设计师也缺乏对箱包构形方法和样板的了解，不擅长从结构方面进行创新设计。设计师应该要有意识地去加强这方面的专业知识和技能训练，才能具有更多立体造型的方式，让设计创新有更多的创新思路和角度。

图 4-1　　图 4-2

2. 设计元素的分级

箱包设计元素的分类是对箱包的设计元素进行初步的概括性认识。但是在具体的设计运用中，每个设计元素的面貌都有很多变化空间和可能性。同一个设计元素，可以有不同的形态变化，可以表达很多种的审美含义和设计风格。比如设计中添加图案设计，那就要深入去考虑图案的题材、形式、大小、数量等。因此要对每个不同类型的设计元素再做分级，才能将一个笼统的设计元素进行抽丝剥茧式的拆解，得到比较精准的认识。表 4-2 是依据刘晓刚教授的设计元素分级理论，对箱包的设计元素进行进一步分级，对形态、数量等的性质进行尽量精准地分析描述，笔者绘制了一个表格，可供大家参考。

分类研究就是要对于每个类别的设计元素做进一步的拆解，直到拆分到在设计意义层面上的最小单位。比如在运用造型元素时，首先需要确定廓形的基本形制，也就是为造型元素分类，是长方形、正方形、梯形、半圆形、圆筒形、抽带形或是具象形、不规则形等；其次要进一步根据设计效果的需求去确定这种造型更具体的形态特征，如包体的软硬度，外轮廓线是直线、曲线，是比较挺括还是比较柔软等形态特征；还要确定包体的大小型号、体量感、薄厚、尺寸范围等量态特征。

3. 分类与分级的意义

通过对每个具体的产品所包括的 10 种设计元素进行分类与分级的研究，可以将设计元素分为三级："分别是一级元素（性质，即对事物属性的描述）、

表 4-2 箱包设计元素的基本类型与简要描述

序号	设计元素分类	设计元素分级		
		性质	形态	量态
1	造型	箱包的廓形是长方形、正方形、梯形、半圆形、圆筒形、不规则形、具象形等；包角是直角、圆角等，	硬箱类、软体包类；定型包、半定型包、软包；上宽下窄、上窄下宽等具体描述。	箱包的长、宽、高三围尺寸以及比例关系。大、中、小型的容积感；轻薄、厚重等体量感。
2	色彩	外观面料的色相、纯度、明度等抽象的颜色描述	结合材料呈现出来的光泽感、透明度、肌理、纹路、质感等。	某一色彩占据的面积、长宽尺寸等，多个色彩之间的比例关系等。
3	材料（面料）	天然皮革、合成革、纺织面料、塑料、树脂、金属、木质等大类材料划分。	天然皮革中是牛皮、羊皮，荔枝纹、摔纹，亚光、珠光、漆皮面等。	某一材料占据的面积、长宽尺寸等，多个材料搭配而产生的比例关系等。
4	图案	有图案、无图案，具象、抽象图案，四方连续、条状、单独图案等。	图案的题材、内容、色彩，图案制作工艺、表现手法等。	图案的大小、面积、多少、重复使用还是单次使用等。
5	附属部件	外袋、包盖、手提带、肩带、固定环扣的小皮件（广东称耳仔）、较长的带状小皮条（广东称利仔）、拉链贴皮、拉链头的皮条（广东称拉牌），以及其他纯装饰的部件等。	部件的形状、结构、功能、制造材料、工艺细节、组合方式等。	部件本身的大小、体量、数量、位置，与主体以及互相之间的体量比例关系等。
6	五金配件	五金配件的不同类别，如锁具类、扣类、铆钉、针扣、提把类、标牌等。	材料、质感、光泽、肌理、色彩、构造、功能、固定方式、位置等。	大小、型号、规格、数量、硬度、厚度等。
7	辅料	拉链布、拉链头、束口线绳、皮糠纸、EVA、软胶、海绵、塑料板、白卡纸、里布、缝纫线、棉绳等。	材料的光泽、色彩、结构；功能作用，如软质、硬质、托底、加强、增厚、造型、增加手感、光泽等。	大小、尺寸、规格、型号、硬度、厚度、密度、柔软度、数量等。
8	结构	如平面部件缝合成型、模压注塑部件组合成型、编织成型、一体成型等。不同的成型技术和方法，影响造型基本特征和平面部件的立体组合方式。	材料特性、具体的成型技术、连接方式、部件形状、结构特征、版型的细分类型等。比如由前后幅面和椭圆形包底这三个部件组成的一种版型结构。	部件块面大小、关键结构的尺寸、版型数据等。
9	工艺	部件之间的组合方式、拼接方式、缝纫方式、边缘处理方式、装饰手法、面料二次改造方法等。	工艺技法的材料、表面立体效果、边缘的形态、线迹特征、表面肌理、装饰美感特征等。	多少、大小、面积、繁简程度等。
10	形式	外观设计中运用的比例、节奏、对称、均衡、对比、协调、统一变化等。	对于其他设计元素的规划、布局安排、组合运用等，如装饰性的铆钉按照对称原则排列，是上下对称排列，还是左右、斜向排列固定在包体什么位置等设计规划。	比例大小、对比度、数量、关系等。

二级元素（形态，即对事物外形的表现）、三级元素（量态，即对事物体量的表现）。”[2] 把设计元素的性质、形态和量态都分解出来并且进行客观的详细描述，是一种专业化的风格认知和解读，可以使众多的设计元素、组合形式与产品外观审美特征、风格形式进行比较精准的一一对位，并且使得设计元素的选择、运用具有一定的科学性和可操控性。设计师通过这种将笼统而复杂的设计元素不断细分的实践训练，最终在自己的头脑中建立起一套标准化的设计元素运用规范，而不仅仅是依赖大概的感觉和经验，减少了设计风格塑造过程中盲目和试错的概率。图 4-3 是三个造型轮廓基本相同的托特包。作为一级设计元素的造型元素，在性质上可以认为相同的，都是倒梯形的造型。在材料元素性质上是不同的，分别为牛皮、涂层压花 PVC 和天然草编材料。在色彩元素性质上是非常相近的，都是浅棕黄色调。再进一步对其进行二级元素的描述，则出现了设计元素的差异，三个包的面料由于材料性能的差异，因此对于造型形态的塑造以及表面美感表现出微妙的差异。牛皮材质厚实挺括，但是又有一定的柔韧感，表面纹路细腻，具有柔和的光泽感；涂层 PVC 材料则比较硬挺，造型缺乏柔和感，光泽生硬；天然草编材料造型自然、有弹性，表面相对粗糙朴实、没有光泽。在结构和制作工艺上，前两个是制作标准、外形挺廓的工业化制品，第三个则比

图 4-3

较随意松软，具有手工感。因此，虽然都是休闲包款，但是呈现的视觉效果和设计风格还是具有差异的。三者分别倾向于经典正式风格、都市通勤风格和度假文艺风格。

设计元素分类和分级从品牌层面上更加具有重要的意义。一个具有稳定的市场定位和用户群体的成熟品牌，其品牌的定位和设计风格在一定时间段是要求稳定的，不能随着潮流变化无常。成功的品牌都有自己的设计元素素材库。主要的、核心的设计元素会从素材库中选取，适当选取时尚元素增加新鲜感和时代感。这样既可以保障品牌设计风格的稳定性和一贯性，又可以使品牌不断自我更新。那些品牌一般都是通过不断积累历史设计资料，最终将最符合品牌风格塑造要求的设计元素进行精选和汇集，并进行明确的分类和分级描述，以便为设计团队调用和参考提供依据。比如安踏集团的运动时尚品牌斐乐，品牌定位和风格在众多运品牌中非常独特，产品具有极高的辨识度。产品造型、色彩和图案等设计元素的运用看起来是非常单纯、简单和克制的，体现出设计团队对于品牌定位和风格的理解非常到位，对于设计元素具有高度的把控性。比如色彩设计，白色、藏蓝色和红色的组合运用形式和不断地重复强化，对于塑造品牌整体形象起到了很重要的作用，在用户心目中形成了深刻而独特的视觉美感。

品牌建立设计元素素材库的意义，还在于将产品设计从依赖个体感觉和一种无法表述的个人操作行为，转化为一套大家都了解的明面上的标准化运行模式，使得品牌内部的每个成员在任何时间都明确自己的设计创意范围，为了达到共同的目标而进行交流和协同，非常有利于设计团队内部创意思维的统一性和设计工作的条理化、高效率，即使设计团队成员进行更换，也不会影响设计创意的方向。

4. 教学案例 7：箱包设计项目的调研工作

本节设计训练的主题是设计项目中市场调研方法的学习与实践运用。

市场调研是设计项目前期的重要工作之一，但是学生们在调研时往往流于形式，走马观花式地调查浏览，最终只能获得一些粗略的印象感受，造成只有调查，没有研究和结论，无法为后期的创意设计活动提供实质内容和结论，甚至有时会仅凭调查者偶尔所见所闻和个人感受而产生偏颇的印象，造成对设计方向判断不当。因此，在调研实施前，需要对市场调研内容进行整体策划和任务拆分，从分类和分级两个层面进行调研，调研内容拆分越详细越好。对于产品的调研，可以依据设计元素的分类和分级方法展开。虽然比较复杂费事，但是可以使隐藏在产品内部的笼统的设计理念、具体的手段显现出来，有助于全面解析品牌和产品，得到有价值的结论来指导我们自己的设计工作。

本次调研课题为时尚休闲背包设计。教师用调研作业要求的文件形式制定好本次调研的场所范围及各项要求，让学生清楚了解市场调研的目标、任务，以及最终提交的调研报告应该有的格式规范和具体内容。

5. 学生作业 8

学生：姚瑶，焦荷清，陈文靖，苏婷婷，邓毅卉，王欣雅

时间：2021 年 5 月 18 日

地点：三里屯商区、世贸天街、国贸商城、SKP。

市场调研为本次设计调研的重要内容之一，以北京三里屯及附近中高档商场内的箱包品牌为调研对象。小组成员首先讨论本次调研目的、内容和需求，确定调研方法和成员分工。

调研品牌内容包括：品牌背景、风格形式、功能类型、售价定位等基本信息。观察店铺的装修、陈列风格，以及店铺的主要客流人群特征等并进行数据分析。产品调研包括对箱包的款式、廓形、面料、尺寸、色彩、材料、特色设计细节等设计元素进行详细观察，在条件允许的情况下进行试背体验，进一步感受其功能、使用性等设计特征，最终根据本小组的设计定位选定 15 个品牌进行实地调研，其中部分内容又进行了文献资料的调研补充。以下是对 Michael Kors 品牌包款的调研与总结：

中文翻译是迈克高仕，是时装设计师本人创建的奢侈品品牌，于 1981 年创立于美国纽约。该品牌塑造了崇尚自我表达和与众不同的生活化概念，属于美式奢侈生活风格的代表。包款多为通勤时尚风格，受到很多年轻人喜爱，也是中国消费者最喜欢购买的轻奢箱包品牌之一。表 4–3 是对 Michael Kors 品牌的调研信息整理。

表 4-3 Michael Kors 品牌市场调研信息整理

品牌	MICHAEL KORS (MK)，中文名迈克·高仕			
地区	美国纽约			
定位	轻奢时尚品牌，定位都市年轻女性			
产品	风格	色彩	设计定位	
	经典休闲，通勤百搭，简约明朗，优雅时尚	单色，色彩较鲜艳，纯度高，颜色丰富	有自己的基本特色，适当加入流行元素	
售价	2000 元 –5000 元			
店面	位置	面积	装修风格	
	三里屯太古里，比较显著的位置，主路旁边	两层空间，产品款式多	现代简约，都市时尚 产品成系列摆放	
顾客	行为	着装	背包习惯	
	看包，买卖不多（非节假日）	中青年较多，服饰形象比较时尚休闲	本身携带的包也多为轻奢定位的品牌	
功能	时尚通勤，舒适百搭，日常随身用品都可放入			
廓形	基本款，横版长方形、倒梯形为主，线条简洁的直线型，包角多为圆角，方中带圆			
结构	半定型包为主，软硬适中，版型结构简单，托特包、翻盖包较多			
特色设计	金色包角，圆铆钉，皮革穿链装饰			
色彩	高明度低纯度的色彩，夏日马卡龙配色（水蓝、香草白、迷雾紫、葡萄柚红、裸粉色、淡奶白、藕粉色）			
材料	皮革（十字纹为特色），织物，金属配件			
款式	Manhattan 背包	Carmen 手拎包	Jade 斜挎包	Cece 单肩包
尺寸	21 厘米长 *9 厘米宽 *14 厘米高 26 厘米长 *12 厘米宽 *17 厘米高	30 厘米长 *10 厘米宽 *25 厘米高	24 厘米长 *9 厘米宽 *16 厘米高	21 厘米长 *10 厘米宽 *15 厘米高
部分新款	表图 4–3–1	表图 4–3–2	表图 4–3–3	表图 4–3–4

第二节　造型设计元素与运用方法

1. 造型设计元素的基本属性

造型，也称形状、外形、款式，这个概念在制造产业中一般称为款式或基本形体。产品的视觉形象主要是依靠款型来展示，是最重要的设计元素。在服装、鞋类、箱包行业中，新产品开发企划案中经常会提到开发多少个 SKU，即最终多少个独立的产品面貌。SKU，即 Stock Keeping Unit（库存量单位）的缩写，是一个常用的概念，指库存进出计量的基本单位，可以是以件、盒、托盘等为单位。服装和鞋类产品使用最多，指同款式但不同尺码、不同材质或配色的每件产品都是独立的一个 SKU，需要有独立的条形码、库存管理等。箱包产品则是指同款（也是同尺寸）但不同材质或颜色的产品。基本款式是新产品开发延伸的基础核心，同一个基础款式可能会通过换面料、换配件、换配色等发展出庞大的产品数量并且延续生产很多年。所以造型的创新设计是设计师需要花费大量力气去做的初始工作，也是最具有原创性价值的。箱包的造型设计元素，可进一步从廓形、量感和比例这三个层面来进行分析。

1.1 廓形

外轮廓形是判断一个物体风格第一重要的决定依据。轮廓，物体的外边缘线的形态。不考虑产品外观上各种设计细节，想象逆光条件下从正面看到的物体剪影时，外轮廓的边缘线所呈现出来的形态特征，也称剪影线。根据剪影线的基本特征，一般把物体划分为直线型、曲线型和中间型。当然，这不是几何学中绝对的、严谨的直线或曲线线性定义。对某一形体的“直”与“曲”的判断，主要是根据这个物体的外轮廓形带给我们的视觉和心理上的感受是直线感还是曲线感。生活中的物体廓形多是介于两者之间，绝对的直线和曲线型较少。所以只能是说一个物体给人带来的直线感更强烈、更明显，符合人们的视觉经验，那就可以划归到直线型。如果感觉比较均衡，没有哪方面更加突出，那就是中间型。

最为形象直观的直线型和曲线型的自然物体有很多，比如险峻的雪山山峰和百转千回的河流，前者给人刚硬锋利的直线感，后者则是弯曲流畅的曲线感；还有就是人类自己对男性和女性的体态进行绘画时，男性总是用棱角鲜明的直线条廓形，女性则采用柔和婉转的曲线形。图 4-4 是公众场合常用的代表男女性别的剪影，显示出明显的直线型和曲线型特征。曲线型的事物一般具有女性的、阴柔的、温和的、柔软的、饱满的、成熟的、顺滑的、优美的、精致的、典雅的、韵律的等视觉审美意象。而直线型的事物则具有男性的、刚阳的、冷峻的、硬朗的、稳重的、理性的、坚强的、英俊的、利落的、庄严的、正统的等视觉审美意象。以此类推，去判读和塑造其他各种事物。图 4-5 是两组家具的剪影，显示出明显的线型差异，并带给观者截然不同的审美感受和风格形式。直线型家具（前者）给人现代的、都市的、工业化的、简单的、公务的、实用的、功能的风格印象；曲线型家具（后者）则给人古典的、传统的、浪漫的、精美的、手工的、家居的、享受的、高雅的、奢华的风格印象。

1.2 量感

判断物体风格的第二个重要依据就是量感。量感是指一种饱满、充实的程度，是一个物体的大小、长短、粗细、宽窄、薄厚、面积、重量、密度、单复等综合值给人的视觉和心理感觉。量感大的物体给人感觉分量大、饱满成熟、气场强大，存在感强烈，比较醒目和突出，但也会显得比较粗犷、张扬、厚重、迟缓、笨拙。量感小的物体就会给人感觉分量感小、不饱满、青涩，存在感较弱，也会更加纤细、精致、轻巧、灵活。这是一个比较之下才有意义的因素，所以也是相对的。比如服装的廓形越大、面料越厚重、装

图 4-4

图 4-5

饰细节越多，量感就越大；相反，越贴身的、面料越轻薄、装饰越简洁的，则量感就越小。西方女性的晚礼服，越是隆重的社交礼仪场合，裙摆越要拖地，通过增加人体的体积感，占据更多空间来彰显出强烈的存在感，以获得全场关注。中国古代女性的服装形象也是越隆重正式的礼仪场合，服装廓形越大、层数越多、装饰手段越精细繁复。图 4-6 是两顶量感有差异的草帽。草帽的造型、尺寸、材质和色调基本相同，但是右边的帽子上有一个较为明显的大型装饰花结，使得它看起来有点沉重和烦琐，导致对左边的帽子的感觉更加休闲、轻便、简约和实用，右边的就更加女性化、繁复华丽、手工感、正式。

图 4-6

1.3 比例

判断物体风格的第三个重要依据，是形态中的比例。在物体的造型中，当整体和局部的主要尺寸之间有相同比值时，就会产生均衡和谐的感觉；当有不相同的比值时，就会产生对比和不稳定的感觉。物体的整体与部分、部分与部分之间长度或面积的数量关系有一些基本的比例，是在长期的实践验证中，被人们所认可的美的比例。当某一物体各个部分之间的比例接近人们觉得舒适和美好的比值时，人们会觉得舒缓、平和、均衡；反之，则会觉得冲突、矛盾、特异、古怪、不稳定。图 4-7 是绘画中对于人的五官比例的美的标准。在绘画人像起稿阶段，为了快速勾勒出比较真实准确的五官位置和比例，一般会依据一个被公认的美的比例来确定人像的五官，即“三庭五眼”。把脸的长度按照图中位置分为三个等分；把脸的宽度按照图中位置分成五个等分，每个等分尺寸标准为一个眼睛的宽度。当然，这是一个理想中最完美的五官位置和比例关系，极少有人达到。但是生活中很多被公认的美女帅哥都是比较接近这个比例的。如果一个人的比例接近完美，即使五官本身比较平常，也会给人很舒适、顺眼的视觉印象，而且比较耐看。因此，在化妆或者整形时，也就要朝着这个完美比例靠近，来提升美感。

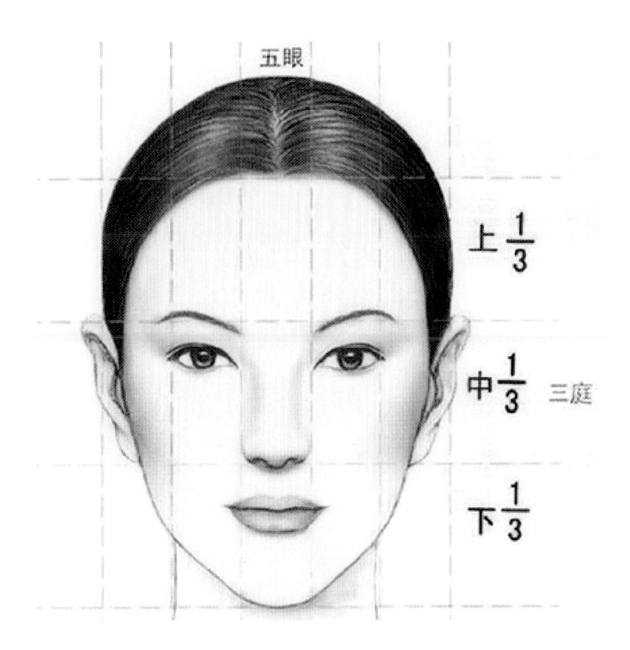

图 4-7

美学中比较著名的黄金分割比例，是一种能够创造出平衡、协调，引起人们共同美感的比例关系。黄金分割比例是指把一条线段分割为两部分，使其中较大部分与全长之比等于较短部分与较长部分之比，其比值近似值是 0.618。人类社会的很多人造物和艺术形式会采用这种比例，比如建筑、汽车、家具、服装、绘画、摄影等。图 4-8 是标准的五角星图形。中国和

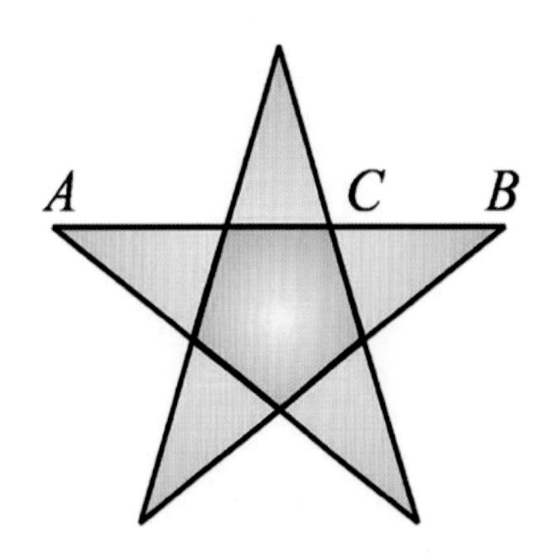

图 4-8

很多国家的国旗上都使用了五角星图形。五角星是一个人们普遍认为比较美的图形。其美的原因就在于五角星中的所有线段之间的长度关系都是符合黄金分割比例的：线段 AB=1.618，AC=1.0，BC=0.618。除了黄金比例数列，还有其他一些经过验证的、比较美观的比例关系，都会在不同的产品和艺术形式中自然地被运用。在设计应用中，需要根据具体的产品和设计进行比例的设定。通过不同的比例关系灵活安排整体和局部的比例，可以达到不同的设计效果和目的。这样既可以遵循公认的美的比例去塑造经典完美的形象，也可以刻意打破常规的比例，获得新奇独特的视觉效果。

图 4-9

图 4-10

2. 箱包造型设计元素的运用

造型设计要素的三个基础属性，根据箱包产品本身的特点，可以对应到箱包的廓形 + 软硬度、三维尺寸 + 比例这两组属性。

2.1 廓形和软硬度

2.1.1 廓形

从盛放物品的角度来看，方正的外形比其他任何形状的内部容量都要大，而且腔体内部边角利用率高，背用时稳定感较强。箱包外形最常见的是长方形、正方形、梯形、圆筒形等上下左右较对称的规则几何体。常见的造型有横板长方形、竖板长方形、上小下大的正梯形、上大下小的倒梯形、正方形、圆筒形、半月形、贝壳形、正圆形等，此外也有一些不对称形、不规则形、具象形态等。

在这些基本的外形基础上，根据具体的设计构思，外轮廓线条还会有不同程度的曲直、凹凸、弯曲之分，四个包角也有直角、钝角、锐角、圆角和切角等微小的变化。这些都会导致外部造型发生显著或者微妙的改变，会给人带来不同的视觉感受和风格印象。图 4-9 是国内知名女包品牌迪桑娜的两个款式，外形就具有比较典型的直线型和曲线型的特征。直线型款式适合职业、通勤场合，搭配利落的西服裤装非常协调；而曲线型款式更加女性化、高贵华美，搭配精致柔顺的裙装会更完美。

2.1.2 软硬度

除了外轮廓形的变化之外，箱包的包体还具有软硬变化，会对箱包造型的外轮廓形产生一定的影响。软硬变化由面料、辅助材料本身的软硬度、厚度、制作工艺等因素造成。从大的类型上划分，硬箱类产品造型硬度最高，如铝镁合金箱、ABS 箱等最硬，软箱次之，包袋类产品总体上硬度最次之。在包袋类产品中，按照硬度从大到小，分为定型包、半定型包和软体包。图 4-10 是美国蔻驰品牌的四款小包，代表了四种软硬度。第一款是在皮革背面加了硬质板材作为托料，一般是将皮料粘在塑料板或者三合板上再组合成型，是近些年来比较流行的一种仿制硬箱工艺的盒子包，硬度最强，属于定型包中的一种特殊的做法，所以包体非常硬挺有型。第二款是比较常规的定型包，皮革后面的托料一般是比较厚的硬纸板，包体也是比较挺括的。第三款为半定型包，一般是在侧围加一些软胶等托料将外形固定下来，但是前后幅面则不加，所以整体比较有型，但是看起来又保持了一定的柔软感。第四款整体包体的皮革面料背面没有加任何托料，完全依靠皮料本身的质地来塑型。如果不放物品的话包体外形就比较软塌，但是背用起来显得柔软随意。

因此，对箱包外轮廓形的特征和风格类型的判断，需要综合外形和软硬度这两个属性，才是比较准确的。图 4-11 是笔者自绘的设计风格变化图。该图分别以箱包外轮廓直曲特征和包体软硬度为横、纵坐标轴划分出四个象限，每个象限内、中心处和横纵轴线上都选择了一款最适合的款式，展现出明显的造型

图 4-11

特征和审美倾向。在实际的设计研发工作中，我们则可以依此来反向进行设计元素的范围界定，可以提高风格塑造的准确性和效率。

2.2 三维尺寸和比例

尺寸是确定体积感和量感的依据。随身的包类产品要考虑的因素较多，除了功能性和审美性需求之外，还一定要考虑人体的承重、身高、携带方式、使用环境等因素。图 4-12 是比较常见的箱包尺寸的标注方式。在工厂生产中一般是以毫米 (mm) 为单位，便于标注一些比较小的部件尺寸。在销售时则使用厘米为单位。包括设计效果图和工艺线图的绘制也一般会采用这种四分之三角度来绘制，可以看到箱包的正面和侧面的尺寸、结构版型和比例关系。长度是指包身立起时从左至右最宽处的尺寸，高度是指包身立起时从包底到包体上边缘的尺寸（不包括手提带），宽度是指包身立起时侧面最大厚度（包口闭合时的正常状态下，最宽处一般均在包底边）。侧面图充分展示出包体的体量感和立体特征。长、宽和高度这三个维度各自尺寸大小、比例关系决定了包体的空间体积大小、薄厚、空间存在感等量感特征。

日常生活中使用的随身包类可大致分为大、中、小三种规格。包体的三维尺寸和比例关系依据人体的尺寸和背用需求，也会有一个相对固定的范围：大型包的长、高维度一般在 35 至 50 厘米之间，中型包则在 20 至 35 厘米之间，小型包在 10 到 20 厘米之间。近些年流行迷你包型，甚至有很多 10 厘米以下的设计，比如口红包、挂包等，这并不是产品的常规尺寸。而不同类型的包类产品在宽度这个维度的尺寸变化范围更有限。背负在身体侧面的各类背包，包底宽度一般在 10 厘米左右比较舒适，最大也不宜超过 15 厘米。背负在背部的大型户外背包，其最宽处一般控制在 20 厘米左右，特大容积的也不超过 30 厘米。过宽的尺寸容易盛放过多物品，使得承重超过人体适合的负重值，不仅会带来沉重感和下坠感，还可能造成人体的损伤，同时从视觉上看也显得笨重，与人体不协调。手拎包类的包底宽度也最好控制在 15 厘米之内，过大的包底尺寸会造成包体与身体间的距离大，胳膊在拎包时不能自然下垂而容易疲劳。

多数包体总体上是一个侧面较扁平的立体造型，侧面上窄下宽。这种尺度的比例关系使人们背用时比较舒适和稳定，以及视觉上的习惯和舒适。图 4-13 是路易 · 威登品牌的 Speedy 款式，也被称为波士顿包，是品牌旅行包

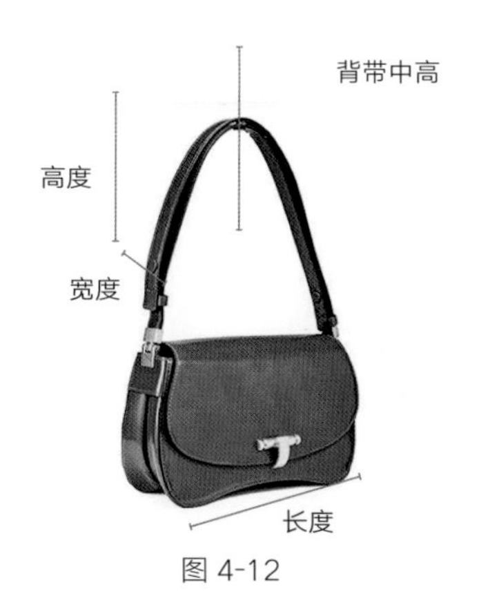

图 4-12

图 4-13

系列的最小号。Speedy 款式的尺寸、比例都经过了不断地验证和调整，达到了最佳的功能性满足和完美的视觉感，体现出经典实用、大方稳重、轻便舒适的风格。而这个款式系列共有 5 个不同规格的尺寸，三维尺寸分别为 60 ＊ 34 ＊ 27 厘米、55 ＊ 31 ＊ 26 厘米、50 ＊ 29 ＊ 23 厘米、45 ＊ 27 ＊ 20 厘米、25 ＊ 19 ＊ 15 厘米，每个规格的三维尺寸都是非常协调的。

有些设计创意反而是通过刻意调整常规的比例关系，改变传统造型，获得新鲜的视觉感。图 4-14 是中国原创手工风格品牌素人 2021 年推出的一款腋下包。这个包是以波士顿包为原型进行的独特创新，大大降低了高度，塑造了新的三维尺寸的比例关系，使得原来厚重实用的包体变得细长轻巧。其功能性也弱化了，从实用的随身旅行手提包转化为日常出行的腋下小包，而且造型极富设计感，个性鲜明，风格灵动。

带走轮的旅行箱是离开人体自行移动的产品类型，体积尺寸设计主要受到飞机、火车、轮船、汽车等交通工具存放处的空间限制，这些交通工具存放处都会对箱体尺寸有比较严格的制约。现代市场上旅行箱的规格型号一般从小到大有 16、18、20、24、28 到 30 英寸（按照箱体高度，也有 19、25、29 英寸等单数规格。英寸 =2.54 厘米）。一般日常用的箱体高度不超过 80 厘米，与人体的高度、手臂推拉动作比较匹配。20 英寸的轻便，适用于各种外出，也可登机随身携带，24、28 英寸则可以托运。图 4-15 是淘宝上某品牌的尺寸说明示意以及与人体的比例关系。

图 4-14

产品参数

PRODUCT SPECIFICATIONS

PP材质一体成型防爆拉杆箱

制造：银座

尺寸：20 英寸、24 英寸、28 英寸

颜色：桔色、灰色、青蓝色、黑色、蓝色、白色

拉杆：外置式铝合金拉杆

配锁：TSA海关密码锁

轮子：360° 静音万向飞机轮

内衬：高度度涤纶内里

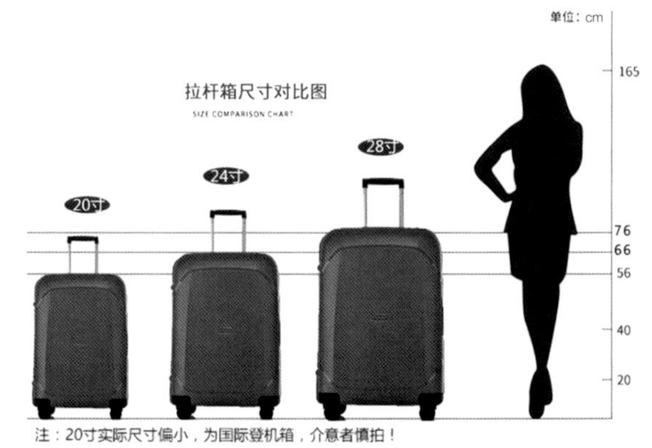

注：20寸实际尺寸偏小，为国际登机箱，介意者慎拍！

20 英寸（可登机）	24 英寸（需托运）	28 英寸（需托运）
高56cm*宽36cm*厚20cm	高66cm*宽45cm*厚25cm	高76cm*宽52cm*厚30cm
净重：约3.0KG	净重：约4.0KG	净重：约5.0KG
容量：约30L	容量：约60L	容量：约90L
推荐使用天数：1~3天	推荐使用天数：3~6天	推荐使用天数：6~10天
推荐使用类型：短途出行	推荐使用类型：中途出行	推荐使用类型：长途出行

注：拉杆箱所有尺寸均为手工测量，允许有1~2cm 误差，具体以实物为准。

图 4-15

3. 教学案例 8：从造型设计元素进行款式创新

本节设计训练的主题是从造型设计元素进行箱包的创新设计实践。

箱包的造型变化是比较拘谨受限的，因为箱包需要盛放物品，所以方方正正的造型是最常见的。但是随着人们对于箱包的审美性、流行性和个性化需求度的不断提升，常规造型已经成为设计的一个重要的突破点，圆形、半月形、三角形、不对称形、不规则的异形等箱包也逐渐被人们接受。

经过箱包的版型和结构设计课程后，学生会了解箱包基本的构形方式和常用的样板类型，掌握了把纸面效果转化成实体的技术手段，这对于设计师来说是非常重要的。但学生们也会发现，直接套用这些版型虽然很简便，但是容易限制思路，使最初大胆的设计创意变得很平常。所以，很多时候我们要想实现造型上的突破，都要进一步开拓思维，学会灵活运用基础版型并勇于探索新的结构方式，才能更加游刃有余地实现自己的构思创意。

4. 学生作业 9

学生：范思宇

以热带鱼为创作灵感，提取其流线型的身体特点并进行简化、抽象，运用在背包主体的外轮廓形设计中。同时还在包底部，设计了一个可在一定范围内活动的次要部件，来模拟鱼在水里游动时鱼尾灵活的摆动姿态。主体运用了直接改造外轮廓形状的方法，次要部件则运用结构创新的方法。在日常背用时，底部的结构会自如地摆动，比起只是对外形进行模仿的造型更加引人注目，富有创意性。两者结合的造型创新方法的使用，最终完美地实现了学生想要的设计意图。整体风格愉快轻松，活泼幽默，充满趣味性。图 4–16 是学生设计初期的草图，做了不同造型的尝试。图 4–17 是其中一个款式的设计效果图和佩戴示意图。肩带的设计也很有新意，增加了动感。图 4–18 是三个款式的成品照片。其中两个包有可摆动的底部结构。

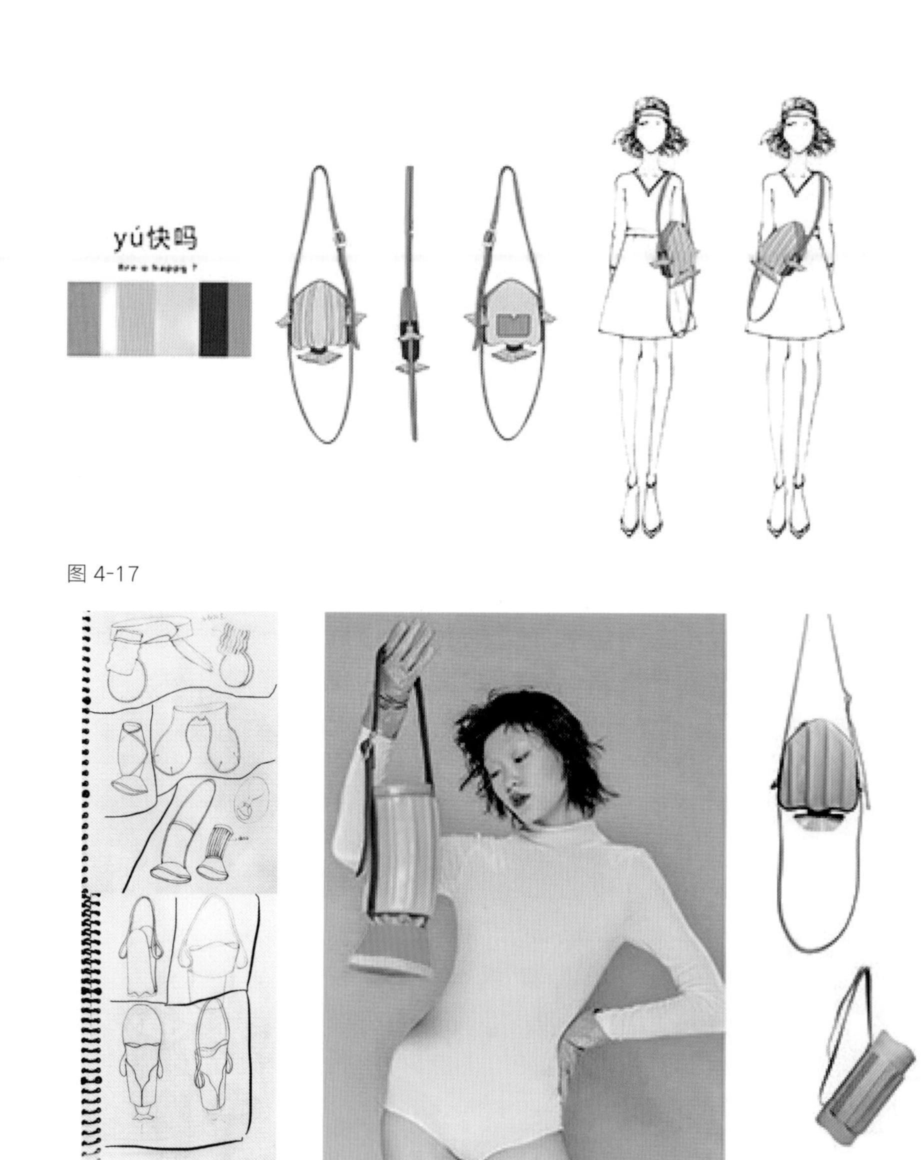

图 4-17

图 4-16

图 4-18

第三节 色彩设计元素与运用方法

在产品设计中色彩是通过构成实体的材料表现的。色彩的视觉冲击力很强，如果运用得当会成为吸引消费者视线并引发其购买欲望的决定性因素。而运用不当，则会大大降低产品的魅力，造成风格模糊、混乱和廉价感。

在现代时尚制造业中，产品完美的配色并不是完全依赖设计师个人的色彩感觉、配色经验，或者直接选用流行色就可以达到的。色彩学是一门自然科学。只有符合了科学原理的色彩组合关系，才能让人的视觉和心理都感到美好愉悦。因此，设计师要有色彩学的基本知识作为理论支撑，在此基础上再结合具体的产品特征、品牌风格、流行趋势以及个人的色彩感觉等综合因素去做设计，才能获得打动人心的色彩效果。

1. 色彩设计元素的基本属性

1.1 色彩的生理与心理认知规律

色彩是光线进入人的眼睛之后产生的视觉现象。17 世纪后期，科学家牛顿通过著名的色散实验揭示了色彩的物理原理，色彩才成为一门独立的学科。色彩是以色光为主体的客观存在，对于人则是一种视象感觉。人类对于色彩的辨识来源于光、物体和眼的反应关系，是一种生理机制的反应。设计师要把控色彩，并灵活运用色彩，必须科学地认识色彩，从视觉生理和心理层面认知色彩的由来、分类、属性和情感、审美倾向等。

1.1.1 色彩属性

色相、纯度、明度是色彩的三个基本属性，是辨识和定位不同色彩的依据。

色相是用来描述每种色彩相貌的名称，如图片中的红、砖红、橘红、深黄、蓝、天蓝等。色相是色彩的最大特征；明度是色彩的明暗差别，也即深浅差别。比如不同色相之间有明度差别，黑最深，白最浅，黄色次之，橙、红明度依次递减。纯度表示各色彩中包含的单种标准色成分的多少，又称彩度、饱和度、鲜艳度、含灰度等，包括的标准色彩成分越单纯，其色彩鲜艳度越明显，即我们所说的色彩感强。当一种色彩加入黑、白或其他颜色时，明度产生或高或低的变化，但纯度都会降低。原色的纯度最高，多色混合的色彩纯度就较低。纯净程度越高，色彩越纯。

1.1.2 色彩分类

随着印染技术的进步，人工制造的颜料色彩越来越丰富多样。

首先，从制造方法和组成成分上可以分为原色、间色和复色这三大色彩类别。图 4-19 是纯色调的 12 色相环和 24 色相环，以及原色、间色和复色。

原色就是色彩中不能再分解的三种基本颜色，颜料中的三原色为红、黄、蓝，纯度最高，色彩纯正、鲜明、强烈。三原色的不同配比可以混合出所有的颜色，同时相加为黑浊色。三原色当中任何的两种原色以同等比例混合调和而形成的颜色，即为间色，也称二次色，与三原色形成对比色、互补色。例如红色加黄色就是橙色，红色加蓝色就是紫色，黄色加蓝色就是绿色。颜料的两个间色或一种原色和其对应的间色（红与绿、橙与蓝、黄与紫）相混合得到复色，亦称三次色。复色中包含了所有的原色成分。由于光线是无形的，所以光谱中不同色彩之间的混合，对于纯度是不会有改变的。但是人工制造的颜料和染料等除了色素外还含有其他化学成分，所以两种以上颜色调和在一起，调和的色彩种类越多，纯度和明度越来越低，色彩会变得越来越灰暗。

其次，从色彩感觉上又可分为有彩色系和无彩色系。有彩色系是在可见光谱中存在的全部色彩，它以红、橙、黄、绿、蓝、靛、紫等为基本色，以及基本色之间的混合、基本色与无彩色之间的混合所产生的色彩都属于有彩色系。无彩色系是由黑色、白色及黑白两色相融而成的各种深浅不同的灰色系列。

1.1.3 色彩的视觉表现特征

色彩的视觉特征会使人们产生特有的情感联系和心理感受。比如人类的血液是浓烈的红色，红色血液的流失就代表死亡，因此人类通过一代代与血液相关的生活经历的记忆积累、视觉强化，对于血液这种鲜艳的红色就会产生一种独有的心理体验。而太阳、火焰、红色鲜花等这些自然界中红色的事物也给人带来不同的体验感。因此，鲜艳的红色通常会给人们以生命力、希望、刺激感、兴奋、炙热、耀眼、温暖、热情、积极、饱满、娇艳、盛放等正面感觉，也会给人带来血腥、原始、灼热、暴力、危险、俗艳等相反的感受。同时，看到这种红色，也会自然联想起太阳、火焰、热血、鲜花等事物，并引起相应的心理意象和感受。

色彩给人类带来的多种感官、心理的多样感受，虽然不是色彩本身具有的自然属性，但是却能引起人

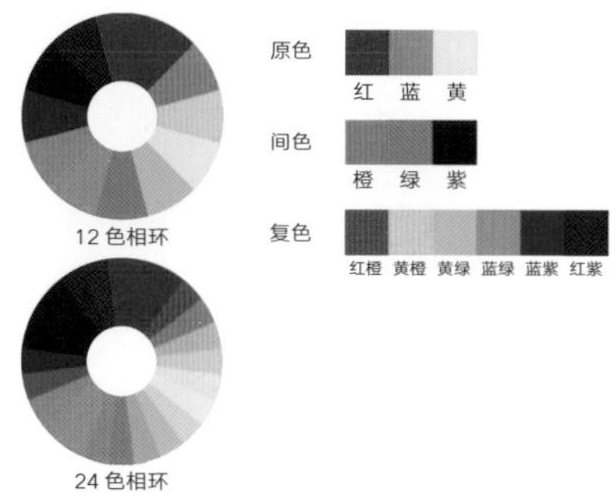

图 4-19

们感觉变化，进而影响人们对于事物的判断和选择，对于设计风格的表达也就具有倾向性。

色彩的冷暖感受，人们看到红、橙、黄、暖棕等色后，会联想到太阳、火焰、血液等物象，会引起温暖的感觉，这种颜色就称为暖色；而看到蓝、深蓝等色后，人们则会联想到冰雪、海洋等物象，引起清冽、寒冷等感觉，这种颜色就称为冷色。色彩的轻重感，色彩明度高的物体实体感稍弱，使人联想白云等比较轻的物体；色彩明度低的物体实体感较强，容易使人联想到那些煤炭、钢铁等较重的物体。色彩的软硬感，物体色彩的纯度越低感觉质地越柔软，纯度越高则感觉质地越坚硬等。

图 4-20 是新加坡品牌 CHARLES & KEITH 在 2021 年推出的一款女包。多数人看到这三个配色都会觉得黑色包最重，蓝色次之，米白色包最轻盈。黑色包包体感觉最硬挺，而米白色包包体感觉最柔软。冷色调的蓝色感觉比较疏远、冷静、高级、凉爽，米白色感觉清淡，存在感弱，而黑色压迫感和存在感最强。

图 4-20

1.2 色彩的工业化体系与应用标准

现代社会中，各行各业的产品实体都离不开色彩的表现，色彩是非常重要的生产力。为了认识、研究与应用色彩，人们将千变万化的色彩依据各自的特性，按一定的规律和秩序排列，并加以命名，称为色彩的体系。色彩体系的建立，对于研究色彩的标准化、科学化、系统化以及实际应用都具有重要价值。这种体系如果借助于三维空间形式来同时体现色彩的色相、明度、纯度之间的关系，则被称为“色立体”。近现代对色立体学说的研究很多，但总的是属于两个体系：孟塞尔和奥斯特瓦德色系，之外还有日本研究所的色立体也比较被认可。色立体，好似一部色彩大词典，是一部极为科学化、标准化、系统化以及实用化的工具书。首先，它科学地采用色立体体系编号为色彩定名，科学性与准确性高，可以准确地运用和传达色彩信息，并在国际上各个国家和地区进行交流。同时，色立体形象地表明了色彩的色相、明度、纯度间的相互关系，给色彩的使用和管理带来了很大的方便，尤其对颜料的制造和着色物品的工业化生产标准的确定更为重要。它们中应用最广泛的是孟塞尔色立体，图像编辑软件颜色大多源自孟塞尔色立体的标准。国际上普遍采用该标色系统作为颜色的分类和标定的办法。孟塞尔色立体的中心轴无彩色系从白到黑分为 11 个等级。其色相环主要由 10 个色相组成，任何颜色都用色相 / 明度 / 纯度（即 H/V/G）表示，如 5R/4/14 表示色相为第 5 号红色，明度为 4，纯度为 14，该色为中间明度，纯度为最高的红。图 4-21 是孟塞尔色立体的基本构成和标色系统说明。

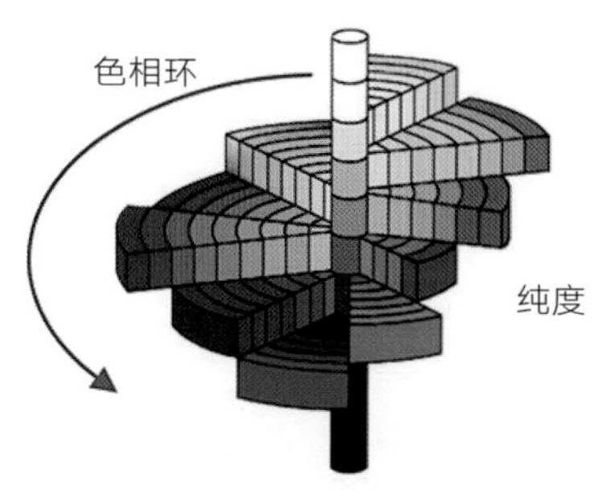

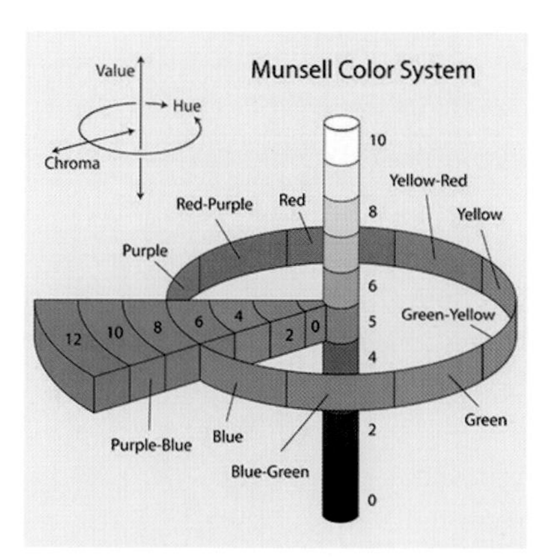

图 4-21

在需要为原材料着色的工业化生产行业中，潘通色卡（PANTONE）为国际通用的实用性的标准色卡，涵盖印刷、纺织、塑胶、绘图、数码科技等领域的色彩沟通系统，是从设计师到制造商、零售商，最终到客户的色彩交流和信息的国际统一标准语言。潘通色卡中的基本色比较稳定，一般不会变动，但是会根据社会、产业和趋势的变化不断增加新的色彩，为设计师提供新的设计展示效果。图 4-22 是潘通色卡的一般形式。

1.3 色彩搭配与组合方法

色彩在实际的设计运用中，更多的是多色组合搭配使用。理论上讲，没有哪个颜色是不好看的，即使灰度很高、看起来很脏的颜色，如果能够搭配得当，也会互相激发出内在的隐藏的色彩魅力，获得完美的视觉效果。而如果搭配不当，即使是很纯净亮丽的色彩，也可能显得俗艳、刺眼，破坏整体视觉美感。根据色立体的配色调和原理进行色彩搭配，是一种比较科学的配色方法，能够借鉴已有的配色规律，减少盲目性和出错的概率，也更适合生产中的色彩管理和应用，主要可以分为以下 5 种搭配类型。

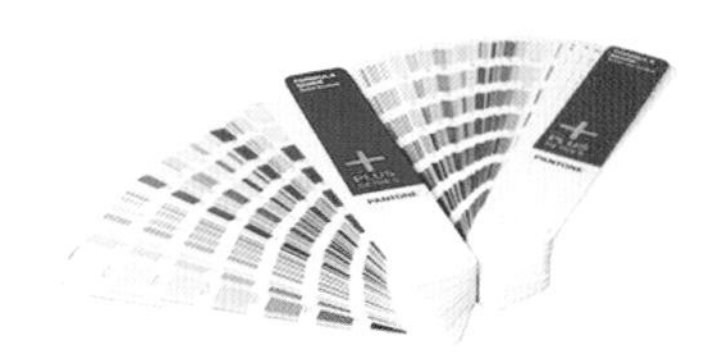

图 4-22

1.3.1 同类色组合方式

同类色组合包括单色配色，同一个色相、但是纯度或者明度不同的几个色彩进行组合，即一个色彩通过加入白色或者黑色而形成深浅不同的几个颜色后进行组合。在 24 色相环中 60° 内，明度由里向外依次加深的几个颜色互为同类色。以蓝色为例，淡蓝色、浅蓝色、深蓝色、藏青色等，这些颜色的组合是一种比较简单的色彩搭配方式。色彩有变化，但是色相之间对比感弱，整体色调统一性强。这种配色方案非常易于突出主题色，并通过色彩重复和强化使用，可以传达出明确的设计主题，具有简约、文静、雅致、含蓄、稳重、和谐、成熟、保守的风格特征。但画面感也较为单调、呆板，色彩感弱。图 4–23 的上图为色相环中同类色的范围，下图为同类色搭配的服装形象案例。

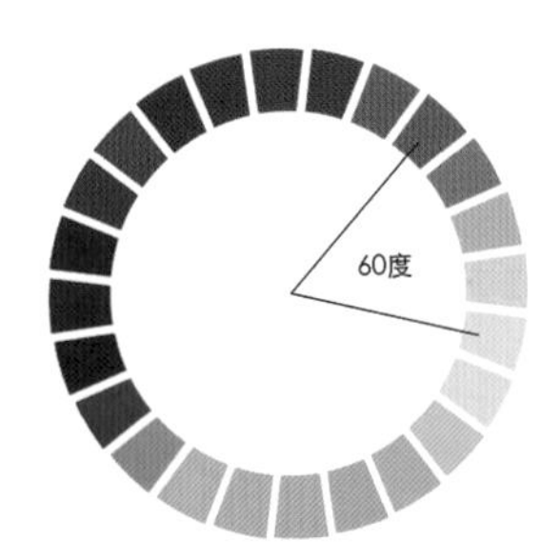

图 4-23

1.3.2 邻近色组合方式

在配色环上相邻的颜色即邻近色。在 24 色相环上任选一色，与此色相距 90° 角的任意两种颜色都属邻近色的范围。一般有两个配色的应用范围，绿蓝紫的邻近色大多数都在冷色范围里，红黄橙的邻近色在暖色范围里。所以，邻近色的特征是你中有我，我中有你。不仅色相彼此近似，而且冷暖性质一致，色调统一和谐、感情特性一致。比如：朱红与桔黄，朱红以红为主，里面略有少量黄色；桔黄以黄为主，里面有少许红色，它们在色相上有一定差别，但在视觉上却比较接近。邻近色组合与单色组合方式相比，拓展了色彩的范围，色彩上的对比度加强了。整个画面能够在和谐统一的基础上，又增添了一些活力和丰富性，显得饱满有层次感。此种方法也是各种设计形式中经常使用的方法之一。图 4–24 的上图为色相环中邻近色的位置，下图为中国李宁 2019 年在美国纽约时装周上推出的运动服装。正红色与中黄色有一定的撞色效果，展现出积极、健康、动感活力的特征。又统一在极暖的色调中，是中国人喜欢的热烈喜庆的传统配色形式。但是黄色面积较小，整体色调以红色为主，再配合不对称的色彩形式感、简洁松垮的服装款型，最终在保持熟悉的红黄配色基调上，鲜明自信地展示出了具有中国审美文化特征的运动时尚感。

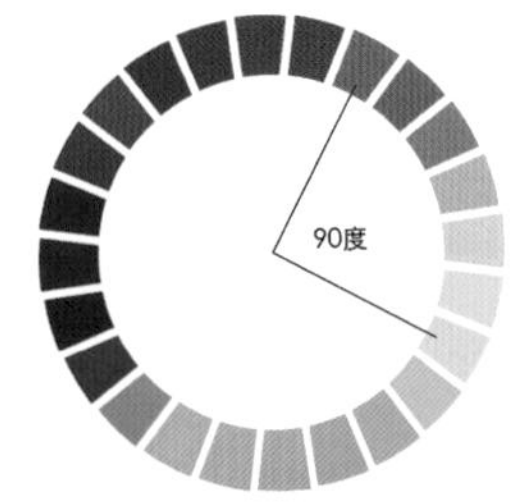

图 4-24

1.3.3 对比色组合方式

对比色组合是指在 24 色相环中相距 120° 至 180° 之间的一组色彩的配色关系。对比色的色相差异明显，跨越范围大。整个色彩效果以对比色为主，色彩张力最大，显得活泼、强烈、醒目、夸张。特别是高纯度的对比色配色，可以展现出充满刺激性的艳丽效果，具有很高的视觉冲击力。但也容易造成视觉的疲劳，不易统一。常用的对比色有红色和蓝色、蓝色和黄色等。图 4–25 上图为色相环中对比色的位置，下图

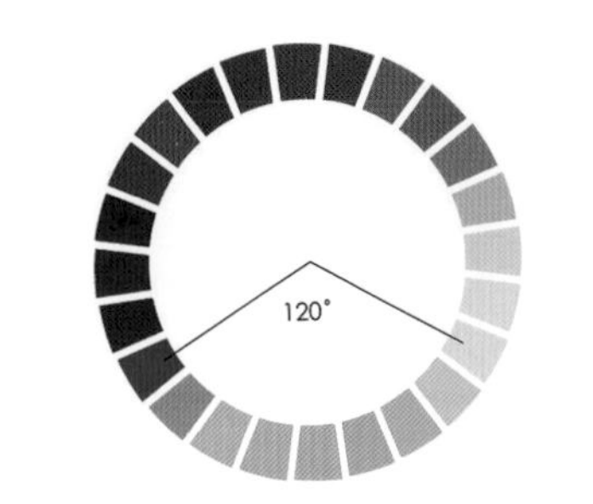

图 4-25

为淘宝网上的一顶中空遮阳跑步帽的两个配色。湖蓝色与荧光黄色相距120° 左右，色相差异较大，是休闲运动服饰常用的一组色彩。湖蓝色为主、荧光黄色作为 Logo 图案点缀色的款式，整体色彩效果相对比较统一稳定。帽檐采用荧光黄色的款式，则两个色彩面积相当，色彩撞色的视觉效果非常强烈。在势均力敌的对抗下，各自的色彩更加鲜明，整体呈现出更大的冲击感和运动活力。

当一组色彩在配色环上的距离是 180° 的时候，这种配色关系就称为互补色组合方式。色彩对比达到最为强烈的效果，运用得当也会产生非常戏剧化、引人注目和使人兴奋的突出效果。常用的互补色有红色和绿色、蓝色和橙色、黄色和紫色。可以通过拉大两个互补色的色彩面积的差异、加入无彩色系分隔两色等配色技巧来减少过度强烈的视觉感。蓝色和橙色组合在运动服饰产品中运用非常多，明朗的蓝色接近天空、海洋等运动的自然背景，而橙色的活力通过蓝色的对比展现得更加活泼和富有生命力。图 4-26 上图为三对互补色在色相环上的位置，下图为中国安踏品牌 2021 年夏季的一款男式综训鞋。配色虽然用了蓝色和橙色这组互补色，但整个鞋面大面积采用白色来分隔，并且降低了蓝色和橙色的纯度和明度，进一步减弱了色彩对比的强烈感。白色的运动鞋非常明亮清爽，符合夏季的着装需求。小面积的互补色又产生了适度的色彩张力，为白色增加了运动活力和年轻时尚感。

1.3.4 等距三色组合方式

等距三色是指在配色环上处于等距离位置上的三个色彩，把色相环进行了平分，明度和纯度可以随意变化，等距三色组合方式也是很常见的一种配色方法，介于单色和对比色之间的一种配色方案，可以使画面变得更加活泼，传达的色彩内涵和信息也更加丰富，层次感更强，既有统一性，又充满了对比。但是运用起来比较有难度，需要三个颜色的深浅、比例关系进行恰当的组合。最常见的是三原色红、黄、蓝，还有紫色、橙色和绿色的配色关系。图 4-27 左图为色相环中处于等距离的任意三色的示意，右图为以蒙特里安的红黄蓝构成抽象绘画作品为灵感的服装设计作品。纯度极高的三原色让人心理产生紧张和不安定感。所以设计师采用加大色彩面积差、加入黑色线条分隔、增加白色和浅蓝色色块等方式进行调和，起到了很好的平衡和中和作用。不过这种组合方式在日常生活场合中较少使用，一般人很难驾驭。可以采取降低纯度和明度来取得易于接受的色彩效果。

1.3.5 黑白灰的组合方式

黑白灰三色的配色色彩感不强，但也有彩色配色所不具有的优势，

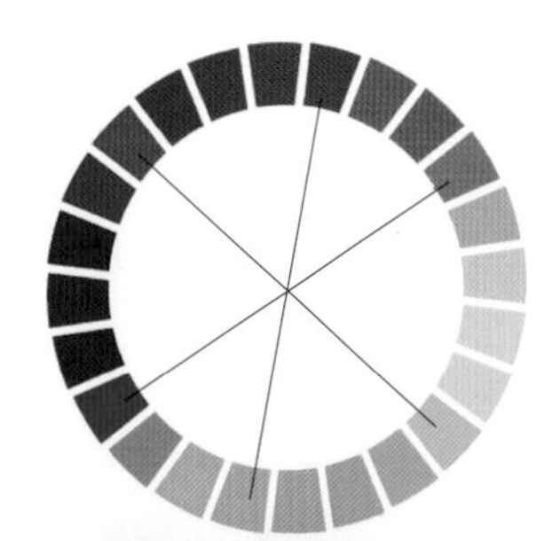

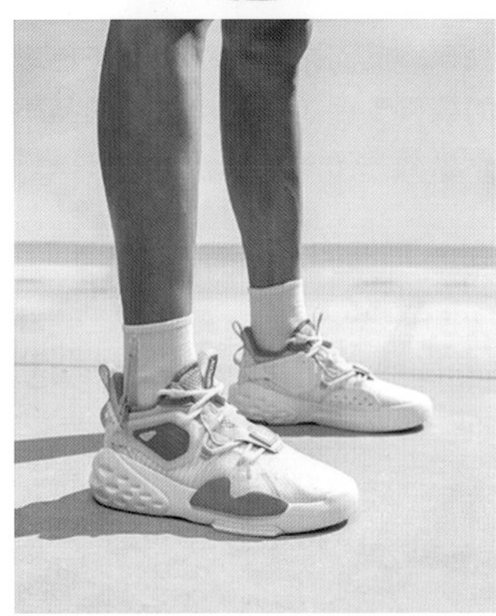

图 4-26

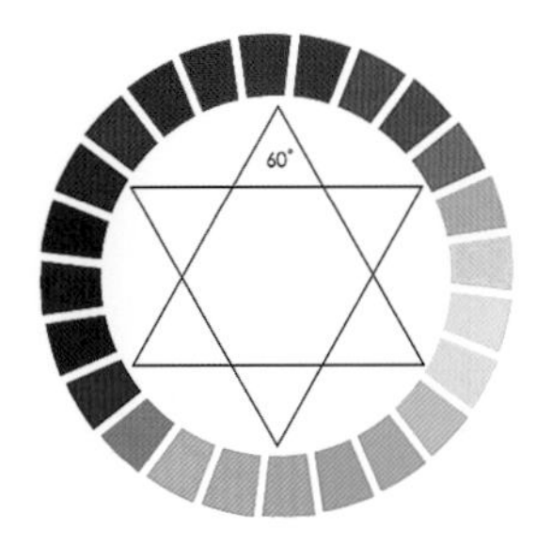

图 4-27

其适用性强，色调气质脱俗、干净有力。黑白具有最强的明度对比关系，简约、干净，是展示现代都市、时髦摩登和高贵感等多种风格的最佳搭配，而且搭配简单不易出错。灰色的色彩感最弱，纯度和明度都比较含糊，单独使用会显得存在感不强，缺少力度，甚至面目不清。因此多采用与不同明度的灰色、白色或者黑色组合，或者与其他柔和的有彩色搭配，可以带来一种雅致高级的现代都市感和文化气质。图 4-28 是中国女装品牌 ICICLE 之禾在 2020 年推出的服装产品。灰绿色绢丝羊毛双面呢和冷灰色的西装裤，显示出较高的品质感。整体显得低调温和、内敛而雅致。但是中度的暖灰色略显冷漠、拘谨，气场不足，缺乏力度感。从背面看，整个灰色着装形象显得没有活力，色彩感很弱。但是正面看，搭配了灰色调的花衬衫起到了很好的活跃作用，增加了色彩感觉，而且更加衬托出灰色材料的高档奢华感。

图 4-28

以上 5 种组合为基本的配色方法。在实际的运用中可能会有更多配色的需求和复杂的组合形式，需要设计师在遵循基本的方法和规律基础上，灵活调整和综合考虑各项因素进行配色。比如通过调整不同色彩的面积大小、外观形状、比例关系等手法，取得需要的色彩效果。还要充分考虑色彩所依附材料的着色性能和表面质感特征。同样的色彩，可能在不同材料上的着色效果会有所差异。设计师在实践中要敢于尝试各种色彩和配色方法，逐步培养出敏锐的色彩感觉，形成自己喜爱和擅长运用的配色方法，以富有个性特征的色彩形式作为产品特色也是设计成功的一个可行途径。

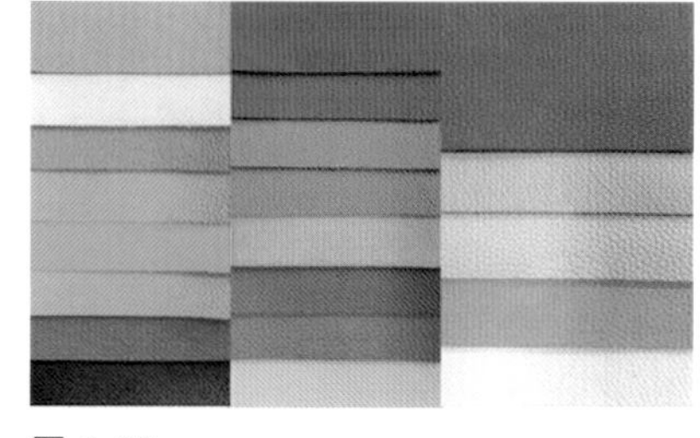

图 4-29

2. 箱包色彩设计元素的运用

现代箱包的色彩设计，在 20 世纪中期之前并不是最重要的设计元素。一方面是由于制造箱包的材料种类比较贫乏，真皮材质的染色色彩有限。另一方面也是由于箱包并没有成为一种可频繁更换的时尚产品。人们随身携带的日常箱包比较常见的色彩，主要是黑色、棕黄色系、米色系，以及红色、白色、深蓝色、墨绿色等比较保守、适合搭配的中和色系。从 20 世纪末期，随着天然皮革染色技术的提升，以及箱包材料的丰富，箱包的时尚性和流行性不断加强，色彩也逐渐成为一个活跃的设计元素，打破了箱包色彩单调沉闷的面貌。图 4-29 是现代制革业生产的色彩亮丽多变、色调细腻丰富的天然皮革。箱包设计师进行色彩设计和组合搭配，除了要运用上述的色彩设计原则之外，还需要考虑箱包设计的特殊性。

2.1 面料与其他部件的色彩关系

市场上的箱包一般是以单色面料为主，即主料一般大面积采用一种色彩。

面料色彩尽管占据主体，但是也要考虑面料与五金配件、拉链、包边条、背带、Logo 标牌、印刷图案等细节的色彩呼应和协调关系。

金属质地的五金配件是真皮与合成革面料最好的色彩组合。金属配件的色泽主要有金色、银色、黄铜色和黑色。还有一些各种变化的色泽，如白金、浅金、黄金、暗金、玫瑰金、仿古金、铬色、白钢色、仿古银、青铜色，以及亚光、亮光、喷砂、磨砂等多种效果。这些色泽不管如何变化，都基本上可以划归为无彩色系，所以与任何皮革面料色彩都不会产生配色失误，反而起到衬托和平衡色彩的效果。因为皮革类材料的品质感极强，光泽细腻丝滑，所以只有同样高品质感的金属材质的色泽与天然皮质更加相配，可以互相提升品质。同样，棉麻、帆布、化纤面料等如果与金属配件搭配，也会整体提高品质。但是过于粗糙和简陋的面料不适合使用精致的金属配件，反而显得面料更加低廉。图 4-30 是浊金工艺制造的具有做旧风格的五金锁扣，与光泽自然细腻的棕黄色牛皮相得益彰。

还可通过改变小面积的零部件的色彩来提升单色箱包的色彩张力，比如短的提手、长肩带可以与包体面料采用不同的颜色。细小瘦长的条状面积既丰富了整体色彩的层次和活跃度，又不至于影响包的主体色调和风格。图 4-31 是把常规的皮质手提短带改成造型夸张的亮彩色塑胶装饰部件，打破了黑色的沉闷，增添了年轻、时尚和趣味性。还有一些细小部件，如包边、边骨皮、包角加固皮、抽绳、拉牌（拉链头上加的条状部件）、耳仔皮（固定五金环扣的小块皮料部件）、利仔（长条状的装饰部件）、皮质标牌、装饰流苏等部位，都是可以用来进行色彩变化的部位，成为增加趣味和展现设计师创意心思的部分。

图 4-30

2.2 箱包色彩与款式造型的关系

在产品开发中，款式造型是最早要确定的设计核心。一个经典款式只要变化色彩、材料等便可不断延续销售，但也并不是随意更换任何色彩都会被用户接受的，即使是再流行火爆的款式，也总是有一些色彩无人问津，成为滞销品。相反，有些颜色的包则是一包难求，总是脱销，这说明色彩与款式造型等相关因素之间存在很重要的匹配关系。

比如近两年比较流行的云朵包，是一款非常典型的女性化的柔美包型。图 4-32 是淘宝网上某品牌云朵包的两个配色，还有其他多种颜色，包括冰川蓝色、白色、果绿色和黑色等。从图片中其实也可以感受到，冰蓝色与包型组合起来视觉感觉很舒适，带来的是柔软的、轻量感的和浪漫轻柔的感觉。而黑色的包体则看起来很沉重，本来柔和的外轮廓线条似乎也变得僵硬和死板，与云朵包的称谓极不相称。查看其销售数据，发现当时的数据是累计销售 23 个，没有一个是黑色的。色彩与款式造型特征之间的关系是非常微妙的。黑色尽管是经典色和百搭色，但是也不能犯经验主义而不加思考地去使用，要充分理解款式造型的设计概念和风格特质。对于这种极端女性化的曲线感的软体小包款式，更加适合明度较高、纯度适中的色系，色彩要饱满而柔美、轻盈而明朗，冰蓝色属于这个色彩范围内，而黑色的审美特征是偏硬的、量感较重的，与曲线感很强的造型匹配度较低。因此，箱包色彩的选择一定要考虑造型所蕴含的微妙的审美倾向性，并结合设计主题有意识进行色彩选择和呼应，一定会让消费者感受到设计的用心和完美感。当然在具体的设计运用中，还需要结合不同的箱包其他相关因素进行综合分析和比较，才能找到最佳的配色。有时候色彩与款式造型需要协同一致，比如造型方正、外轮廓为直线型的公文包，一般会选用黑色、深蓝色、深灰色等有力度的暗色系，以强化款式造型所要传达出的理性、严肃、职业化的设计意图。但是有些情况下，色彩与款式造型特征反而需要进行平衡与互补。比如尺寸很大和量感很重的休闲背包款式，如果还是选用黑色等沉重的暗色，则会显得包体更加沉重。

图 4-31

图 4-32

2.3 箱包色彩与服装色彩的搭配关系

箱包与服装的搭配最终是交于用户手里的，用户可以根据自己的审美感觉，使用需求和场合等因素去挑选单品进行灵活的组合。所以，设

图 4-33

计师对于产品的设计创意要有两个层次的考虑，首先聚焦箱包本身进行设计，其次是扩展到用户的服饰形象这个大的背景中去考虑搭配性。因此，箱包设计师有必要想象一下与服装组合后的着装形象，要给用户留出二次创作的余地。箱包的色彩是视觉感最醒目与在整体形象搭配中最突出的设计元素，箱包色彩与服装色彩的关系对于整体着装形象的塑造有着重要的作用。

2.3.1 单色配色

一般来说单色箱包是最适合搭配任何服装的，是箱包最常见的色彩形式。箱包作为着装形象的一个组成部分，如果本身色彩组成过于复杂，对服装、鞋、围巾等其他服饰品的色彩选择就比较苛刻，无形中为用户的日常搭配增加了难度。一般传统的箱包单色多为黑色、棕色系、藏蓝色、酒红色、牛仔蓝色、米色、白色、灰色等低纯度或低明度的颜色，就是因为这些颜色对于服装色彩变化要求不高，可以灵活搭配塑造各种服装色彩和风格。其中黑色是箱包产品最经典的色彩，几乎适合任何款型和风格。比如非常经典的香奈儿 2.55 包款，始终是以传统的黑色为主，反而可以与不同的服装色彩搭配，塑造出百变的形象风格。但近些年来以年轻群体为主的流行品牌中，年轻的设计师和消费者更加喜欢有活力的单色箱包。近几年来具有较高市场认可度的中国设计师品牌古良吉吉的配色中，就较少使用黑色、棕色等传统的常规色。图 4-33 是该品牌在 2020 年推出的成名款陶陶包（TOTO），配色中基本上都是纯度和明度都较高的明朗的黄色、绿色等。陶土一样柔和的皮质和色彩成为此款箱包成功的重要因素之一。

2.3.2 双色配色

做拼色设计的箱包，比较常用的是双色配色。休闲、经典、都市、商务、通勤、快时尚等风格的箱包配色，一般会采用黑白灰与有彩色的拼色，虽然色彩对比强烈，但是黑白灰色可以很好地起到中和作用，或者采用单色的不同明度变化、邻近色配色等对比度不太强烈的、统一性为主的配色方法。图 4-34 是小米的城市轻运动休闲背包，用户为年轻的、对于时尚有态度但是又比较理性的都市通勤族。色彩清爽明快，色彩感强但不过分强烈。采用了有彩色加无彩色的配色方法，随意的一分为二的色彩分割形式，很符合米粉直白简单的审美趣味。

图 4-35 是美国蔻驰品牌 2021 年春夏的一款小背包的两个配色。采用中低明度、低纯度的色彩，对比度较弱，包体的色调效果还是比较整体的，符合都市年轻女性的着装色调。第一款是象牙白和胭脂粉，这一款搭配白色、红色系、棕色系、米色系等暖色系的服装都是比较适合的。第二个款配色是灰褐色和石墨色，基色是冷色调的蓝色和偏暖色调的红褐色，在色环上的距离在 120° 左右，属于对比色配色方式，只是由于纯度和明度都较低，所以对比感觉较弱。但比起第一款配色在对比度上强化了一些，增加了色彩活力。因此搭配服装的难度要高一些。但品牌推荐的服装搭配还是比较巧妙的，用冷调的蓝色皮夹克与混合石墨色取得呼应和融合，弱化了这一小块冷色的突兀感。

2.3.3 三色及以上配色

多于三色的拼色在皮具和较正式的箱包款式设计中一般较少使用，因为拼色太多不仅带来制造中的各种问题，也会增加设计难度，使风格模糊混乱，产生廉价感，同时也不利于与服装色彩的搭配。但是在带有民间、民族、乡村、传统手工艺、休闲度假、少女风格的箱包中，以及儿童背包会较多采用。图 4-36 是带有一点民族风格的一款休闲斜挎包，色彩达到了 7 种，面积都比较平均，明度和纯度都一致，以同类色配色为主再加上对比色，虽复杂但有很好的关联度，因此色彩并不混乱，表达出一种绚烂多姿、自然随性的美感。多色拼色在专业的户外、体育运动风格中运用也比较多。采用明度和纯度极高的双色、三色、四色等拼色，包括对比色、邻近色等多种配色方法。多采用流线型的色块、线条、几何图形等具有动感的形式，与运动背包的设计风格相匹配。户外背包鲜艳醒目的配色，还起到标识的重要作用，在出现危险时易于被发现。图

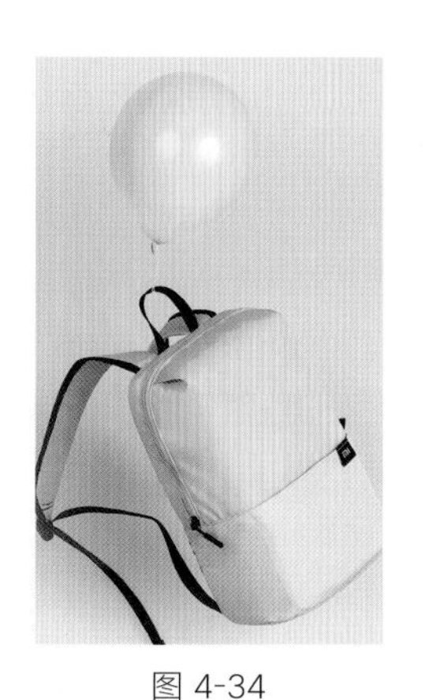

图 4-34

图 4-35

4-37 是专业运动员使用的日本尤尼克斯 YONEX 品牌的羽毛球包。

多色配色设计还可以采用以一种颜色为主、其他颜色为辅的方法，降低搭配的难度，使风格倾向明确。图 4-38 是法国鳄鱼品牌的尼龙休闲包，有 5 个色彩组合，其两个鲜艳的亮色只占据侧面较小的面积，主体大面积还是深蓝色和黑色。因此，整体设计风格休闲实用、低调稳重，又不失运动活力和时尚感，搭配运动休闲、商务休闲服装非常适合。多色的拼色设计也可以采用面料图案的设计方案来呈现更多的色彩。图 4-39 是美国乐播诗（LeSportsac）品牌的印花面料双肩包。品牌是以多变的印花面料为特色，五彩缤纷的配色是产品色彩设计主线。图案纹样题材多是植物花卉、动物、自然景象、抽象图形等繁复的图形，因此可以把色彩化整为零，均匀地分配进去，化解了一些色彩之间的不协调感。用图案的底色或者黑色作为包边条和背带的方法，对整个包体的轮廓进行统整，色彩花而不乱，杂而不散。

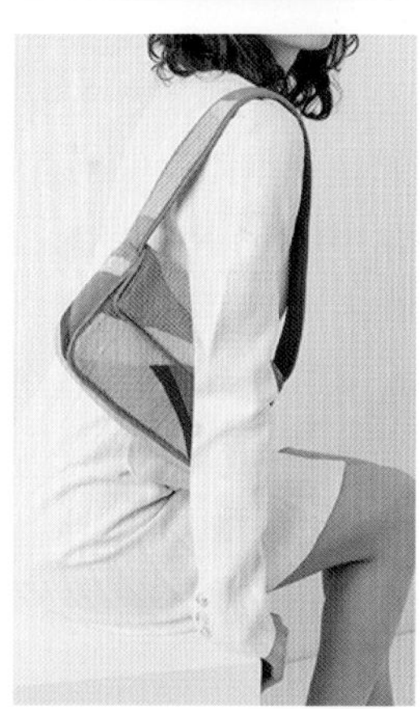

图 4-36

2.4 箱包的品牌用色原则

产品的色彩设计发挥着极其重要的品牌标识性作用。品牌的常规色系，是指比较固定的箱包风格类型，以及市场上比较成熟稳定的知名品牌，每一季产品都会有比较固定的色彩，或者在几种色系范围中进行变化。比如有些品牌的常规色也是品牌的个性化色彩，像爱马仕皮具的橙色和蓝色，甚至被称为爱马仕橙和爱马仕蓝，成为品牌经典不衰的常规色，同时也是独一无二的标识色。

黑色虽然是所有箱包产品的基本用色，但对于商务、都市、经典、

图 4-37

图 4-38

图 4-39

前卫、中性等风格的箱包品牌来说更加突出。比如日本设计师品牌川久保玲的Comme des Gar ons品牌，黑色是其成名的色彩和最重要的品牌观念，是绝大多数服装和服饰品系列的色彩。还有美国商务箱包品牌TUMI，其所有商务尼龙背包基本上是以黑色为主，塑造了一种高端商务背包的国际化风格。

棕色系是一种与大地色调接近的偏暖的色彩，具有更接近大自然的、温和厚重、亲和力很强的感觉。因此，棕色系多是一些手工皮具，以及倾向于古典、休闲、传统、田园风格的品牌产品常规用色。尤其是主打真皮材质和传统手工技艺的皮具，最经典的常规色可能不是黑色，而是各种不同变化的棕色系。因为棕色比起黑色，更加可以强调出天然皮革的自然质感和温暖感，也更加具有经典的复古气息。

常规色系的产生具有必然性和必要性。建立自己的产品风格和市场形象的品牌，色彩设计元素的使用意义，已不能仅仅满足于产品本身配色是否好看、是否符合流行趋势的初级阶段，而是要站在品牌风格定位的立场上，以维护品牌艺术形象为目标，固定品牌的基本用色，明确色彩组合与运用原则。这样才能把握主动，以不变应万变，使品牌减少市场风险。充分利用好品牌常规色彩的视觉特征，能够在品牌繁多、流行变幻的市场上始终保持自己的鲜明形象。

3. 教学案例9：民族色彩在箱包设计中的运用

很多设计师都喜欢传统的民族图案和色彩，喜欢借鉴这些图案独特的色彩搭配形式，经过再次创作后运用在现代感的设计作品中。如果将民族色彩的特点和现代社会的审美趣味很好地融合，往往能够打破陈规，赋予产品浓郁的异域风格和艺术性。但是运用不好的话，也会显得陈旧、俗气、风格混乱。因此，对于民族色彩的转化和应用，需要找到恰当的设计定位和现代化转化的方式，不能被其原有的配色惯例和风格形式所限制。

4. 学生作业10

学生：秦镜璇

从非洲的民族服饰、图腾等形式中提取有代表性的纹样、图形和色彩组合，运用在一组时尚休闲软包的设计中。本次设计的视觉灵感是源自西非的图腾阿丁克拉符号和服饰色彩，其图形和色彩等都极具非洲民族风情。

色彩整体上均是以鲜艳的红色与黑色、少量的白色这种常见的有彩色加无彩色的配色方式为主，民族感的色彩效果符合红、黄、蓝的等距三色配色方法。红色面积大，其他三色面积小而零散。最重要的还是大面积黑色起到很关键的色彩中和作用，也为强烈的民族色彩风格添加了现代摩登、高雅华丽的气质，使得产品既具有鲜明的民族感，又不落俗套，鲜艳得恰到好处。系列中每一个款式的图案和配色都根据款式特点进行了精心的设计，从而使得风格既统一又各具特色。图4-40是色彩与图案灵感的

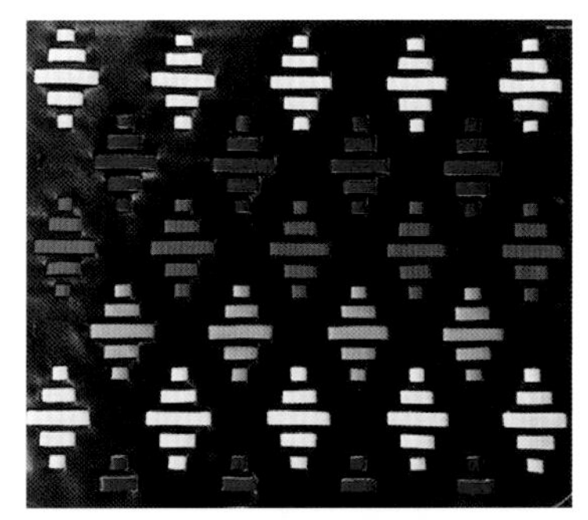

图4-40

来源图片。图 4-41 是色彩的初步提取和材料选择，以及图腾简化再创作的草图。图 4-42 是制作完成的设计作品实物照片，通过选料和制作，最终非常完美地实现了预期的设计效果。

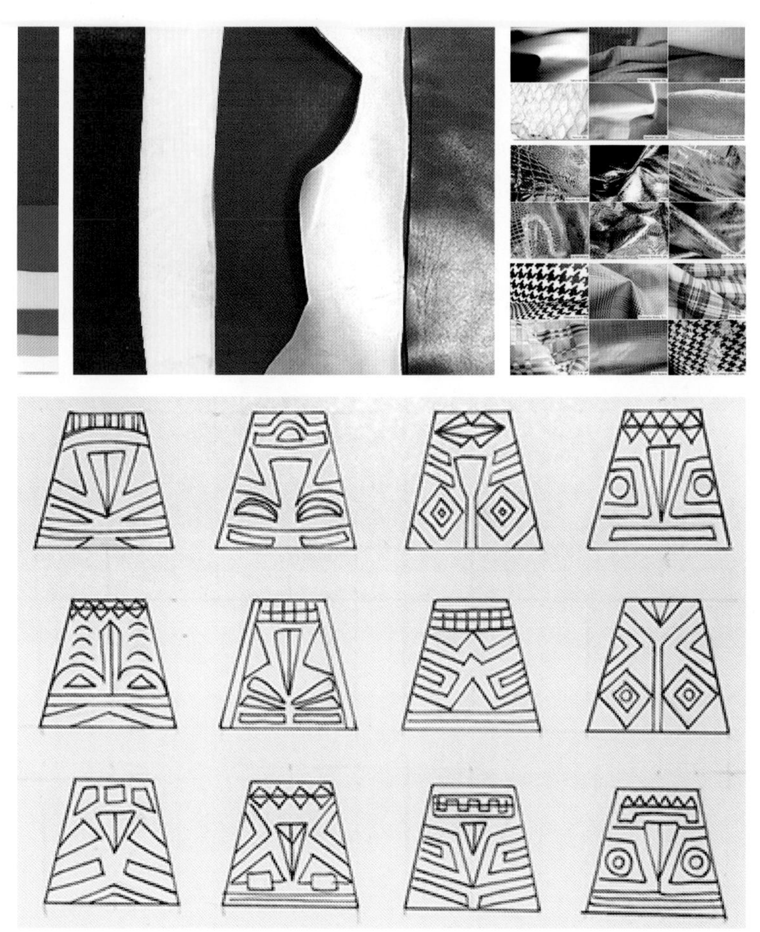

图 4-41

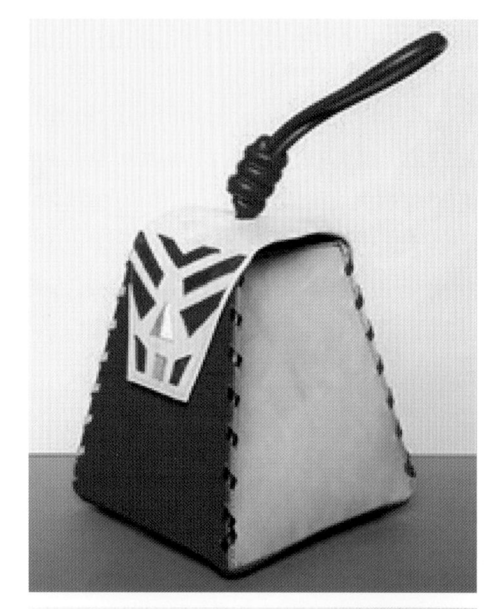

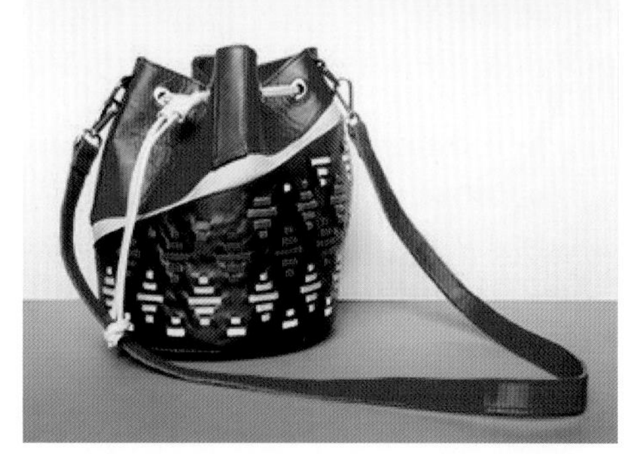

图 4-42

第四节　材料设计元素与运用方法

任何产品，无论是其具体的性能、有形的款式和色彩，还是无形的审美风格和流行趋势，都必须依托于材料才能得以实现和表达。材料的化学元素和组织方式，决定了材料的物理和化学性能，比如刚柔度、耐磨性、定型性、密度、厚度等，还有表面的色泽、肌理、质感、触感、着色效果等视觉感官特征。所以，材料本身就有着极其丰富的设计语言。

1. 面料的基本分类与性能

面料是指产品表面的主体材料，也称为主料，是达成设计审美意图和使用功能的主要物质。现代箱包设计中比较常用的面料主要有天然皮革、人造皮革、纺织材料、塑料、金属、编织类材料，以及新兴的环保再生材料等。

1.1 天然皮革材料的性能

天然皮革是箱包的传统材料，来自自然界中的动物皮，就是人们常说的“真皮”，是为区别人工合成皮革的一种习惯叫法。天然皮革具有较好的坚固性、耐用性，以及细腻滑爽、温暖柔和的肌肤触感，自然散发出高贵华美、优雅丰润的气质。迄今为止，没有哪样材质可以与其媲美并完全取代它。天然皮革的优良性能可以简单归纳为以下几点：抗撕裂度、抗张强度、耐折牢度、延伸率、缝裂强度等物理性能较高；表面具有天然的银色面花纹，美丽自然；有优越的染色性、吸湿性、排湿性，不会起静电；肌肤感觉舒适，冬暖夏凉，适合任何气候使用；保暖性强，触感温暖；有适度的弹性、可塑性，易于加工塑型，有良好的耐久力；断面切口不易绽开、纤维不易脱落。

作为人类最早加工和使用的自然材质，天然皮革与其他几类材料相比，在成分构成、组织结构、加工方法以及成品外观、计量方式等方面都有较大的差异，其设计思维和方法有很多特殊性，因此本节会进行较详细的阐述。

1.1.1 天然皮革的品种与组织构造

国际上所有工业制革业的原料皮基本上都来源于人工饲养的家畜皮，如牛皮、羊皮、猪皮、马皮、鹿皮等。现代制革产业得以产生和发展的源头，是现代大规模的养殖业。由于牛羊猪肉是很多人的主要肉食品种，因此，黄牛、山羊、绵羊的养殖业规模最大。而且其皮质优异，皮张幅较大，得革率较高，所以成为主要的原料皮种类。

天然皮革在外观上可分为毛层（毛被）和皮层（皮板）两大部分。通常把带毛的称为“裘皮”或“皮草”，主要用于裘皮服装的制作；光面的或绒面的皮板称为“皮革”，主要用于服装、箱包、鞋等服饰用品或家居、工业产品等。皮革的优良性能主要由其组织机构中的真皮层决定。图 4-43 是黄牛皮的组织结构截面示意图。[3] 真皮层是由上面的乳头层（粒面层）和下面的网状层（背面层）组成的。粒面层由非常纤细的、编织非常致密的胶原纤维构成，制成革后即为革的粒面，故又称粒面层。最上面的纤维束细小，围绕着毛囊、脂腺、汗腺等迂回交织。而靠近网状层的下层则逐渐变粗。天然皮革的优良性能，如光泽度、细腻度、柔韧度等主要是体现在真皮层的乳头层纤维结构中。网状层基本上是由更粗大的胶原纤维束构成，构成皮革的物理机械强度。

表 4-4 是黄牛皮和山羊皮的组织结构特征，以及所具有的优良的加工性能和外观特点。

1.1.2 天然皮革的加工

在现代制革工业中，人们把从动物身上获取的未经加工的动物皮称为原料皮，也称为生皮。在制革工业中，没有做鞣制加工的原皮叫“皮”，而鞣制过的皮则叫“革”，或者“鞣革”　“熟皮”。“革”即为具有稳定的、可控性的工业成品化真皮，这和我们日常理解的人造革是不一样的。鞣制是制革工业的关键工序，借助鞣剂来完成由“皮”到“革”的化学反应，即鞣剂与原料皮中的蛋白质结合，使之转化成性能稳定的革。现代制革业中比较常用的鞣剂有铬鞣剂、植物单宁鞣剂、醛鞣剂、铝鞣剂和油鞣剂等。“皮”鞣制成“革”之后，再通过多道加工整饰工序，可以对皮革性能、薄厚、软硬、表面肌理和外观审美性等进行改观和创新。比如加工成软硬不同的质地，染成

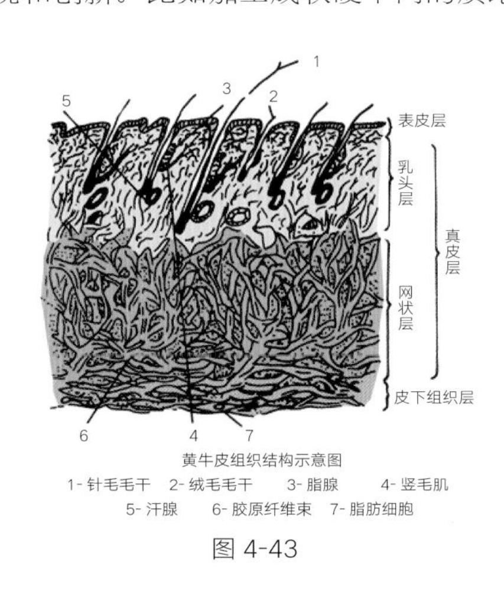

黄牛皮组织结构示意图
1- 针毛毛干　2- 绒毛毛干　3- 脂腺　4- 竖毛肌
5- 汗腺　6- 胶原纤维束　7- 脂肪细胞

图 4-43

表 4-4 黄牛皮和山羊皮组织结构特征与对应的加工性能和外观特点

原料皮	组织结构特征	加工性能和外观特点	图示
黄牛皮	毛孔较小，皮面平缓，粒面层细腻，乳头层较薄，厚度占真皮层的 16% ~ 30%。上层胶原纤维束细小，编织紧密。弹性纤维较发达。 网状层较厚（背面层），胶原纤维粗壮，编织紧密，抗张强度较大。皮张整体较厚，整张的成年牛皮皮张幅大，各部位皮质差距较小，皮面得革率较高。	黄牛皮毛孔呈圆形，较直地伸入革内，毛孔细密、分布均匀，但排列不规则，像满天星斗。粒面细致。 皮面丰满细腻、自然平缓、紧致、光泽感强。触感舒适亲肤，手感质地坚实柔润而富有弹性。如用力挤压皮面，有细小褶皱出现。轻软舒适、透气性强、抗静电耐磨。皮张较厚，结实耐用，塑型能力强。 制作产品使用率较高，多制作较大尺寸的产品，如手提包、鞋靴、沙发、汽车内饰等。	表图 4-4-1 爱马仕的 Picotin 包， 采用自然纹路的头层黄牛皮
山羊皮	毛孔较密，乳头层较厚，厚度占真皮层的 50% ~ 75%。上层胶原纤维束细小，编织紧密。下层网状层相对较薄，编织较为疏松。因此皮张整体较薄。羊皮皮张幅小，各部位皮质差距较大，颈部厚，编织紧密，腹部薄，编织疏松。	毛孔呈半圆形，多以三根为一组呈品字形列，像鳞片或锯齿状，光泽柔和自然，具有如水波纹似的花纹。与牛皮相比，山羊皮更加轻薄紧致、柔软细腻，但强度、耐用性不如牛皮，容易磨损，而且皮张较小较薄。具有柔美精致、细腻华丽的女性气质，多用于制作女士的中小型包、钱包、女鞋等产品，皮料背面要托一些海绵、丝棉、布料，以加强厚度。而相应地会就多在皮面采用绗缝进行固定。	表图 4-4-2 香奈儿玫红色山羊皮 19bag 单肩包

各种颜色，用金属花纹板压上花纹来掩盖原料皮的瑕疵以提升商品的美观度。成品皮革有很多成熟的花色品种，比如压花皮、油蜡皮、漆皮、珠光皮、起绒皮、磨砂皮、蜡染皮、龟裂纹皮、雕刻皮、编织皮等。图 4-44 是来自 WGSN 网站上的一些经过多种整饰工艺后的各种花色皮料。

天然皮革中的牛皮、猪皮等品种，皮张较厚，这既不利于服饰与生活用品的制造生产和使用的舒适性，也不利于材料的最大化利用。因此在工厂中用片皮机进行剖层，可以剖为头层皮和二层皮，并且皮张厚度可以根据加工需求进行变化。因为山羊皮很薄，所以一般不会再剖层。头层皮包括全部乳头层和部分网状层，既轻薄又坚韧柔软，性能最佳，属于较高档的皮料。二层皮只有网状层，所以性能较差，为了外观的美观，会经涂饰或贴膜等系列工序制造假粒面层，甚至压上牛皮的毛孔、纹路等，但是成品皮革的牢度性、耐磨性较差，是同类皮革中最廉价的一种，不过随着加工技术的提升，二层皮的性能和美观度也有了很大的进步，品质在不断上升。

1.1.3 天然皮革的交易与计量

牛皮是国际上最大宗的皮革产品，应用范围极广。根据饲养牛的品种、性别、兽龄以及饲养状态等，一般国际皮革市场将其分为大牛皮、小牛皮、母牛皮、未阉公牛皮四个基本类别。根据不同国家和牛皮特点，也会再细分为中牛皮、胎牛皮、小母牛皮等类别。除了根据牛皮类别进行分类，还需要通过很多方面综合评价皮质的优劣，包括对皮板品质的鉴定（张幅、厚度、均匀度、板质、防腐情况等）、伤残的鉴定（自然生长过程的划刺伤、氓伤、烙印伤等，以及剥皮运输时产生的刀洞、破口等）、面积形状等。在对类别和品质进行综合评价的基础上进行定级。目前国际上各个国家和地区都会采用自己的标准来区别不同品质的生皮。有的比较规范，有的则比较笼统。虽然具体内容和评判标准有侧重，但是基本差异不大。中国在 2009 年实施的《牛皮》国家标准中（GB/T 11759-

图 4-44

2008 牛皮)，对于皮张的分类与分级做了严格的规定。

用于服装、箱包、鞋类制作的天然皮革交易流通时，通常采用面积作为计量单位来定价。目前国际通行的计量单位是平方英尺 (SF): 1 英尺 =30.48 厘米。如果在市场上听到皮革商家说一尺皮的价格为多少钱，实际上是说一平方英尺，是指面积而不是长度。1 尺皮的大小是 1 平方英尺，也就是 1 英尺 ×1 英尺。1 英尺 =30.48 厘米 = 0.3048 米，1 平方英尺 =929.0304 平方厘米 =0.09290304 平方米。中国大陆也是采用平方英尺计量，中国香港和中国台湾经常使用的是平方港尺，1 平方港尺 = 25 厘米 ×25 厘米。日本则是按 DM 为皮革单位，1DM = 10 厘米 ×10 厘米。由于皮革的外形是不规则的，基本上每张皮革外形都不相同，很难用手工测量准确。在制革厂出厂前，会采用准确高效的电脑量革机进行计算，并将面积数字打印在皮革背面。最终成品革的销售，是根据每 1 平方英尺的单位定价再乘以整个皮张面积得到整张皮革的价格进行销售。

牛皮的皮幅最大，整张的成年大牛皮，纵向从前面的头部到后面的尾部长 250 厘米，横向最宽处约 200 厘米，面积为 50 ~ 54 平方英尺。整张羊皮的长度约为 80 厘米，最宽处约 60 厘米，面积为 4 ~ 6 平方英尺。这些只是平均值，实际上每张皮革的尺寸差异都很大。由于牛皮皮幅很大，既不利于鞣制加工，也不便于运输和灵活销售，因此在很多国家都会把牛皮从背脊中间分成两个半张。实际销售中根据皮革的品质和购买商家的需求，皮革会被分割成多种形式销售，并不全部保持完整的形式。比较多见的是半张皮形式（国内也称开边皮），有的是只保留利用率较好的颈肩部和臀背部，有的是把最佳的臀背部分单独分割（国内也称三边齐），有的是只有两边的腹部（国内也称腩条）。其中臀背部皮革单价最高，腹部单价最低。但是这些形状都是在出厂时就已经分割好了，在销售市场上一般都不再分割。因此，只能根据现有形状和面积按照张数购买皮革而不能再裁切。即使有些部分不能利用，也需要计算到最终皮具产品的皮料成本中。而羊皮皮张较小，会以整张皮交易。图 4-45 是裁切成不同形状的牛皮革商品示意图：从左到右分别是肩背革、颈肩革、背臀革，腹肷革、整张革、半张革。

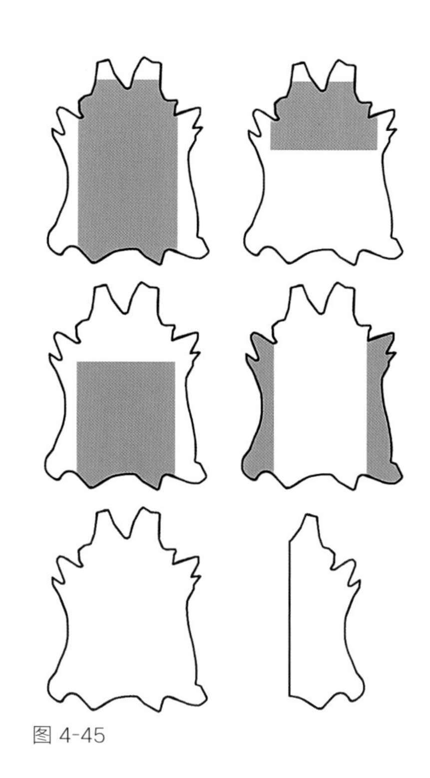
图 4-45

1.2 人造皮革材料的性能

人造革与合成革都是以模拟天然革的组成和结构，并可作为其代用材料的塑料制品。目前广泛使用的 PU 合成革无论在产品质量、品种，还是产量上都得到了快速的增长。其性能越来越接近天然皮革，某些性能甚至超过天然皮革，在外观上达到了与天然皮革真假难分的程度，在服装、鞋靴、箱包、家居和体育球类等领域得到了肯定。人造皮革材料的形式如布匹一样，是成卷生产制造出来的，因此具有统一的宽度，各个部位的质量稳定，品质一致，利用率高。因此箱包制品的材料利用率较之天然皮革可控度高，浪费少，最终产品的材料成本较低。在国内外的大众箱包市场中，PU 合成革已经大量取代了天然皮革，成为制作箱包的主要材料。表 4-5 是目前行业中三种较常见的人造皮革的性能简介。

正如上文中提到的，合成革要降解为对环境无害或极少危害的碎片，或变成二氧化碳和水回归自然循环，需经历百年。多数流行产品、快时尚品牌都使用低价的合成革材料，虽然外观看起来很美观，可以满足消费者追逐时尚的乐趣，但是很快会被淘汰和废弃。一方面消耗地球不可再生的资源，另一方面也会产生大量不可降解的废弃材料。对于设计师来说，如何更合理地设计和运用人造皮革材质的箱包，如何平衡流行与耐久、廉价与品质、社会责任与商业驱动等多重矛盾，是一个值得思考的命题。

1.3 纺织材料的性能

纺织材料是传统的服装服饰产品面料，它轻便柔软，价格低廉，花色图案繁多，制作工艺相对简单。在箱包制造方面，对纺织类材料的面料厚度、组织结构等具有特殊的织造要求，也会在面料表面和背面做增加功能性的涂层处理，以获得防泼水、防渗水、防撕裂、防刮伤、防摩擦、防油污等多种箱包专用性能。4-6 介绍了几种常用的箱包纺织类面料与性能。

表 4-5 人造皮革材料种类及性能

类型	主要性能与设计应用	图示
第一代 PVC 人造革	第一代人造仿皮革塑料制品，20 世纪 30 年代开始制造。一般是以人工合成的方式在织布、无纺布（不织布）等材料的基布（也包括没有基布）上的形成聚氯乙烯（也就是 PVC）树脂的膜层或类似皮革的表面结构。成品质轻、手感丰满、柔软，但透湿、吸湿性、耐磨性较差，会有塑料的气味。加工容易，成本低廉，但产品易于老化磨损、不耐高温、低温下易变硬，使用寿命较短。广泛用于中低档箱包的面料、托料和内里等。	表图 4-5-1 大荔枝纹 PVC 人造革
第二代 PU 合成革	国内一般指在基布上形成聚氨酯树脂（PU 树脂）的膜层的人造皮革为 PU 合成革，是第二代仿皮革制品，性能较之 PVC 人造革有很大提升，甚至可达到与天然皮革“乱真”的效果，轻软，手感舒适、透气，耐高温和低温，不易老化或变硬。不容易变旧，使用寿命更长。色泽多变，品质感较好，因此可以广泛用于休闲包、公文包、时尚手袋等各类中高档箱包设计中。其环保性也强于 PVC 材料。	表图 4-5-2 羊巴仿棉绒底 PU 合成革
第三代 超细纤维 PU 合成革	是超细纤维短纤通过梳理针刺制成三维结构网络的无纺布，再经过湿法加工，覆盖 PU 树脂膜层等工艺制成的第三代仿皮革高端制品。目前价格也相对较高，更接近真正的生态型、环保型产品。超细纤维人工革将以其优良的物理性能、突出的生态环保性能、相对较低的成本，以及多功能特点成为人造革合成革行业的发展主流。具有真皮的特性以及比真皮优越的指标，在耐化学性、防水、防霉变性等方面超过天然皮革。但由于价格高，目前多用于较高档次的商务、通勤类箱包产品设计中。	表图 4-5-3 仿真皮油蜡效果超细纤维合成革

1.4 塑料与金属材料的性能

塑料的主要成分是树脂，树脂约占塑料总重量的 40% ~ 100%。塑料的基本性能主要决定于树脂的特性，但添加剂也起着重要作用，可以使塑料转变成软、硬、透明的等质地。前面我们讲到的人造皮革，其表面的涂层也是塑料。大部分塑料的抗腐蚀性强，不与酸、碱反应，制造成本低、耐用、防水、质轻，容易被制成不同形状，易染色，是良好的绝缘体，所以说塑料具有很好的加工性和实用性。在 1907 年被发明之后，塑料为人类带来了非常便捷舒适的使用体验，应用范围已深入社会的每个角落，从工业生产到衣食住行，塑料制品无处不在。但是现代塑料工业迅猛发展，也带来了一次性废弃塑料引发的“白色污染”问题，废弃塑料无法有效降解和回收，由此引起的社会和环境问题摆在了人们面前。但目前在耐用性塑料制品领域，塑料还是综合性能最佳的选择，而且非常耐用。所以不能谈塑色变，用心设计出好的产品，能够让用户喜爱和长时间使用，降低废弃淘汰的频率，延长塑料的使用周期，是设计师当前应该做的。金属材质的获得与加工利用技术是比较复杂的，而且金属材质比较重，加工成本较高，所以在箱包产品中并不多见。比较常用的就是轻质的合金材质，但是也多为高端产品。表 4-7 介绍了几种常用塑料与金属材料的性能。

1.5 编织类材料的性能

编织技术比纺织技术发明得更早，是人类最古老的手工艺之一，是指将植物的枝条、叶、茎、皮等加工后用手工进行编织，制成生产用具和生活用品。编织手工技艺有很多形式，如编、钩和缠等。现在机器编织非常成熟，大大提高了生产效率和精致度，随着采用机器生产逐渐取代传统手工技艺。但近些年手工技艺又慢慢地以手工 DIY 式的休闲活动、个人爱好、小众设计师和网上小批量定制等形式回归到日常生活中。编织品在原料、色彩、编织工艺等方面具有天然、朴素、清新、温馨、亲切的艺术特色，以及满足个性化需求的设计优势，使很多国际知名时尚品牌，也看到这股手工风格复古的趋势，采用纯手工编织或者机器编织等制造加工方法，推出编织材料的系列产品。表 4-8 介绍了几种常用的编织材料及性能。

1.6 环保再生材料

合成革、塑料类材料以大量消耗不可再生的石油、天然气等资源，以其不可降解等问题而遭到质疑，真皮、棉麻等天然材料则有大量消耗水、加工过程的污染性等原罪。因此，在不断改良传统材料的生产制造技术的同时，研发新型环保材料成为可持续与商业利益完美结合的重要途径。环保材料的定义有几个核心要素：材料本身首先是无毒无害的，没有或极少有有害物，不足以对人和环境造成危害，废弃后极易降

表 4-6 纺织类面料种类及性能

类型	主要性能与设计应用	图示
丝绸	现代广义的丝绸纺织品包括真丝类和化纤类。丝绸质地轻薄，质地细腻，手感柔滑，色彩花色变化丰富，外观华丽具有一定的奢侈感，并具有极佳的悬垂性。但丝绸材料承重性和耐用性不强，其主要特色在于具有多变的花色和华美的质感。现在一般多用于女士的晚礼服包、小饰品袋、婚礼仪式上使用的小手包。制作定型包时，面料背面多数需要托一些防水和加固的辅助材料，或者直接粘合在硬质的造型模具上。	表图 4-6-1
丝绒	丝绒类产品分为真丝类丝绒和化纤类丝绒，是一种类似天鹅绒手感的面料，手感丝滑，有韧性，光泽感强，极富雍容华丽的气质。多用于女士的定型晚礼服包、小手包、小饰品包等装饰感强的产品中。面料背面一般需要托一些防水和加固的材料。	表图 4-6-2
牛仔布	一种较粗厚的棉布，又称靛蓝劳动布。质地紧密、厚实，色泽鲜艳，织纹清晰。以全棉为主，也有混纺。有靛蓝、浅蓝、黑色、白色、彩色等。特色源于其后整理的水洗工艺。但是水洗工艺对水资源浪费严重，对工人健康和环境也会造成严重污染，国内外很多工厂已经开始采用节能、环保、高效的激光水洗牛仔技术。牛仔布不仅性能好，而且蕴含特有的牛仔文化和青春洒脱气质，具有强烈的风格倾向和明确的设计语言，适用于各类休闲、时尚、街头、前卫、中性化等风格类型的箱包品牌。	表图 4-6-3
帆布	一种较粗厚的棉织物或麻织物，因最初用于船帆而得名。牛仔布也是帆布的一种。质地坚牢、耐磨、紧密厚实，密织的厚帆布还具有良好的防水性能，最早用于制作帐篷、降落伞。很耐用，表面肌理有点粗糙，所以风格随性而低调。帆布材料是一种物美价廉、应用非常广泛的日常箱包用料，可用于高中低档次的各类产品和品牌。而且设计风格多变，如休闲随意、实用复古、简约朴素、清新文艺、通勤运动等。	表图 4-6-4
民间土织布	泛指利用民间传统的手工织机织造的布料，也称民间手织布、老土布、老粗布等。一般以纯棉、麻等为主要原料，纱线也是土法捻制，不上浆，没有化学污染，用脚踏织布机配合手工穿梭进行织布，现在已经退出了纺织产业和日常生活。20 个世纪末，随着民族传统文化再次受到重视、环保生态设计热潮的出现，濒临失传的民间土织布技艺和残存下来的布品，经一些艺术家、时尚设计师和文化创意产业的联合推动，又重新被利用。比如上海崇明岛的老布，侗族、瑶族、独龙族等很多少数民族的土织布，都非常有特色。多设计为休闲包、单肩包、小斜挎包等基本款式。功能简单，制作难度不大，表现为田园民间、简约质朴、小众文艺等设计风格倾向。但由于面料产量较小，所以使用领域比较窄。	表图 4-6-5
牛津布（涤纶）	一种坯布的名称（一种特殊的平纹组织），最早用于制作牛津大学学生的制服衬衫，是一种精梳棉织面料，所以称为牛津布（牛津纺）。用于箱包产品上的牛津布主要是用涤纶纤维纺制作而成（聚酯纤维，又称 polyester，原料来自石油、煤炭、天然气，是有机化工产品聚合而成的）。抗皱性、保形性、强度与弹性恢复能力好。箱包用牛津布要做防水涂层，适用于大众休闲背包、商务背包、户外双肩背包等功能性需求高的类型。用 75D、150D、300D、600D、1200D、1800D 等来划分品质。D 代表布的密度， D 数越大，丝就越粗，成品布料就越厚越重，就更耐磨耐用。但是外表比较粗糙，色彩也较暗淡。	表图 4-6-6
尼龙 （锦纶）	尼龙又称锦纶 (nylon)，原材料来源也与涤纶一样。耐磨性在所有天然和化学纤维中最佳。具有一种高科技感和低调华贵感，主要用于比较高档的户外登山包、旅行包、运动包以及时尚休闲包设计中。1200 ~ 2000D 的高密度织物在国外也被称为"防弹尼龙"(ballistic nylon)。在户外登山背包中使用的杜邦尼龙（Cordura），是由杜邦公司发明的一种专利面料，具有轻、速干、柔软、耐久性强的性能，长时间使用也不易变色。	表图 4-6-7

解；其次是在制造加工过程中节约能源，不排放有毒物质，不对环境造成污染；最后是材料本身可以来源于回收废旧物质的再加工，也可以再重复利用，可再生也意味着是环保的。如生物材料就是目前环保材料行业中的新兴产业，成为世界科技领域的前沿。目前其原材料来源除粮食以外的秸秆等植物纤维类农林废弃物，如玉米秆、高粱秆等。生物材料已经成功进行了生物基产品的转化，比如生物塑料已经应用在包装、

表 4-7 塑料与金属材料种类及性能

类型	主要性能与设计应用	图示
PP	早期常用的制作硬壳拉杆箱箱壳材料。箱壳表面强硬，可有效防止磕碰造成划痕，耐冲击和防水性好。箱体的里外都是同一种颜色，但色彩相对比较单一，光泽度不高，比较重。	表图 4-7-1 小米品牌的 PP 材料硬箱；表图 4-7-2 美旅品牌的 ABS 材料硬箱
ABS	常用的制作硬壳拉杆箱箱壳材料。综合性能良好、坚韧、质硬、刚性较好。能够承受较大的冲击，耐磨性好，比 PP 材料轻，防水性好，不易破损，能有效地保护内装物品。色彩丰富多样，具有高光泽度，箱体容易有划痕。	
PC	制作硬壳拉杆箱箱壳的常用材料。比 ABS 材质结实，强度更高、韧性更强、不易开裂，最大的特点是更加轻盈。有抗摔、耐冲击、防水、耐磨的优势，外观更加光滑美观。箱子价格较高。	表图 4-7-3 外交官品牌的 PC 材料硬箱；表图 4-7-4 新秀丽品牌的 ABS+PC 材料硬箱
ABS+PC	制作硬壳拉杆箱箱壳的塑料合成材料。ABS+PC 材质的箱子综合了 ABS 和 PC 的优点，是目前性价比高的选择。防水性、耐磨性强，韧性好，弹性足，抗压性很好。受到碰撞不易破裂，重量较轻，色彩丰富，光亮度高。	
Curv	热塑性复合材料 Curv，是多层热处理的 PP 聚合物材料，2005 年由美国新秀丽品牌率先使用。具有高硬度、极强的拉伸力，耐磨损、耐低温、更加轻盈。表面光滑，无须额外的涂料。能够抵抗强烈的冲撞是其最大优势。	表图 4-7-5 新秀丽品牌的 Curv 材料硬箱；表图 4-7-6 德国日默瓦 RIMOWA 品牌的铝镁合金硬箱
铝镁合金	制作硬箱的高端材质。在铝合金中加入镁金属的合金，优点是有跟钢一样的强度和硬度，但重量却比钢轻得多，跟塑胶很接近，但硬度是传统塑料壳的数倍。其可塑性很强，而且耐用、耐磨、耐冲击，一般箱体合理使用都能达到十年以上。拥有独特的金属质感和光泽，高贵大方。但经强烈撞击后会产生凹陷和变形。	

表 4-8 常用的编织类材料性能

类型	主要性能与设计应用	图示
毛线、棉绳、尼龙绳、纸绳、塑胶绳	包括天然纤维、混纺纤维以及化学纤维的毛线、棉线、丝线、细布条、尼龙等，有多种粗细，有一定柔韧度的线绳类材料。通过手工或者机器的编织、手工钩织或缠绕、编结等技法，可制作柔软的箱包，或者在内部也可以添加辅助材料加固定型。编结的针法非常丰富，可获得不同的肌理花色。一般编织包多采用结实可洗的纶线、棉线绳等。用纯羊毛编织的包袋，可利用羊毛纤维的毡化特性，将成品用热水浸泡和揉压，获得加固紧致的造型。	表图 4-8-1 多股棉线绳；表图 4-8-2 编织托特包
草叶、茎类天然植物材料	一般有玉米皮、麻、水草、麦秆、拉菲草、藤类、柳条、纸草等。不同的草类外观和手感各不相同，所编织后的包体造型也各有特点。多数都为浅黄、浅棕、乳白等色彩。麦秆是常用的草编材料。草编包具有清新雅致、休闲质朴的田园风格。大部分草编包已经采用机器编制，先用草辫机编织成宽度 1 厘米至 4 厘米或其他宽度的草辫，草辫卷成毛线球一样，然后用制草帽的缝制方法做成包，还有手工编织的生产方法。草编包在欧美是传统的休闲度假款式，虽然份额不多，但是每年的早春、春夏产品中都有一些草编包款式行销。	表图 4-8-3 麦草辫；表图 4-8-4 草编休闲圆包

餐饮服务、农业园艺、消费类电子产品、汽车零件等领域。

目前，已经有众多新型环保材料研发成功，并且被投入实际的生产制造和使用中。虽然有些还不太成熟，性能表现还有欠缺之处，也没有到大量替代传统材料的阶段，但是已取得了很多技术和性能的突破，为新型环保材料的进一步研发完善和大量推广奠定了基础。未来传统材料也不可能完全被摒弃，它将与新型环保材料互相补充，互相融合，在不同的设计领域中发挥着重要的作用。作为设计师不能过于固执地只使用传统材料，而是必须要大胆去主动了解和尝试各种新型材料，这样才能及时把握社会、产业和消费市场的发展趋势与设计的变化动势。表 4-9 对目前箱包市场上已经进行市场化落地的一些新型环保再生材料进行了简单介绍。

表 4-9　环保再生材料种类及性能

类型	主要性能与设计应用	图示
软木面料	比较成熟的商业化材质。用涤棉混纺布料为底层，面层用纯天然树木的树皮覆盖复合而成的一种木纹立体肌理面料。天然无毒，手感滑爽舒适，也有较好的支撑度和柔软度，易复原，不怕折，具有良好的防水性，耐擦洗，耐油污，耐脏，耐磨，但弹性差。可加工服装、箱包等，用机器缝纫制作。设计成树皮般的自然纹理，色彩多为自然树皮的黄棕色调。	表图 4-9-1 软木面料
水洗纸（撕不烂防水面料）	杜邦纸（Tyvek）发明于 20 世纪 50 年代，采用闪蒸法技术制成。成分纯洁，完全燃烧后只剩下水蒸气和二氧化碳。手摸和目测是纸张的感觉，但接近布料的性能。防水、柔韧，极易车缝，可机洗手洗、手撕不烂、可印刷图案、超轻而强韧，耐老化、耐酸碱腐蚀。有多种色系和质感。但其抗拉性和承重性较差，在低温下僵硬，耐磨性不如布料，不耐高温、易老化。多用于小钱包、文件夹、笔袋等小型包，制作中型包时，内部还要用布料辅助加固。	表图 4-9-2 涂层金银色杜邦纸
再生棉帆布	以再生棉为原料，经过加工生产成纱线，再织造成帆布。一种基于废物再利用的环保理念的新型再生材料。采用白色、深蓝色的服装下脚料，废弃的棉花、工业下脚料和纺织企业的布头及纱线头进行回收加工。颜色主要有白色、黑色、军绿色和墨绿色。对材质没有严格要求的产品可选择再生棉帆布。其价格低，质量好，主要用于生产环保袋、简易布包、工具包、帐篷等。	表图 4-9-3
再生纤维 RPET 面料	RPET 面料（可乐瓶环保布），也称为可乐瓶面料、再生纤维面料、RPET 面料、是一种新型的环保再生纤维面料。目前主要是通过物理回收废弃的矿泉水、可乐瓶，或者其他聚酯废丝等经粉碎造粒后直接纺丝再制成的面料。也可通过化学的回收生产方法获得切片再纺丝。可制成服装服饰、手提袋、鞋材、雨伞、窗帘等产品。回收利用技术有着广阔的发展前景。	表图 4-9-4
再生皮革	是对制革厂等生产过程中产生的各种废弃皮料的再利用。废皮及真皮下脚料被粉碎后再调配化工原料加工而成。在面层上也会压印花纹。皮张边缘较整齐、利用率高、价格便宜。皮身一般较厚，强度较差，只适宜制作平价公文箱、拉杆袋、球杆套等定型产品和平价皮带。但现在多用于高档真皮包背面的辅助材料。国外也将其称为皮糠纸。	表图 4-9-5 皮糠纸　表图 4-9-6 再生皮移膜革
纯素“皮革”	纯素皮革（vegan leather），即不含任何动物皮成分，可以代替动物皮且生产过程中不涉及动物的所有材质都可以被归为 vegan leather。只是目前专指以植物叶、茎、根等为主要成分的新型人造革，比如已经运用较多的菠萝叶、仙人掌、水果等。但国外有研究机构指出，现在所谓的“纯素皮革”是由聚氯乙烯（PVC）或聚氨酯（PU）制成的，这些塑料使用化石燃料制成，而且是不可生物降解的。[4] 其性能从各个方面综合考量，目前还不能超越天然皮革，只是比纯塑料的合成革有所进步，在使用性能和花色等方面还有待改进。	表图 4-9-7 仙人掌“皮革”

2. 箱包材料设计元素的运用

对于硬箱来说，由于生产制造流程高度自动化，工序较少，不需要过多辅助造型的辅料，箱体制造方法也比较简单和固定，因此本书就不再做详细介绍。对于包袋类产品来说，构成包装的材料除了面料外，还包括很多不同作用的辅助材料。包括里料（内里）、托料（加固造型材料）、五金配件和粘合剂、缝纫线等细小的辅料这四种基本的类型。我们在前一章设计元素的内容中已经对目前箱包常用的辅料做了详细的说明，这里就不再重复。

辅助材料中托料是最重要的类型。托料都是隐藏在包袋面料和里料之间的，本身有软质和硬质之分，而且材料成分、性能、种类、规格非常多，具有不同的辅助造型优势和制作加工特点。不同面、辅材料的组合，可以塑造出不同的空间造型特征和视觉美感。根据设计构思、面料性能、造型特征以及加工设备等综合因素，形成了一些比较固定的材料组合方式和工艺做法。表 4-10 至表 4-12 分别是目前国内外箱包制造生产中真皮包袋、PU 包袋以及布料包袋的通用制作工艺。我们可从中了解辅助材料中托料的设计运用特点。

表 4-10　真皮包袋的制作工艺与辅助材料运用一览表

造型特征	制作工艺	托料	里料	机器设备 缝纫线
箱型包 也称盒子包、塑型包。可参考本章图 4-10 左上款式	1. 整个包体需加硬质三合板托型或辅助塑型材料；面料与托料刷胶或喷胶后复合，再上机器进行热压。 2. 根据效果和手感选择合适挺度的托料；特别硬挺的材料无法车缝，需改为上下咬合的开合方式，配合锁扣、合页和铰框实现闭合。 3. 主要以油边工艺为主，胶粘等台面制作工艺较多。 4. 热压需注意控制温度，过高温会导致面料融化，烫坏受损，温度过低则无法达到定型效果，容易反弹变形。植鞣革可使用固化剂辅助定型。	硬质托料：各种型号的纸板 / 厚皮糠纸 /TPU/ 硬纸板 /PE 胶板 软质托料：植鞣皮革、EVA	棉布 / 帆布 / 羊皮 / 羊反绒 / 猪皮里 / 超纤 里料粘实做法	平车 /DY 车 / 高车 / 柱车 / 打螺丝 / 打铆钉 德国尼龙线 3、4 或 6 股，9 股突出工艺，18 股就要特种缝纫机
定型包 可参考图 4-10 右上款式。	1. 整个包体都需要加托料。 2. 根据效果和手感需要选择有挺度的托料。 3. 增加边股工艺，以便塑型。	头层皮 / 皮芯 / 皮纤 / 超纤 / 无纺布 / 高密度海绵 / 日本纸 /PE 胶板		
半定型 可参考图 4-10 右下款式	1. 包的底和围加托料，前后幅不加托料或者半托，体现皮质本身的柔软度。 2. 根据效果和手感需要选择挺度适中的托料。 3. 使用油边或车反工艺，以便塑造自然有型的形态。	头层皮 / 皮芯 / 皮纤 / 超纤 / 无纺布	棉布 / 帆布 / 羊皮 / 羊反绒 / 猪皮里 / 超纤 内里可以是活动做法，也可以是粘实做法	平车 /DY 车 / 高车 / 柱车 德国尼龙线 3、4 或 6 股，9 股突出工艺，18 股就要特种缝纫机，里布 3 或 4 股
软包 图 4-10 左下款式	1. 无托料做法，只有面料和里料。 2. 车反压线，即面料从反面缝纫组合。 3. 油边搭车，即面料边缘油边，在正面上下搭接缝纫。	人造棉		
胶水	1. 万能胶 / 黄胶，树脂胶，是黄色液态粘稠状，在短时间内形成良好的强大粘力，用于永久性固定的部位。 2. 粉胶 / 汽油胶，淡黄色或白色，用于材料缝合前的折边和定位，半固定胶，用于需暂时粘合的部位。			

表 4-11 PU 包袋的制作工艺与辅助材料运用一览表

<table>
<tr><th>造型
特征</th><th>制作工艺</th><th>托料</th><th>里料</th><th>机器设备
缝纫线</th></tr>
<tr><td>定型包</td><td>1. 整个包体都需要加托料。
2. 根据效果和手感需要选择有挺度的托料。
3. 增加边胶工艺，以便塑型。</td><td>无纺布 / 回力胶 / 泥胶 / 杂胶 / 路华里 / 海绵 / 人造棉 /PE 胶板</td><td rowspan="3">尼龙 / 涤纶</td><td rowspan="3">平车 /DY 车 / 高车 / 柱车

国产尼龙线，3、4 或 6 股，里布 3 或 4 股，更便宜的用棉线，但牢固性较差。</td></tr>
<tr><td>半定型包</td><td>1. 包的底和围加托料，前后幅不加托料或者半托，体现皮质本身的柔软度。
2. 根据效果和手感需要选择挺度适中的托料。
3. 使用油边或车反工艺，以便塑造自然有型的形态。</td><td>无纺布 / 回力胶 / 泥胶 / 杂胶 / 路华里 / 海绵 / 人造棉</td></tr>
<tr><td>软包</td><td>1. 无托料做法，只有面料和里料。
2. 车反压线，即面料从反面缝纫组合。
3. 油边搭车，即面料边缘油边，在正面上下搭接缝纫。</td><td>人造棉</td></tr>
<tr><td>胶水</td><td colspan="4">1. 喷胶，用全自动喷胶机将胶水散着射出并使附着在物体上的方法。初粘性强、速度快，使用方便，喷着面较大，可提高工作效率。被粘物可以方便地揭下并重新粘贴，是大批量生产中低档产品时常用的粘合方法。。
2. 粉胶 / 汽油胶，淡黄色或白色，用于材料缝合前的折边和定位，半固定胶，用于需暂时性粘合的部位。</td></tr>
</table>

表 4-12 布料包袋的制作工艺与辅助材料运用一览表

<table>
<tr><th>造型
特征</th><th>制作工艺</th><th>托料</th><th>里料</th><th>机器设备
缝纫线</th></tr>
<tr><td>半定型包</td><td>1. 在布料下面复合合适厚度和挺度的托料。
2. 在面料和里料之间多加入一层托料，以增加产品造型的立体感。</td><td>海绵 / 人造棉 / 回力胶</td><td rowspan="2">涤纶 / 尼龙</td><td rowspan="2">平车。

国产尼龙线，3、4 或 6 股，里布 3 或 4 股，低档包袋会用棉线，但牢固性差。好处是棉线与布料更匹配，不起皱，反而尼龙线车布包容易起皱。</td></tr>
<tr><td>软包</td><td>无托料做法，直接将面料和里料缝合在一起。</td><td>无</td></tr>
<tr><td>胶水</td><td colspan="4">1. 万能胶，树脂胶，黄色液态粘稠状，在短时间内形成强大粘力，用于永久性固定的部位。
2. 喷胶，用全自动喷胶机将胶水散着射出并使附着在物体上的方法。初粘性强、速度快，使用方便，喷着面较大，可提高工作效率。被粘物可以方便地揭下并重新粘贴，是大批量生产中低档产品时常用的粘合方法。</td></tr>
</table>

从表中可以看出，PU 包袋的制作工艺是沿袭真皮包袋的。但在辅助材料的选用上则有明显的差异，选择不同的类型，主要是为了与不同面料在制造性能、品质和价格等方面进行匹配。比如头层皮、皮纤（碎皮角料等粉碎后压制成）、皮芯（植鞣皮革的二层皮）都是品质较好、价格也较高的托料，具有弹性好、贴合性好、耐用性强，造型柔韧不易变形等优质性能，比其他托料的塑型效果要好得多。因此一般可用于高档箱包产品的托料。如果用于 PU 革包袋，那么一来增加成本，造成零售价也随之增高，从而出现不符合产品档次的问题。二来 PU 革革面本身相对真皮也是比较硬挺的，缺乏弹性和柔韧度，所以再好的托料也不可发挥出很好的塑型作用。

定型包和半定型包的制作工艺相对比较复杂，每一个部件都要单独进行烦琐的刷胶、粘合、折边粘托料等工序，之后再缝纫组合，工序多、手工程度高。近些年国际奢侈品品牌的定型包和半定型包的制作工艺有越来越简化的趋势，一般直接将面料与托料、里料进行复合成一体性的材料后（用万能胶粘，小批量材料的复合用手工操作，大批量则用机器复合制作），再裁剪和直接缝合成包体，边缘刷边油，不仅降低了制作难度，而且包体内外非常干净利落，使用体验感也更加舒适。

大多数布料包袋的样板，结构比较简单，零部件较少。因此制作工艺是比较简单的，缝纫加工设备一般只有平板缝纫机即可。除辅助材料比较简单和低廉之外，也较少使用托料。布料包袋制作最大的特点就是直接缝纫的时候多，台面操作工序少。这是布料包袋的一个风格特征，在材料使用和工艺制作上就是要保持随性、简洁、实用、休闲、朴素的特点。如果为了提升档次和增加精致的设计细节，也可以搭配一些真皮或者高品质的 PU 革。

3. 箱包材料设计能力的进阶

3.1 初级阶段

设计师对于材料设计运用的初级阶段，要求达到基础应用能力，即准确、完美地把控各种材料的物理性能和审美特性。

不同功能、造型和风格的箱包，由于受使用目的和环境等综合因素的影响，都会对材料有不同的要求。比如运动户外背包选取轻便耐磨的涤纶和尼龙是最适合的，而采用天然皮革制作的箱包款式则要通过设计尽量展示出材质的品质感和特点。光面皮的皮面平整轻薄、毛孔细小、皮面细腻、光泽感强，最适合设计制作定型包，挺括的造型和平整的幅面有利于展示高贵华美的皮面质感；而厚实柔软的大荔枝纹皮革，就更加适合设计制作廓形随意的中大型软袋。因此，设计师要精准把握材料本身的特征，并在不断的设计实践中，掌握不同材料的设计表现方法。设计师应该多花精力去了解各类材料的基本属性和设计表达特性，去市场查看新材料的动向，多去参观专业展会，多看多搜集资讯。设计师有机会要深入实际的材料生产工厂参观和学习，和技术人员交流，加深对于材料性能的把控，通过日积月累的材料实践，逐步建立起一个素材库，掌握获取材料信息和样品资源的有效渠道，以提高设计开发效率。

3.2 进阶阶段

第二阶段，对于材料设计元素具备进阶设计能力，即打破常规，对材料进行个性化、创造性地运用和表现。

能够准确把控材料的物理性能和审美特征，选择恰当的材料，只是达到了材料应用能力的初级阶段。成功的箱包产品，往往都离不开设计师对常规材料的再设计，以及对材料特质的深入挖掘和个性化的运用。他们会赋予常规材料以全新的使用性能和审美风格，从而达到意想不到的设计效果。在箱包设计中有很多材质与产品相互成就的例证。我们熟悉的意大利箱包品牌普拉达在 1985 年推出的黑色尼龙背包（图 4-46），就是首次在奢侈品皮具品牌使用普通材料并获成功的设计案例。这种黑色防水尼龙材料虽然问世已久，但一直用在降落伞之类的工业产品上，从来没有人想到过将其应用在服饰品中，更不用说在奢侈品中露面了。设计师当时正在为出现危机的品牌寻找一条创新与突破之路，也可能是偶然发现了这种质地轻盈、结实耐用的材料，正好契合了设计师要重塑一个年轻品牌的需求，因此大胆选择了这种面料。可以说，尼龙材质给了普拉达品牌一次重生的契机，使其开辟出了奢侈皮具品牌设计的年轻化道路。而普拉达品牌设计师对尼龙材料的创造性运用，成功地挖掘出了这种工业材料的设计美感，使其一跃成为现代箱包产品常用的高端面料。

3.3 创新阶段

第三阶段，设计师要开发出对于材料的高级创意能力，即从创造新材料开始进行产品设计。

随着设计能力的提升，很多设计师不再满足于只是被动地选择现成材料做设计，而是会尝试从创造全新材料开始做设计。回顾箱包的发展历史，我们会发现很多知名品牌的创建也是建立在材料创新的基础之上。20 世纪 50 年代，美国旅行箱品牌新秀丽制造出首款 ABS 材料的轻型手提旅行箱，替代了木制框架和皮革的材料组合，为大众创造出更加轻量和具有现代技术美感的旅行箱，从而奠定了新秀丽品牌在现代大众旅行箱包产品中的引领地位。意大利芙拉（FURLA）品牌最早推出的果冻包，是采用天然橡胶经特殊技术一次压制成型的新材料制作出来的。这种新材料不仅具有糖果般甜美亮丽的色彩和富有弹性的质感，还有防潮、防水、易打理、环保耐用的优异使用性能。正是因为果冻包的成功创意，原本只是在意大利国内处于中端档次的芙拉品牌，在奢侈品强手如林的市场上开创了自己的新领地，一跃成为国际知名的箱包品牌，而且还带动起一种新的潮流趋势，具有果冻感的各种材料从箱包拓展到服装、鞋子、配饰品等各类时尚产品中。

图 4-47 是近几年国外研发成功的“菠萝皮革”和制作的鞋包产品。发明人是西班牙的 Carmen Hijosa 女士。虽然她是皮革行业的资深从业者，但是在 60 多岁的年纪，还能够勇敢跳出自己熟悉的行业，去全力研发制造全新概念的植物材料。随着菠萝皮革材料的不断成熟，并随着可持续设计理念的深入人心，皮革制品的设计理念和审美趣味也会随之发生转变，很有可能带动箱包服饰类产品进入下一个新时代。

材料是设计师的创意构想得以完美落地的物质基础，而制造技术则是实现落地的转化桥梁。材料与制造技术之间也是制约、联动和支撑的关系，选择某种材料，则在很大程度上选择了某种制造技术。未来的新材料可能来源于我们从来没有关注到的各个领域以及各种物质形态，材料的改进和创新研发是未来制造业最重要的产业创新趋势之一。而创造全新的材料就可能意味着颠覆现有的制造技术，创造出一整套新的生产模式。这往往是摆脱同质化产品竞争、突破传统产品格局，获得全新产品形态最有效的设计开发手段。

图 4-46

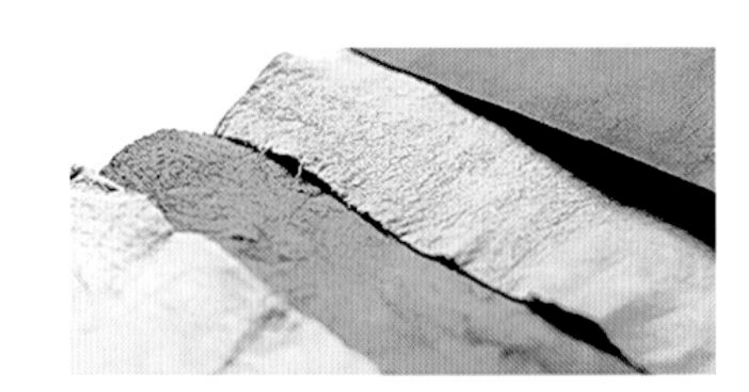

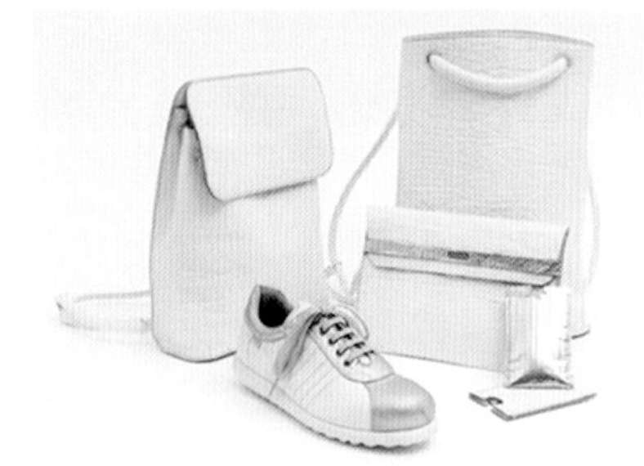

图 4-47

注释

1. 刘晓刚，李峻，曹霄洁，蒋黎文 . 品牌服装设计 [M]. 上海：东南大学出版社，2015:84.
2. 同上，2015:93–94.
3. 白坚 . 皮革工业手册——制革分册 [M]. 北京：中国轻工业出版社，2000:8.
4. 科学家研发真菌“皮革”替代材料 [J]. 皮革与化工 ,2020,37(05):20.

4. 教学案例 10：新材料和新审美趣味

箱包材料本身的创新设计环节会放在产业链上游的原材料制造企业去完成，一般箱包品牌的设计师只能去被动选择现成的材料。随着市场竞争日益激烈、产品越来越丰富，箱包的款型、功能、细节等方面的创新难度也越来越大，因此选用更先进、更有特色的新材料成为打破商品同质化的一种有效的创新手段。箱包制造商和品牌也会与上游企业加强联系，参与到新材料的研发和设计环节中，通过制造具有品牌特色的独一无二的材料，来获得市场占有率。未来设计师的工作范围也会越来越大。因此教学中要关注新材料的制造技术和发展趋势，适当加入新材料设计和实践训练内容，进行材料的概念设计。以学生的能力新材料研发较难落地，但可能会是一种有价值的创新概念和趋势。所以最重要的还是培养学生材料创新的意识、思维方式和实践动手能力。从材料的创新开始做箱包设计，会为传统的箱包款式带来全新的外观面貌，形成新的审美趣味，并进一步启发和激发我们的创造力。

5. 学生作业 11

学生：李尚伦

尝试将卡洛斯·科鲁兹－迭斯 (Carols Cruz–Diez) 的视错图案艺术运用到箱包的面料表面肌理设计中。将长条形进行视错排列，并通过颜色渐变营造视错氛围，使得数百根线条无一相同颜色。将这种极致图形艺术图案印刷在纺织面料上，之后与新材料 PET（光栅板）结合，制作出新的复合材料。这种材料可通过 PET 的立体呈现特性，使视错图案线条的空间关系更好地呈现出来。视错图案和裸眼 3D 光栅材料的大胆尝试和完美结合，将视错艺术视觉效果更为极致地展现出来。PET 的运用，使得视错图形艺术的立体错视效果更为绚丽多彩、变化更丰富、立体感更强。这种与传统皮革完全不同的新材料，传递出不一样的未来主义时尚感，给观者带来了一种全新的审美趣味和视觉感受。

图 4–48 是启发设计概念的灵感图片。图 4–49 是材料实验阶段的多个实验方案，上图的白色材料就是 PET，下图是表层的视错觉图案设计和印刷的多个实验方案。图 4–50 是最终实验成功的复合材料。从不同的角度看具有多变的视觉效果。图 4–51 是其中一款小型手提包的实物图片。图 4–52 是模特展示整个系列的四个款式的照片。这个设计课题是学生在 2014 年完成的，是更偏向于新材料概念开发的设计课题。单从材料本身的技术层面可能已经不够新颖，但是从箱包视觉效果来看，仍然具有积极的创新价值和独特的审美趣味。

图 4-48

图 4-49

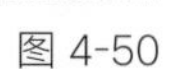

图 4-50

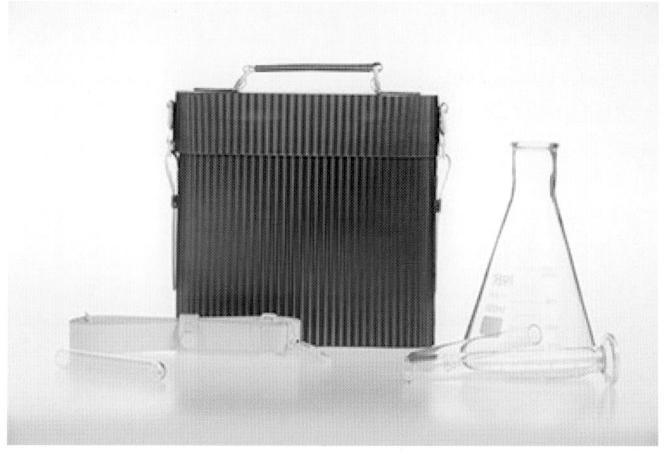

图 4-51

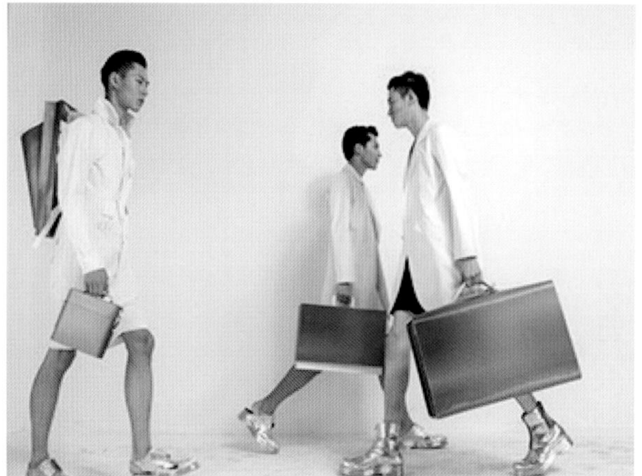

图 4-52

6. 总结与思考

本章主要对设计元素的概念、内涵以及应用方法进行讲解。

第一节是本章学习内容的核心部分。在普遍性的产品设计元素概念和内涵基础上，结合箱包的产品特征和设计规律，将箱包的设计元素划分为10种类型，首先对其表现形式和特征、设计作用和显示度进行详细阐述，接着对每个类型进行分类与分级。任何一件产品都不是由单个设计元素构成的，而是由一群设计元素通过一定的组合方式形成的。即使是相同的一组设计元素，采用相同的组合方式，一旦这组设计元素产生形态、量态等级别上的变动，就必然会引发外观风格产生不同程度的微妙变化。学习掌握本节讲述的研究方法，有助于设计师辨别设计元素的复杂内涵和变化规律，有利于在产品风格塑造过程中根据设计意图有的放矢地选择相应的设计元素进行组合。

第二至第四节的内容是对造型、色彩和材料三大设计元素的基本属性和应用方法进行讲解，并用大量的设计案例辅助说明。既从设计元素的共性原理层面进行普遍性分析，又从箱包设计实践中归纳提炼出大量具体实用的设计方法和经验。这三节的文字和图片内容较多，涉及的概念、原理和方法也很多。需要学生们在今后的设计练习中主动去运用和思考，不断提高自己对于设计元素的认知和把控能力，创造出新风格。

可以结合本章内容做如下练习和思考：

1. 请在课后有针对性地搜集图文资料，做一个调研作业：找到分别以造型、材料、色彩为产品设计亮点而获得市场与用户追捧的箱包产品，分析其创意灵感和设计思路，并结合当时的市场、流行趋势等背景因素，解读其设计成功的原因。

2. “国潮”风格是近些年备受关注的一种设计创新形式。不同的“国潮”品牌在设计元素的运用上有很大差异，风格的内涵也各有侧重。请在市场中选择一些具有“国潮”风格特色的箱包品牌，对比分析这些品牌在设计元素的选择和运用等方面的异同和创新点。

第五章

创意思维与设计方法

第一节　创意与设计

创意与设计是人们经常谈论到的词汇，一般情况下人们并不会去严格划分这两个概念的区别。两者非常相同，而且互相融合、关系密切。但是在某种语境下两者又不能互换。人们在评价广告时，最高评价就是说这个广告很有创意，创意很大胆、很巧妙等。对有些广告则会说虽然设计很精美、制作也很精良，但是创意不好。当教师在评价学生的设计作品时，经常说会这个设计很新颖、很有创意或创新性很强。但不太满意时，就可能会说这个设计比较完善，但是缺乏创意，没有创新性、比较陈旧。可见创意与设计在内涵上还存在着一定的差异。在不同行业以及设计工作的不同阶段中，两者的重要性和彰显度有所不同。

1. 创意的定义

对于创意的认识，人们一般都会认为是一种灵光闪现的思维状态，比如可称为点子、思想火花、创新想法等。从字面含义上，就可以理解为“创意即创造新意，创意首先是一种思维方式和思维成果，也就是一种不平凡的、富有创见性的思维方式和一种新鲜的、新奇的思维成果。创意通常具有四大思维特征，即冲击陈规、逆反常规、挑战平庸和打破同质。”[1]创意的出发点表现为打破常规的哲学思考。对传统理念进行挑战，进行叛逆和颠覆，并建立起新的面貌和机制，即破旧立新，不断开创新纪元。

创意概念从理论层面上归纳，包括三个层面的含义：宏观创意、个体创意和应用创意。贺寿昌在《创意学概论》这本书里谈到，宏观创意泛指一切可视的创作现象，包括文学艺术、日常生活在内的人的生活方式，即人的文化存在的样式。宏观创意与文化、文明相联系的。而个体创意是指个人的创作，也就是个人的情感、灵感、直觉、想象、才情、智慧等通过各种创意作品进行自由的倾泻。如果这两者相联系，又相对有所超越的就成为应用创意。这种创意不再单纯限于个人的欣赏和品鉴，是与产业目的相联系的，使创意走向产业，实现产业化。[2]

应用创意依赖于个体创意，但其意义和价值又超越了个体创意，并且最终可能会成为宏观创意的内容。个体创意如果仅仅停留在为了满足个人爱好、彰显自己个性的层面上，不能很好地应用到产业中，就不能发挥出其创新的价值。所以现代社会中的应用创意起到重要的桥梁作用，可以促使有创新价值的个体创意通过高效的产业化运作推向广泛的市场，让更多人感受到美好和生活质量得到极大提升。这时的个体创意就超越了自我欣赏的境界，产生了巨大的社会贡献和影响力。很可能改造历史，为一个地区、国家、民族，乃至全人类创造新的文化和文明史。比如现代女性胸衣是为女性着装舒适发明的，最终将西方女性从铠甲一样紧固的胸衣中解放出来，为女性带来了身心的解放。但这个大胆的发明如果没有批量化的生产化，也不会在全世界广泛传播，造福现代社会中的大部分女性。

1998 年英国政府成立的创意产业特别工作组指出创意产业是“源于个人创意、技巧与才华，通过挖掘和开发智力资源以创造财富和获得知识产权认可。”[3] 这个定义首先明确了个体创意的重要性，对于其他两个创意层面起着决定性和基础性的作用，发挥着巨大的能量。因此，尊重和鼓励个人创新意识的养成，为个体建构能够充分施展创造力、技能和才华的宽松环境和机制，是发展创意产业的前提条件。正是因为不同的个体具有丰富多样的创意表现，才能使我们的产品、行业和社会多姿多彩。

当个体创意运用于产业中，便转化为应用创意，形成了创意产业经济。通常现代创意产业包括广告、建筑艺术、表演艺术、艺术品、时尚设计、影视音像、电视广播、互动软件等，甚至还包括体育产业、旅游业、会展业、美术馆等。创意活动通过产业的结果，如日常用品、时装、时尚鞋包、生活居室、出行娱乐、影视广告等各种物理载体和文化艺术形式，体现出深入人心的人性化和独特的吸引性、新奇感，不断带给人们惊喜和意外的美好体验，同时也为创意产业带来丰厚的利润。

2. 创意与设计的关系

创意与设计，描述的都是一种带有创新、创作、策划、规划等性质的思维活动，并没有本质的区别。但是其内涵所指不是完全相同。可以这样理解创意与设计的关系：创意是通过具体的设计形式来表现，设计中包含不同含量的创意；比较新颖的设计中一定包含了较明显的创意成分；设计是创意进行具体转化的手段，通过设计的理论和方法，使创意概念落实到产品中得以体现。由此可以更加深入地理解创意与设计，那就是创意相对来说更指向人们精神文化层面的感受，是产生耐人寻味的趣味和丰富寓意的思维结果，更加富有艺术性；而设计的含义更加丰富，是技术与艺术的结合体，其中包含着创意的成分，但也包括了与设计元素（色彩知识、形式美法则、造型原则等）的应用、产品属性、功能材料、制造技术，以及用户需求、市场营销、社会趋势等更多关联主客观资源条件的务实成分，更加具备理性和科学属性。所以，创意这个词语更多地用于广告传媒、影视制作、纯艺术等产业中，而设计这个词语则多用在务实的产品制造产业中。对现有产品外观进行一般意义上的调整、修改、改良及完善，对整体造型进行装饰美化，或者改良性能、对局部细节进行升级改变等，都可以认为是属于一般的设计活动。

但是不言而喻的是，无论哪个行业的设计行为，创意都是设计的核心要素和亮点，创意的含量决定了设计新颖度的表现，影响着对设计结果在艺术价值、经济价值和社会价值等方面的评价。创意思维在新产品设计开发之初就要渗入，设计工作则在其后展开。并且设计要以新的创意概念为核心，以更加完美精准地表达创意概念为准则来进行色彩、造型、材料、技术等元素的组合安排。没有一个好的创意引导，设计的表现会乏善其陈，难以焕发出新的活力。而在创新概念的驱动下，设计活动也必然会突破常规，激发设计元素的重新组合，塑造出全新的形式感。在供大于求的现代社会，随着产业升级发展和市场的激烈竞争，大众对于产品设计的要求也越来越高，对常规产品进行外观简单的美化设计已经不能满足消费升级的需求，独特而有趣的创意才是设计最有价值的内核。图 5-1 是一款成型方式非常独特的手包。其改变了包体成型的材料和组合方式，不是在工厂中把不同部件缝纫起来，而是运用参数化设计软件进行一体成型设计和打印，并由使用者自行完成立体造型，创造出一种全新的外观风格，可以称为创意程度极高的设计。图 5-2 是一款比较常规的手包，整体设计也是比较完美的，装饰细节有新颖性。但是产品风格比较传统保守，从创新角度上，创意成分的含量要低于前者。

现代品牌企业在新产品开发的过程中，创意活动可以包含在产品概念规划、设计环节、研发环节、销售环节、制造环节等大部分环节的工作中。但是创意工作内容是分量最大、作用最为重要的工作环节，还是在产品概念规划，由品牌总监或者设计总监等职务人员，在进入具体的产品款式设计之前完成。新产品开发的概念创意在先，形成设计方向和核心设计要素来引导整个设计流程，把控着后续其他环节的方向。首先由设计总监根据企业、市场资源条件，以及品牌一贯的定位，结合趋势发展和个人的专业性进行判断、创意，从新一季品牌产品创新的各个方面进行整体规划，尤其是要提出关键性的创新要点。之后传达给设计部门进行理解、吸收和转化，制作出可落地的、更加具体的新产品设计企划方案。再根据企划方案给出的设计定位和框架，设计元素组合、原则性和建议性的指导意见，最终完成具体的产品款式设计。作为品牌的产品设计师，必须依据设计总监、设计部门的创意要点去开展相关领域的调研和灵感搜寻，在此基础上融入个人的艺术个性，最终做出符合要求的设计款式。由于新产品开发的类型和目标的不同，这个流程也会有所改变，有不同的侧重环节，我们会在第六章再详细阐述。

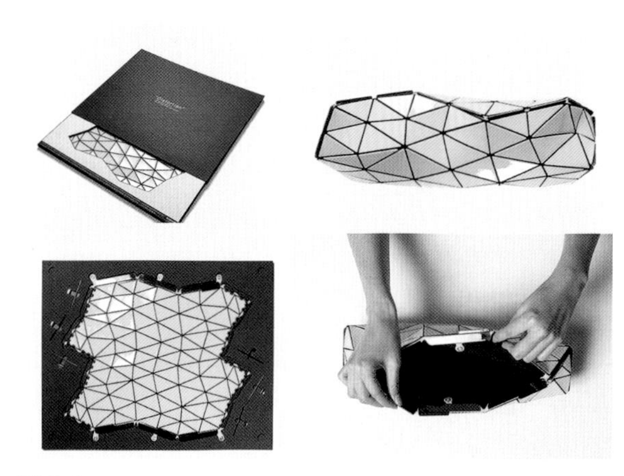

图 5-1

图 5-2

3. 创意的类型

根据创意来源的不同，可以将创意分为模仿性创意和原始性创意。

所谓模仿性创意，就是来源于某一现有事物，根据被模仿对象进行修改或再设计，含有明显的参照痕迹。中国近几年各个电视台比较成功的一些综艺节目，在初期都是在模仿韩国综艺节目。比如中国版的《奔跑吧，兄弟》和韩国的*Running Man*有着异曲同工之处。随着节目的不断推出，中国版的《奔跑吧，兄弟》也加入了更多有中国特色的内容，受到了中国电视观众的喜爱。但无论如何，这也是一档模仿成分很大的综艺节目，其核心创意无法摆脱韩国综艺节目设置的规则和套路特征，所以不能称为自己的原创节目。而原始性创意强调设计应包含原发的、初始的创意特征，只要该设计具备前所未有的表征，就应该被看成是原创的。中国上海美术电影制片厂于 1961 年至 1964 年制作的彩色动画长片《大闹天宫》是一部中国动画电影发展史上的鸿篇巨制，被誉为是对中国文学古典名著《西游记》最好的动画版诠释，将存在于文字中几乎所有的神仙鬼怪，第一次用动画的方式塑造出来，使之有了生动具体的形象。图 5-3 是中国邮票上动画片中的孙悟空形象，是由中国现代设计艺术和商业美术的代表人物张光宇先生进行的原创设计，堪称中国动画历史上最成功的形象塑造。其身体形态、服装、神情、色彩等都成为经典的原创形象，活灵活现的形象一经推出就受到了人们的喜爱。后期中国和国外很多艺术形式的孙悟空形象，多数都是在这个经典形象的基础上进行变化的。

原创性创意是发明人在创造力、技能和天赋的基础之上，历经冥思苦想、付出大量心血才获得的成果。所以原始性创意是非常难得的。但百分之百全新的产

图 5-3

品几乎是不存在的，原始性创意也并不是完全没有模仿前人的成分，只是创新性成分更多、更具有决定性作用。市场上大部分的产品中都多多少少会有模仿的成分，模仿前人、竞争者等。当然，模仿优秀的设计也是学习发展的必然过程。但模仿性创意中参照痕迹过多，参考就变成了抄袭。国内很多以 OEM 制造模式起家的企业，初创多是以抄袭和模仿国内外知名品牌的原创设计为主。但是有很多企业已经发展到一定规模，创建了自己的品牌后，仍然继续做着隐形的抄袭行为（就是所谓的改版），而不是自觉加大自己的原始性创意成分。很多企业一直都是拿来主义，自身从来不设立设计研发团队，从来没有为一个好的创意去付出大量心血、金钱和时间。还有一些企业是深知原创性创意设计的不易，所以不愿付出前期的研发经费和精力。如果每个企业都模仿抄袭市场上的原始性创意，而不为市场贡献新鲜的创意，那么产品同质化现象就越来越严重，企业互相之间只有恶性竞争，只能通过价格战来争夺市场，而没有互相学习和共同进步的良性发展状态。大家的利润都越来越少，整个行业的发展就永远处于低水平竞争阶段。

模仿性创意虽然由于没有投入研发成本而可以在短时间内快速带来巨大的经济利润，但却永远无法成长为知名名牌或者产业领头羊，也无法承担起本行业、本地区乃至国家、民族和整个人类社会创新发展的引领职责。比如国内一些电商平台发展初期，所谓爆款，多是单价非常低廉的仿版产品。消费者只是为了满足追逐最新潮流的心态，还不需要个性化的产品。但是随着中国消费者的经济收入、消费能力和审美意识的迅速提升，这些低价产品逐渐失去了光环，反而很多原创的设计师品牌逐步得到了前所未有的关注。

原始性创意的价值也并不完全是由经济利益来衡量的，设计师的社会责任也不仅仅是为企业创造财富。当一个原始性创意能给用户带来超出意外的美好感受，当用一个巧妙的小创意提升了低收入人群的生活品质，或者通过技术创新使失传的非遗技艺重新焕发了生命力等，无论对于原创者还是受用者，都已经超越了物质层面的满足，具有了人文价值和精神意义。图 5-4 是设计师 Kenton Lee 为非洲儿童设计发明的一双“会长大”的鞋子。创意源头来自设计师 2007 年在肯尼亚的首都内罗毕街头看到的没有鞋子穿的非洲小女孩。这双儿童凉鞋虽然只有大码和小码两个款，但有 5 个尺寸调度，可以满足各种不同的脚型，而且一双至少可以穿五年！这种经济实惠的鞋子让贫苦的孩子也可以在现有经济条件之下，买到比较舒适的鞋穿，从而提升自己的生活质量，带来美好舒适的体验。这双看起来很廉价的鞋子，却比为一个拥有几十双鞋的女士设计一双时髦的高跟鞋更有价值和意义。

图 5-4

4. 教学案例 11：原创箱包命题设计训练

做原创设计是每个设计师的理想和目标。纯粹从原发的角度，每个设计师都有自己的艺术个性和独特的阅历、对事物不同的观察和联想，会产生很多完全个人化的奇思妙想，这是原始性创意的根基。但是这些个体的创意最终是否能够转化成具有创新价值的原始性创意还是有不确定性的。要看它是否能取得一定数量的用户群体的认同和喜爱，是否创造出了新的审美趣味和功能，具有积极的行业或社会创新意义，以及是否可以成功转化落地为实际的产品等各方面的评价。因此，并不是别人没做过的、个性化的原发想法就一定是原始性创意，而是需要得到用户、市场和社会各个层面的认可。初出茅庐的年轻设计师，总是会有很多个人化的、大胆新颖的创意，但是往往由于过度关注自我表达，缺乏与社会的融合度而得不到用户的认可。如果不能及时找到问题所在，久而久之其原发创意的亮点得不到发挥，原创心态就会慢慢被磨灭。还有很多设计师一直习惯于随波逐流，以模仿别人的原始性创意为手段，以短期商业利益为目的。只是对产品外表做一些容易出效果的改良，做一些看起来很好看，很流行，但是没有自己的原发思想和新意的设计。

因此，在学校的设计类课程中，教师始终要对学生提出做原始性创意的教学要求。可以通过引导学生观察自己身边的生活状态、箱包的使用问题、技术发展、社会热点、市场趋势等，找到真实的设计研究课题。越是新鲜的、有感而发、有的放矢的问题，越容易激发原创思维的产生。教师要及时引导学生的思考方向，使其从个人感受上升到群体、社会等更高认识层面。由于学生各方面能力所限，可能不会获得很完美的创意方案。但是结果并不重要，重要的是让学生全身心地投入到为真实世界而设计的实践过程中，体会到做原始性创意的满足感和价值感，树立自信心。

5. 学生作业 12

学生：高月霞

本次设计命题是基于可持续设计理念的时尚包袋设计研究。高月霞同学通过对于可持续发展观和设计方法的研究，意识到现代设计是解决整个系统问题的源头，时尚包袋设计师必须在设计之初就考虑到整个生命周期的每个环节的可持续性，并使产品在生命终结后资源实现回收循环再利用。在此理念的基础上，联想到自己日常生活中箱包收纳不便、占据很多空间的现状，以及箱包丢弃后材料无法降解或无法拆解后进行回收等非环保的问题，于是她着手进行调研和思维发散，最终以使用环节的用品阶段和废弃后的回收阶段作为设计关注焦点，做出了一系列可折叠箱包设计。

首先包袋全部采用可降解的天然材料。面料采用环保的竹纤维，辅料用原竹手挽和原竹竹片。减少五金配件的使用，只使用了拉链头和抽拉扣，而且安装简易，用户可以自行拆解下来进行回收处理。竹纤维被称为世界第五大纺织材料，具有结实耐用、透水透气、抗菌抑菌、天然环保可

图 5-5

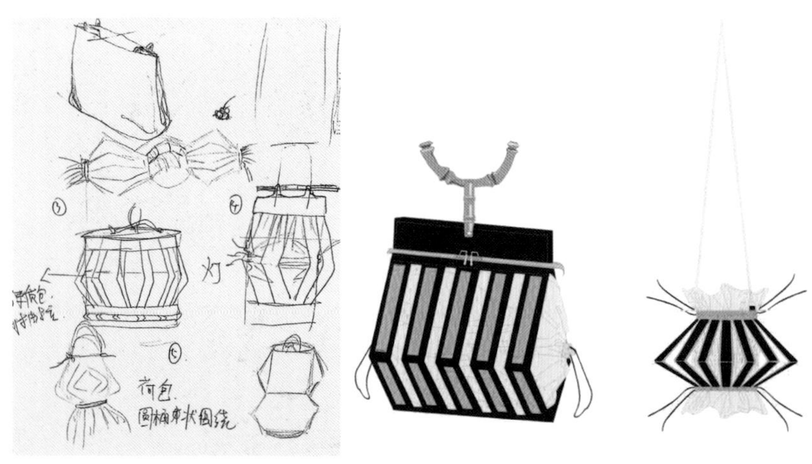

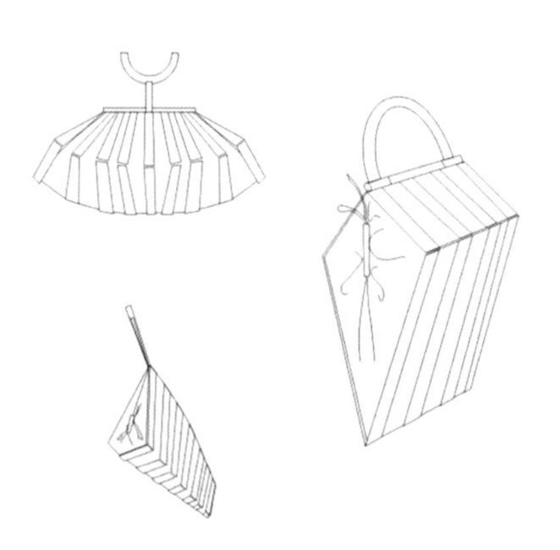

图 5-6

图 5-7

再生、可自然降解等优点。而且竹子生产速度快，无须消耗生产资源，是非常符合可持续设计需求的优质材料。中国是产竹大国，竹子可就地取材，加工成型技术也比较简单成熟。

其次，借鉴中国传统灯笼的折叠结构设计，由竹子作为骨骼支撑来固定竹纤维面料。通过固定在前后幅的竹片支撑，以及侧面抽绳控制侧墙的伸展和收缩来实现包袋平面和立体的转换。使用时撑起来成为圆体，不用时可以折叠成平面形态，方便存储。这种结构的创新设计，既解决了用户箱包收纳的空间问题，也探索了一种全新的、更加灵活简便的构形方法。

最可贵之处在于，学生在做本项目过程中思维逐步跨越了对产品本身的过度设计，关注到了中国竹子这种原材料的可持续性价值和未来巨大的发展潜能。作为中国的包袋设计师，应该最大化地挖掘利用本土优质材料，结合材料特征和中国人朴素实用的环保节约理念进行创新设计，才能塑造出不同于欧洲皮具形制的，具有中国文化内涵和审美趣味的可持续产品。

由于其创意点非常独特，设计思路完善，具有较显著的原创性和可落地性，已经获得国家知识产权局授权的实用新型专利。实用新型专利名称为：一种手提包袋，专利号：ZL 20182 1504966.9。图 5-5 是学生选用的竹纤维面料，图 5-6 是设计构思草图，图 5-7 是制作实验过程，图 5-8 是最终制作完成的箱包作品，分别为盛放物品和折叠收藏时的两种造型变化形式。

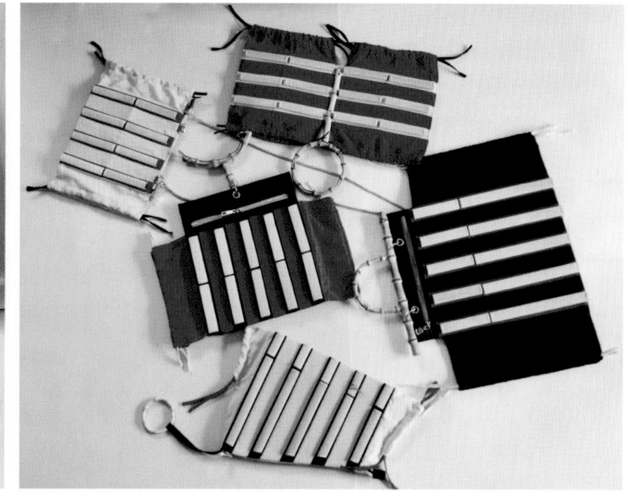

图 5-8

第二节 创意思维的形式

好的创意一定是创造性强的，并且是新奇的、惊人的、挑战常规和惯例的，同时又是具有一定依据和可实施性的。如果不能大胆冲破现有产品的束缚，以改造陈规旧例、构建新的产品内涵和创造新的潮流为目标，就不可能设计出全新的产品。但如果不考虑实施条件、社会基础和受众需求，没有积极的社会引导作用，也不能称为好的创意。所以，创意的属性是复杂的，创造性思维的过程是多种思维方式的高度交集和融合。既以感性为基本特征和外化形式，又以理性作为内在的指导和原则。同时，在创作和欣赏过程中表现为无功利性，但在进入产业和商业领域中则体现出强烈的功利性。

人类的创造性思维是在抽象思维和形象思维的基础上相互作用发展起来的。抽象思维和形象思维是进行创造性思维活动时的基本形式，除此之外，人类的创造性设计形式还包括扩散思维、集中思维、逆向思维、分合思维、联想思维等多种思维形式。在创意过程中，不同的思维方式有不同的使用阶段和作用，并适合不同的创意设计类型和目的。本节将选择几种基本的思维形式进行简单阐述。在设计实践中可以根据具体的情景有意识地选用恰当的形式来提升创意的效率和优化创意的成果。

1. 形象思维

形象思维是用直观形象和表象解决问题的思维，其特点是具有形象性。

利用已有的表象解决问题，或者借助于表象进行联想，通过抽象概括为新形象时，这种思维过程就是形象思维。表象即直观的形象元素，如形状、色彩、线条、肌理、结构、声音等具体的视觉、听觉等元素。形象思维也称“艺术思维”，是作家、艺术家、设计师在创作过程中对大量表象进行高度的分析、综合、抽象、概括形成典型性形象的过程。形象思维是认识和反映世界的重要思维形式，离开了形象思维，所得到信息就可能只是间接的、过时的甚至不确切的，任何人都很难以做出正确的决策。因此即使在自然科学研究中，科学家除了使用抽象思维以外，也经常使用形象思维。形象思维具有以下特点：

1.1 形象性、直观性

反映的对象是事物真实的、整体的、具体性、细节性的形象，因此必须要基于形象出发，再最终进行转化，形成新的形象。思维形式是意象、直感、想象等形象性的观念，其表达的工具和手段是能为感官所感知的图形、图像、图式和形象性的符号。比如很多发明创造都建立在对前人或自然界的形象的模仿基础上，如模仿鸟发明了飞机，模仿鱼发明了潜水艇。

1.2 非逻辑性、灵活性

形象思维不像抽象（逻辑）思维那样，对信息的加工一步一步、首尾相接地、线性地进行。而是可以把几个形象合在一起形成新的形象，或由一个形象跳跃到另一个形象。形象思维是结合情感状态随机地进行艺术形式的创造，成果也是非常感性的。比如中国传统图案宝相花，就是集多种花型的特点整合而成的新形象；龙、麒麟等动物形象也是几种形象根据创作目标组合而成的。但是这种艺术形式的由来和结果，可能与创造者的个人艺术感觉、审美的偏好，以及创作时的随机性和情感状态有更多的关联性。因此，形象思维的结果有待于逻辑的证明或实践的检验。

1.3 粗略性、多义性、想象性

形象思维对问题的反映是粗线条的，是个体的感受和认识，因此形象表达也具有很大的灵活性，对问题是大体上的把握，通常用于问题的定性分析。所创造的结果形式融入了创作者个人的认知和情感判断等独特印记。而观者在看待这种结果的时候，也同样会带着自己的情感参与判断。比如同一片树叶，不同的人描画出来则一定会有差异，并且还会产生不同的绘图风格，甚至叶片形态也会有巨大差异。观看这片树叶的每个人也会加入自己的情感，形成对作品不同的解读。所以，这也是形象思维的特点和魅力所在，其创造结果具有多义性，目的是唤起观者自己的情感来意会似是而非的美感，而不是直接给一个具体确切的答案。

想象是思维主体运用已有的形象形成新形象的过程。形象思维并不满足于对已有形象的简单再现和模拟，它更致力于追求对已有形象的加工，而获得新形象产品的输出。所以，想象性使形象思维具有创造性的优点。这也说明了一个道理：富有创造力的人通常都具有极强的想象力。图 5-9 是灵感来源于穿山甲的一款背包，来自创意品牌 Cyclus Pangolin。这款包融合了仿生学设计方法，包面借鉴穿山甲背部的鳞片

状构造和开闭方法，并结合背包的使用性进行了合理的简化变形，并采用壳式结构，开合时通过转轴将鳞片状部件推开重叠在一起，开合度很大，收纳非常便捷，造型和结构设计都很有新意。

图 5-9

2. 直觉思维

直觉思维是指对一个问题未经逐步分析，仅依据内因的感知迅速地对问题答案做出判断、猜想、设想，或者在对疑难百思不得其解之中，突然对问题有“灵感”和“顿悟”，甚至对未来事物的结果有“预感”“预言”等都是直觉思维的表现。生活中人们会不假思索地运用它，比如你无须多回忆，就可以直接说出好朋友的名字，可以不假思索地辨别出狗和猫，这些都是直觉思维。在创造性思维活动中直觉思维也有着非常积极的作用，能够帮助人们迅速做出优化选择和创造性的预见。

直觉思维是一种“跳跃式”的形式，通过丰富的想象做出敏锐而迅速的假设、猜想或判断，省去了一步一步分析推理的中间环节。但这种一瞬间的思维火花，看似偶然，实际上是长期积累的一种升华。人们总是看到直觉思维产生的那一个辉煌时刻，对于灵感火花的闪现觉得很神秘和难以捕捉。但实际上直觉的产生不是无缘无故、毫无根基的，它是来自人的生物本能、已有的知识和经验的积累，是将前期积累的思维素材在潜意识中进行高度概括、分析，并经过逻辑思维认知和验证之后才形成了正确的直觉判断。只是这一切都是在头脑中高速运转而无法用语言表述出来而已。因此，获取广博的知识和丰富的生活经验是直觉强化的基础，同时也需要有意识加以训练和培养。比如在学校课堂上教师要给学生留出广泛调研的充足时间，充分调动学生跳出常规去预感、预言的积极性，鼓励学生大胆表达自己的多种设想，而不苛求结果的精准，以免挫伤学生直觉思维的积极性和直觉思维的悟性。需引导学生洞察事物的整体特质而不是纠结于细枝末节，激发灵感和顿悟，还要因势利导，善于发现荒诞中的合理之处和创新亮点，并在适当的时机提醒学生运用逻辑思维来进行验证。通过不断的训练，学生会逐渐掌握直觉思维的加工方式和基本规律，对自己的创意建立起自信心，从而能够有效的运用直觉思维并使其成为一种有效的创意方法。

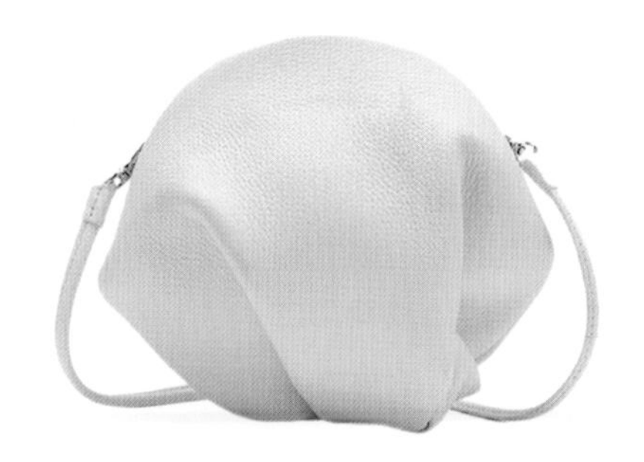

图 5-10

图 5-10 是中国原创皮具设计品牌素人 2021 年推出的一款小皮包。它的外观不是规规矩矩的造型，似乎是无意中在皮料上捏起一角扭转了一下。就像其官网上对产品的介绍所说的，是充满想象力的，表达对自由形态的追求和向往。这种自由形态的设计创意过程中，设计师个人的直觉思维和美感判断起到决定性的作用。可能因为设计师看到了一张被扭曲的白纸的形态与包的形状相近，或者源于本人喜好的艺术作品形式，而激发了灵感，产生了独特的美感，并凭借直觉思维快速地创作出了这个形态。

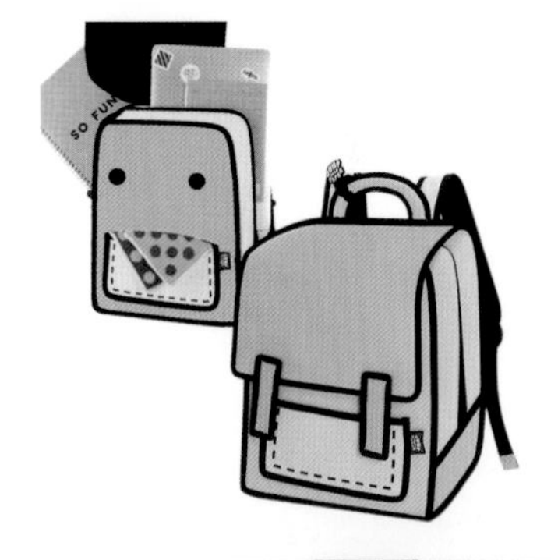

图 5-11

3. 逆向思维

逆向思维也称求异思维，是对司空见惯的似乎已成定论的事物或观点反过来思考的一种思维方式。

当从正向的常规思维角度无法找到解决问题的突破点时，倒过来思考，从结果推导成因，求解回到已知条件，反过去想或许会使问题简单化，难题可以迎刃而解。当常规设计思路和创意方向已经非常顺利成熟的时候，就可以尝试思维向对立面的方向发展，从问题的相反面深入地进行探索，树立新思想，创立新形象，这是一种创新者才有的意识，敢于“反其道而思之”。一个流行现象的终结和下一个潮流的开端，往往都符合逆向思维特点。一个流行现象极大发展到最盛行时就会铺天盖地，使人们很快开始厌烦。而往往终结它的多是正好相反的流行现象。比如超大廓形的服装和背包之后，合体版正的服装款型和迷你小包就会出现。图 5-11 是箱包品牌 Jump From Paper 的一款双肩背包。背包被称为二次元 3D 立体包。它们看起来就像是一个画上去的图，背在身上时，具有一种现实空间与平面插画同框的奇妙视觉效果。设计师利用透视的斜角线条来绘制出一个呈现立体深度的包体形态，然后再缝合成真实的背包。正常的包袋都会着重塑造立体饱满的形体，利用充满质感的面料和细节来展示真实的品质感和造型空间的存在感。但是 Jump From Paper 品牌的设计师则充分运用了逆向思维的方式，反而挑战人们的认知常识和视觉习惯，巧妙地利用了视错觉在 3D 空间里伪装 2D 样貌，用真实的材料去塑造一种不真实感，制造出让人迷惑的、颠倒的视觉判断。

4. 联想思维

联想思维简称联想，是人们经常用到的思维方法。是指人脑记忆表象系统中，由于某种诱因导致不同表象之间发生联系的一种没有固定方向的自由思维活动，是一种由一事物的表象、语词、动作或特征联想到其他事物的表象、语词、动作或特征的思维活动。通俗地讲，联想一般是由于某人或者某事而引起的相关思考，人们常说的“由此及彼”“由表及里”“举一反三”等就是联想思维的体现。主要思维形式包括幻想、空想、玄想。

联想思维能力越强，越能把意义上跨度很大的不同事物连接起来，从而使创造思维的格局变得海阔天空。与直觉思维一样，知识的积累、丰富的素养沉淀及实践阅历等，是联想思维的源泉和基础，很大程度上决定了联想思维能在什么广度和深度上进行。联想思维的形式包括以下几种常见的形式：相似联想，是指由一个事物外部构造、形状或某种状态与另一种事物的类同、近似而引发的想象延伸和连接。比如小说中用暴风雨比喻革命，用雄鹰比喻战士；相关联想，是指联想物和触发物之间存在一种或多种相同而又具有极为明显属性的联想。例如看到鸟想到飞机；对比联想，指联想物和触发物之间具有相反性质的联想。例如看到白色想到黑色；因果联想，源于人们对事物发展变化结果的经验性判断和想象，触发物和联想物之间存在一定因果关系。如看到蚕蛹就想到飞蛾，看到鸡蛋就想到小鸡；接近联想，指联想物和触发物之间存在很大关联或关系极为密切的联想。比如看到或听到蝉声就联想到盛暑，看到大雁南去就联想到秋天到来等。

图 5-12 是一款在网络平台上销售的多功能户外背包伞，将一把遮阳伞设置在背包内部，在徒步远足、登山、骑自行车等户外运动场合下，可以起到防晒、降温、遮雨等作用，而且无须手持，使人能够保持轻松自如的运动状态。据其介绍，遮阳伞的造型也是特意设计成喇叭口，使正面进入的风速度加快，能快速带走身体的热量。这种一般情况下看起来有点奇怪和“过分”的设计，应该是源于设计者自己或者他人在外出时的经历，联想到人们可能普遍会遇到的情况和需求性，从而采用因果联想的创意思维，设计出这款具有针对性的组合产品。

5. 发散思维

发散思维又称辐射思维、放射思维、扩散思维或求异思维，是指大脑在思维时呈现的一种扩散状态

图 5-12

的思维模式。思维视野广阔，思维呈现出多维发散状，是为了解决某个问题，从一个目标出发，沿着各种不同的途径去思考，自由发散出多种可能性、探求多种答案的思维。想的办法、解决问题的手段、途径越多越好，总是追求还有没有更多、更好的办法。比如“一题多解”“一事多写”“一物多用”等方式。

“发散思维是通过对思维对象的属性、关系、结构等重新组合获得新观念和新知识，或者寻找出新的可能属性、关系、结构的创新思维方法。”[4] 表现为以不同的思维方向、路径和角度去探求解决问题的多种答案，成为创造性思维方法的重要形式。在设计创意过程中，需要在尽可能短的时间内生成尽可能多的思维观念。所以要尽快适应和消化设计命题中新的思想观念，具备灵活的变通性，克服头脑中某种自己设置的僵化的思维框架，在思考问题时跳出点、线、面的限制，立体式进行思考。发散思维的主要功能就是为随后的收敛思维提供尽可能多的解题方案。这些方案不可能每一个都十分正确或有价值，但是一定要在数量上有足够的保证。否则，最终收敛思维阶段的可选择方案余地有限，不能保证创意概念的质量和创新程度。在运用发散思维的过程中，尤其是创新构思刚开始的阶段，为了保护想象力充分扩展，需要延迟判断，不要过早地运用已有的知识和经验去判断新想法的好坏、意义、难易或可行性等理性价值。而是要摆脱意识的束缚，让新的观点不断产生，并且有充分酝酿深入的时间。

图 5-13 是中国原创皮具品牌半坡氏族的两款女士手提包。此系列名称为“沁竹系列”。无论是简练稳重的外观造型、左右对称的线条分割，还是黑白配色、几只半隐半现的竹叶，多数中国人看到这个款式后，都会自然而然地联系到中国传统水墨画中所描绘的墨竹，以及古代园林、庭院白墙上的扇形漏窗、月下的竹林、文人吟诗等场景，并且立刻唤起一些属于中国文化的特殊美感体验。设计师正是充分把握了品牌用户的这种自然反应，而运用了发散思维的概念和发散方法进行创意设计，把可意会但不可言传的中国文化和审美意向作为一个概念进行逻辑性的延展，最终转换成一些具体的、有代表性的传统视觉元素。由于设计者和品牌的用户具有共同的文化背景，对于中国审美的欣赏有共识性，所以用户看到这个款式中精心设定的多项视觉元素之后，思维就会顺着同一条通道去发散，最终追溯回设计师起始设定的概念。这种创意方法是非常巧妙和含蓄的，但是能够和观者达到较高层次的共鸣，很适合传达一些特定的、复杂的文化内涵、审美个性或艺术感觉。

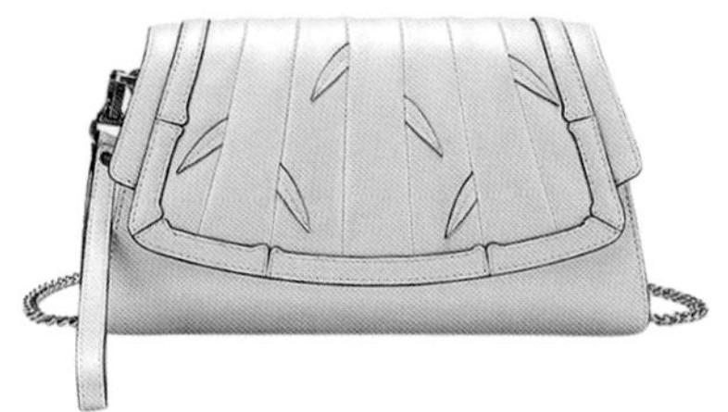

图 5-13

6. 收敛思维

收敛思维也称聚合思维法、求同思维法、集中思维法、辐合思维法和同一思维法等。

收敛思维也是为了解决某一问题，在众多的现象、线索、信息中，向着问题一个方向思考，根据已有的经验、知识或发散思维中针对问题去得出最好的结论和最好的解决办法。收敛思维是要迅速地进行筛选，采用科学的方法将问题简化，做出正确的判断。[5] 收敛思维与发散思维相对应，在创造性思维活动开始之初，首先需要运用收敛思维聚焦目标，之后运用发散思维去充分创意，获得各种可能性的方案，之后再回到收敛思维，把各种可能性的解决方案逐步引导到条理化的逻辑序列中。但在整个过程中，思维是发散、收敛，再发散、再收敛，不断交替、多次更迭的。

从理论上讲，发散思维属于创新思维的重要组成部分，收敛思维是理性思维的重要形式。但在创造性思维活动中两者又是缺一不可的，发挥着不同的功能。很多学生和年轻的设计师在发散思维阶段往往表现得非常活跃，在思考问题时思路自由广泛，创新点子很多，也能提出各种大胆的、独创的方案。但在需要聚焦到一点时，常常陷入各种可能性中理不出头绪，抓不到重点。在必须要决策的时候，对多个方案无法迅速做出正确的判断，不能做出最优的选择。这也在一定程度上说明很多设计师在理性思维方面的训练不足，导致思维可以发散得很广，但是无法在众多的现象、线索、信息中，向着问题一个方向思考和汇聚。

图 5-14 分别是日本生活方式品牌无印良品(MUJI)的两款背包，双肩背包和纵板托特包，是品牌的经典款。从其外观风格可以感受到非常一致的设计指导思想：简练、素朴、自然、轻松，充分体现了品牌一贯秉承的设计理念和生活哲学。无印良品在日文中意为无品牌标志的好产品，产品类别以日常用品为主，以还原商品本质的设计手法倡导自然而质朴的生活方式，不崇尚潮流，而崇尚自然。产品提供基础适用的功能，摒弃一切为了装饰美化的细节，去除一切个性、时尚和审美偏好。在产品设计中比较突出地运用了收敛思维的形式。以品牌所倡导的设计理念为标准和设计原则，把背包的用户需求、使用功能、款式特点、材料色彩、加工技术等不同的设计要素进行整合，朝着一个目标去统一集中，经过不断的求同求异、化繁为简，最终整合为有限的设计元素和变化范围，从而得出高度统一的产品面貌。

7. 抽象思维

抽象思维又称逻辑思维，是思维的一种高级形式，不同于以表象为依托的形象思维，抽象思维摆脱了对感性材料的依赖，摆脱了事物的具体形态和个别属性，形成了概念并运用概念进行判断和推理，揭示了事物的本质特征。抽象思维的基本形式是概念、判断、推理，主要方法是演绎、归纳和批判性思维等。[6]

进行创新设计的过程中，灵感的闪现和触发往往更依赖于最初直观的直觉思维、形象思维，以及丰富自由的联想思维和发散思维。过于理性的抽象思维方式不利于天马行空的创意产生。但当设计研究逐步深入和复杂化，并且进行聚焦和提炼的时候，直觉式的思维就失去了优势。这时就需要借助抽象思维的方法进行科学的分析，对复杂的信息和众多的事物进行分析、推理、综合、比较，抽取出事物的本质属性，使认识从感性的具体进入抽象的规定，将直观的灵感片段最终落实成准确的概念。指引创造性思维逐步走向正确的方向，得出最佳的解决方案。

8. 归纳法、演绎法与批判性思维

归纳法又称归纳推理，是从特殊事物推出一般结论的推理方法。没有事先设立好的事实或者假设，是先从观察开始，根据具体的事实去得出结论，概括出有普遍性的理论。比如人们发现一种康复方法可以帮助某些人得到身体机能的恢复时，就会认识到这种方法也可以有助于其他有相同需要的人的恢复。

演绎法又叫演绎推理，是从一般到特殊，即用已知的一般原理考察某一特殊的对象，推演出有关这个对象的结论。比如一个研究项目要进行实验，那么实验的方法和最终要达到什么目的、如何验证其正确性等，都需要有理论来指导。否则实验本身就可能是无意义的和没有结论的。

批判性思维就是对信息或论点的准确性和价值做出评价。批判性思维并不意味着是否定的、负面的和

图 5-14

表 5-1 企业战略定位的 SWOT 表格示范案例

S	Strengths（优势）	W	Weaknesses（劣势）
设备先进，充足的财政来源。 产品质量较好，有市场认可度。 有利的竞争态势。 良好的企业形象。		管理混乱，成本控制不稳定。 研发力量不足。 产品更新换代慢。 品牌竞争力差等。	
O	Opportunities（机会）	T	Threats（威胁）
新产品需求激增，市场领域较为空白。 线上渠道增加，利好政策。 定位区域人口增加。 竞争对手失误等。		新的竞争对手，替代产品增多。 经济下滑，市场紧缩。 市场行业变化，环保政策约束。 客户偏好改变，突发事件等。	

消极的，其导向恰恰是正向的和积极的，目的也是要促进实现真正的创新和打破陈规。从对立的一面去辨别、洞察、质疑原创思想的各个方面，放到不同的情境中去检验其合理性，对于创造性思维活动来说是非常必要的评估手段。

在我们的设计调研过程中，就会经常运用到归纳与演绎的方法去确定调研目标、设计调研方案，以及最终归纳出调研结论。而在产品设计创意的各个阶段，我们都在不自觉地运用批判性思维来验证自己的创意结论。在各个阶段性工作完成、进行交接时，课程或企业都会有不同形式的评审或者评估环节，都是批判性思维的表现形式。因此，批判性思维的另一个核心要点就是要有自我校准的技能，即自我审查和自我校正。不能胡乱批判，要反省问题的症结，找到不足和错误。

表 5-1 是一个 SWOT 表格的示范案例。这个表格产生的初衷是帮助企业在商业环境中找到自身定位，并以此制订战略性的营销计划。现在也常用于产品设计创新流程中，目的是为企业新产品的开发搜寻新的领域，决定设计方向。SWOT 分别对应 strengths（优势）、weaknesses（劣势）、opportunities（机会）和 threats（威胁）这四个英文单词的首字母缩写。前两者代表目前公司的内部因素，后两者代表公司的外部因素。在具体实施时，需要先从回答外部因素相关的各种问题开始，比如当前市场环境下最重要的趋势是什么、人们的需求变化、竞争对手的动态等。之后就要分析公司内部现状，分别真实、详细地列出目前企业的优劣势清单，对标下一步的发展目标，就会清晰地看到企业方面的状态，核心竞争力及制约发展的问题等。最终将以上的结果根据实际程度和状态，填到 SWOT 表格中。虽然最终得出的是一个对于企业战略发展的参考性意见，但整个实施步骤和分析思路则是一种理性的综合推理过程，运用了演绎和归纳推理的思维方式，以及批判性思维来进行评估和判断。

创意思维的形式不仅仅是本节中提到的这些，人类在不断地改造世界的实践过程中逐渐形成很多创意思维的形式，这些思维形式也不是完全独立运用、各自发挥作用的，而是会融合交叉、自由灵活地组合在一起发挥着作用。只是在整个完整的创造性活动的流程中，各种思维形式会根据创意的阶段性特征，更加侧重于某些环节。比如在面对一个新的问题，需要探索新的可能性的时候，具有整体性和跳跃性特质的形象思维和直觉思维更加适合。而需要对众多创新概念进行抉择时，则离不开收敛思维、抽象思维的理性判断。其实，在生活中我们每个人遇到问题时，都会不自觉地去运用这些思维形式。但想要真正合理地运用和获得较好的结果，前提条件有两个，一是头脑中要有丰富的生活阅历、经验和专业知识的积累，二是思想不受拘束，做事没有条条框框。我们经常说某人头脑很灵活，能想出好点子，其实就是具备了这样的头脑和意识。而对设计师来说，还需要第三个条件，就是需要通过理论学习和实践训练，找到能够更好激发和高效运用这些思维形式的方法和规律，做到更加稳定地、高效率地发挥各种创意思维的作用，获得较高的成功率。 我们会在下一节中介绍一些基本的方法。

9. 教学案例 12：创意设计快题训练

在低年级的设计教学中除了设置设计思维与方法这种通识性的设计基础课程之外，还可以加入具有专业内容的快题训练。其主要意义在于通过生动的设计项目来提高学生的学习兴趣。这样比只做一些泛泛的、抽象的设计思维训练更能激发学生的创造热情。并且专业性的内容会涉及很多现实因素，会促使学生思考更加全面客观，富有细节，而不是完全脱离现实的一种虚假的创造性臆想。

本次课程设计命题是用一块完整的面料来构成一个有新意的、富有个性的箱包造型。面料可以有缺口、打折等处理，但是不可以完全裁开。可利用纸张、毛毡等比较好加工的材料。

这是针对一年级学生的工作营课程。对于没有上过任何一门箱包专业课程的学生，确实有一定难度。但正因为如此，学生们可以不纠结于现有造型和技术细节，可以自由发散思维，既有挑战性又充满趣味性。重点目标就是要学生解放思想，透过表象看到事物内在本质和深层联系，打破僵化教条束缚，培养勇于探索和颠覆常规的意识。并且引导学生有意识地运用多种形式的创意思维。由于是快题训练，在时间的压力下，学生的头脑会快速转动起来，思想被迫脱离常规的轨道，平时压抑的各种创意思维就会被激发出来。教师要引导学生从箱包本体和行业之外去寻找灵感启发，还要在不同阶段灵活掌握否定、鼓励、启发、督促等指导方法，不断激励和鞭策学生挑战自己的思维广度和深度。

在布置设计命题之后，同学们开始觉得很难，无从下手，认为一块面料构成箱包很简单，没有什么可以变化的空间，造型一定很单调。这时思维是保守的、收敛的，潜意识中是把一块面料等同于一块方形的面料，把箱包空间造型等同于正方体或者长方体。但是当教师为学生分享了众多一块面料设计制作的箱包设计案例之后，学生们的思维慢慢打开了，进入了直觉思维、发散思维运用的阶段。每个人都会根据自己的关注点、灵感来源等差异而向不同方向进行思维拓展，运用了形象思维、联想思维、逆向思维等多种思维形式，涌现出很多创意方案。接下来主要是运用收敛思维、逻辑思维、抽象思维等形式，进行逐一的评价判断，以及实验验证。最终选择出最佳方案进行制作。在制作过程中会遇到很多技术、材料、功能性等实际的问题，因此还要运用多种创意思维进行再次调整和完善。

图 5-15

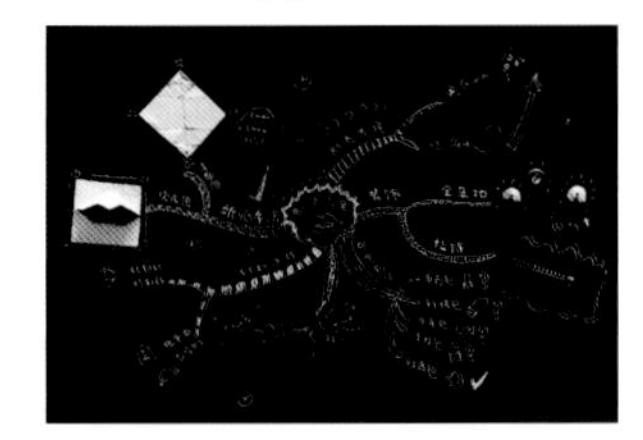

图 5-16

图 5-17

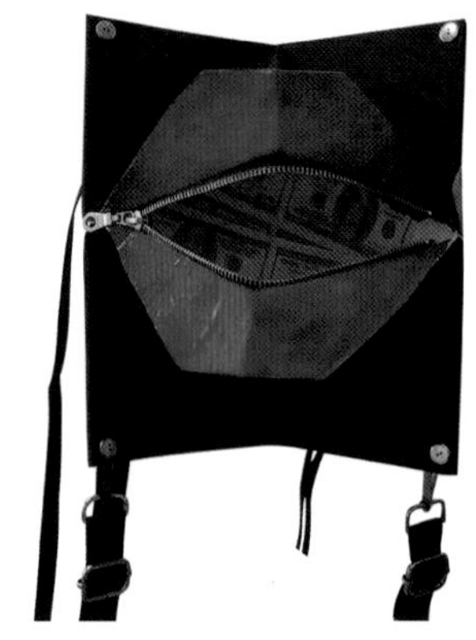

图 5-18

10. 学生作业 13

学生：李坤宁

图 5-15 是一张记录快题开始时思维凭借直觉自由联想和发散的思维导图。从中可以看到开始完全是个人随意的思维发散，但是也展示了学生本人的一些经验、知识积累和个人偏好等信息。这是一个必要的发散思维阶段。图 5-16 是确定了设计方案后的一张思维导图。记录的是如何落实设计构思，如何运用具体的制作方法、材料、色彩、细节等。思维不断集中收敛，理性思考的成分增加。

图 5-17 是最终的设计说明。学生从折叠嘴唇包的表象的视觉形象特征延伸，进行了概念发散，赋予设计结果更多层次的内涵和美感意味，虽然表达得略显生硬，但这种创意思维的运用还是非常值得肯定。图 5-18 是实物效果展示。

图 5-19

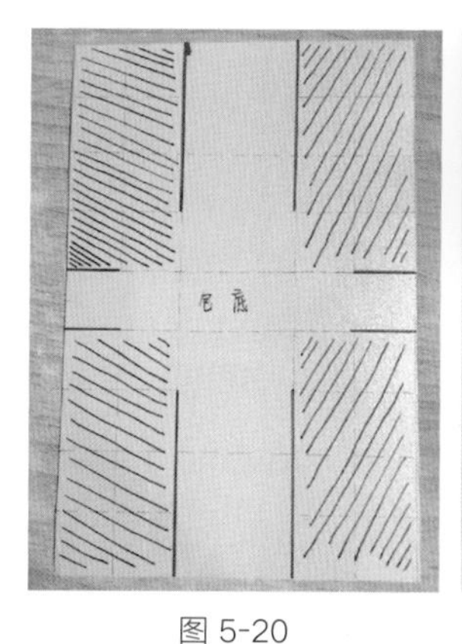

图 5-20

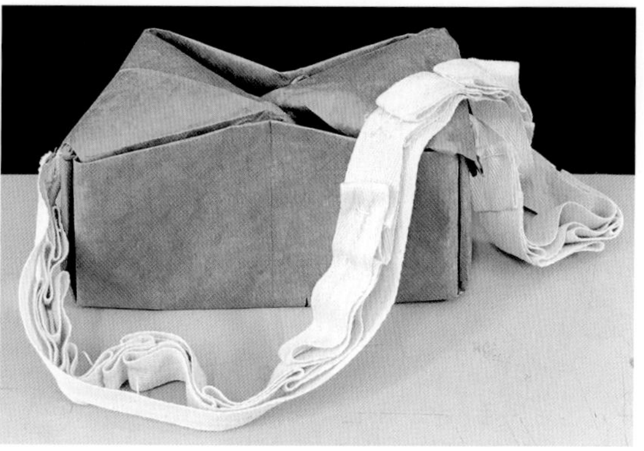

图 5-21

11. 学生作业 14

学生：周雪洁

一张完整的长方形纸，在只剪开几道折痕的情况下，将所有纸的其余部分折叠但不裁剪。最后，得到一个比原来纸张小很多的包型。这个作业的特点就是整张长方形的牛皮纸没有做任何裁剪，完全利用。造型之外多余的部位在包体两侧进行纸的折叠和堆积，形成多层重叠效果，表达出一种“塞”的充分感。图 5-19 是折叠牛皮纸的实验过程和侧面的重叠效果，图 5-20 是最终确定了的折叠方法的平面裁剪图，图 5-21 是实物展示图。

12. 学生作业 15

学生：邓佳琦

受到折纸、拼插玩具、榫卯结构还有作品案例的启发，感受到折纸的方式是比较好的造型手段，而且充满艺术感、手工的温度。视觉灵感是自己喜欢的情侣艺术家 Alisher Kushakov 的画，以及情侣拥抱、拥吻的照片。情侣拥抱在一起的亲密无间的整体姿态和手臂互相环绕交叉的姿势，启发了设计灵感，可以转化成箱包的造型和穿插、折叠等组合构形手段。图 5-22 是视觉灵感图片；图 5-23 是折纸的实验过程。两张纸分别做出接吻的人脸，再用两张纸做出拥抱的人。之后不断试验，把四张纸拼合起来变为一张完整的纸，修正代表手臂的部分外形，把拥抱突出表现出来，让拥抱处变得柔和；图 5-24 是最终完整的平面裁剪图和实物展示图。

图 5-22

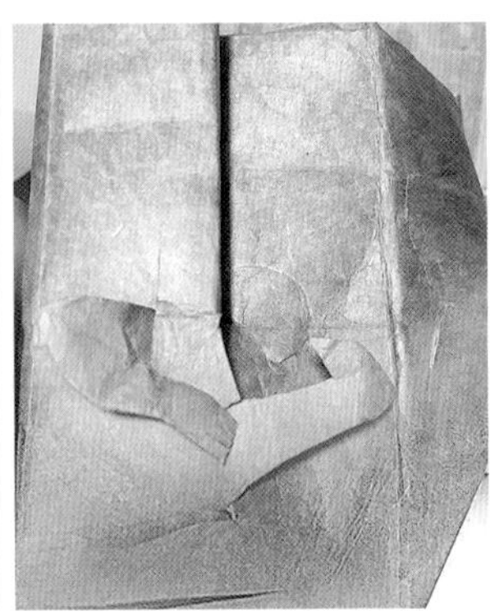

图 5-23

图 5-24

第三节　创意设计的方法

当我们开始一个设计项目后，对于设计师来说，最有吸引力的时刻就是在对未知领域和目标的猜测期盼中，展开想象力进行大胆创新的环节。如果没有时间限制和客户的诸多要求，可以任由创意思维随意驰骋、创意灵感慢慢浮现，是一种很让人兴奋和享受的过程。但是在实际设计工作中，即使是在学校学习，也是有时间和方向、目标等很多要求的。在现代产业社会背景下，设计师是一个专业化程度很高的职业，设计不仅是一项个人的享受活动或者为了展示天赋，而更是为了给客户解决问题，提供超值的产品和服务，同时为人类社会创造美好生活。因此不可能毫无制约地、慢慢去等待灵感的不期而至。即使你自己是品牌的创始人，也同样如此。

还有很多学生认为设计创意的过程是无从完全把控的，需要有设计天赋，还要凭感觉和运气。设计过程中固然离不开直觉、灵感等感性的创造思维，但仅凭一闪而过的感觉和灵感的闪现去做设计，既会耗费大量无谓的时间精力，也会使设计陷入被动和盲目状态。所以必须要遵循现代设计程序，掌握一些有效的设计方法来提高设计效率，促进创意思维的激发。虽然设计方法不会直接告诉设计师创新点是什么、灵感在哪里，但是可以更有效地提升获取信息、解读信息、洞察信息的能力，也能够指引设计师去正确的方向探索解决方案。这些设计方法也是从大量的实践中总结出来的，并且经过不断研究、验证而形成的具有指导意义的手段和策略。下面就给大家介绍几种设计方法，大家可以在实践中反复运用练习，最终建构起适合自己的设计方法系统。

1. 头脑风暴法

由美国 BBDO 广告公司的奥斯本在其《自主行为学》一书中首次提出，一种主要面对集体思考创新的方法。其目的是对抗由屈服于权威或人云亦云地符合大多数人意见而形成所谓的“群体思维”。群体思维削弱了群体的批判精神和创造力，损害了决策的质量。头脑风暴是较为典型的一个有效的管理方法，现在广泛运用于各种创意设计领域，主要目的为鼓励无限制地自由联想和讨论，从而产生新观念或激发创新设想。

在刚刚确定设计问题或要求之后，设计尚未定位、思路处于混沌模糊的时候可以展开头脑风暴。在此阶段充分运用发散思维、直觉思维、形象思维和联想思维拓展创意边界，对于概念创意的格局是非常有益的。头脑风暴还可以用于概念确定后的一些具体的创意焦点的讨论，比如如何改善现有背包的重量感，如何改变手提带位置获得新的携带方式等类似的简单但有发挥空间的问题。

1.1 头脑风暴法运用方法

根据既定命题，选定会议小组成员，在学校一般是一个作业小组的同学，在企业等其他社会机构则是设计研发团队。或者是在一个特殊开发项目的需求下，挑选不同专业背景、不同岗位的成员，这样更加有利于从不同角度和领域激发创新观念。无论何种情况，但成员都应该是平级关系，教师和领导最好不参加，避免给其他人带来压力。人数可控制在 10 人左右，最少也要 5 人，最多不超过 15 人。

会议主持人需要先提出问题和说明原则。头脑风暴法最重要的原则就是不得批评仓促的发言，每个人都不要轻易出现怀疑的表情、动作和神色。有效的头脑风暴会议一定是每个人都是平等、自信的，鼓励个人表现欲望的尽情展示，不能轻视和打压他人。随着热度提升，每个人都制造出良好的竞争氛围，会更好地提升每个人的心理活动效率，最终产生大量的创意想法。时间一般不要超过一个小时。会议中要有 1 ~ 2 名记录人尽量对所有创意想法进行记录，并根据创意的方向和内容进行归类，列出清晰的表格便于后续的讨论、评估、选择和进一步加工深入。

在头脑风暴法的基础上，衍生发展了很多新的方法，其中书写头脑风暴和绘图头脑风暴也是比较适合创意思维过程的方法。

书写头脑风暴，也称“635”法。据说是德国人鲁尔巳赫，根据德意志民族习惯于沉思的性格提出来的。这一方法也弥补了会议式头脑风暴法中一些缺陷。很多时候由于大家争着发言易使点子遗漏，主题太有争议或使用言语不当会造成情绪化，或者一部分参会者不善于当场表达，性格怯弱容易被一部分人主导等。所以把设想独立写在卡片上的形式适用面更广。

1.2 书写头脑风暴运用方法

会议有 6 个人参加，每个人在 5 分钟内在卡片上写下 3 个创意构思，简明的文字即可。然后按照顺时针或逆时针传递给下面的人。接到上一个人的卡片后，在 5 分钟内再写 3 个自己的构思。如此传递 6 次，半小时结束，可产生 108 个设想。由于每个人都会看到别人的设想，所以一定会受到启发，可以在此基础上进一步优化发展。绘画头脑风暴也是采用如此的流程，只是参加的人员都应该具有设计专业背景，把每个人书写的文字改成简单的草图。

表 5-2 是一个帽子新产品开发的书写头脑风暴的卡片纸和三个方案示意。这个空白的卡片发给每个参

表 5-2 帽子新产品开发的书写头脑风暴卡片纸

<table>
<tr><th colspan="4">讨论问题：
遮阳防晒的帽子，如何在保证最佳防晒效果基础上，设计得更轻薄小巧？</th></tr>
<tr><td>第一次</td><td>1.
采用更轻的纱料
不用塑料板</td><td>2.
遮阳部分可拆卸，不用遮阳便可拆掉</td><td>3.
科学计算阳光角度，减少帽子遮掩部分的面积</td></tr>
<tr><td>第二次</td><td>4.</td><td>5.</td><td>6.</td></tr>
<tr><td>第三次</td><td>7.</td><td>8.</td><td>9.</td></tr>
<tr><td>第四次</td><td>10.</td><td>11.</td><td>12.</td></tr>
<tr><td>第五次</td><td>13.</td><td>14.</td><td>15.</td></tr>
<tr><td>第六次</td><td>16.</td><td>17.</td><td>18.</td></tr>
</table>

与者，活动开始后每个人在卡片上先写下自己的第一次的三个想法后，然后传给下一个人。自己同时也接到上一个人传给自己的卡片，第二次再写下自己的三个想法。直到写满卡片上的6行，共产生18个想法。

2. KJ法

KJ法也称亲和图法，是一种集体创意的方法，优势为在归类和比较分析的基础上由综合求创新。它是1964年日本东京工业大学教授、人文学家川喜田二郎发明的一种管理方法，KJ是他的英文名Kawakita Jiro的缩写。KJ法是把收集到的某一特定主题的大量事实、意见或构思资料，根据它们相互间关系的亲密程度（亲和性）进行分类的一种方法。它有利于打破现状，进行创造性思维，从而采取协同行动，求得问题的解决。

KJ法是对内容涉及面广泛的设计调查资料的一种很好的归纳整理方法。按照各种资料的关联性分类后，就会让设计师充分掌握整体，发现问题的全貌，有助于在头脑中建立新的创意联想。它常常用于刚确定设计问题或要求、思路处于混沌模糊的时候，尤其是针对复杂而未知的设计命题的概念创意和定位。也可以配合头脑风暴方法，把所获的大量创意设想进一步归类和比较分析。还可以运用于设计方案深化的过程中的分析、评估和具体设计难点的研究等环节中。

针对某一设计主题，设计师先进行大量的调研或构思，把头脑中闪现的知识、经验信息和调查搜集的大量资料进行整理，分解成简单的结论观点，越多越好，最少也要几十条。用简练的文字描述写在一个小卡片上。为了区别不同的设计师来源，卡片可以采用不同的颜色、形状等。准备一个较大的白板或者一张大白纸，设计小组的所有人都把自己的小卡片贴在上面。

在调研和创意初始阶段使用本方法时，一般不需要预先列出规定类别，小组成员可以充分展示出每个人丰富的调查结论和观察现象。贴好小卡片之后，设计小组成员开始仔细解读每张小卡片上的内容，探究评价其内在含义。大家共同把相似问题、意图、结论或者能够反映出密切关系的卡片挑选出来聚集在一起，就可以从各个层面了解相关的因素和相互间的关联度，统一认识并找到问题的关键所在。比如，成员之一从用户访谈得到需要更轻便产品的结果，在小卡片上写了轻便化需求这几个关键的词语；另外一个成员在市场上观察到轻量化产品销售较好，也写了销售好的产品的优势是较轻重量；第三个成员对现有产品的研究发现本身的重量较大，写了不易携带。这三个结果都是各自独立调研得出的结论，但是都指向一个问题，就是重量是创意的一个不可忽视的要素。

在设计方案深入阶段使用本方法时，往往是用于解决一个特定难点或者分析评估一个具体方案。因为要解决的问题和内容已经比较明确了，所以设计小组也可把关键词语列出，写在白板的最上面，形成几个分区。之后可以分门别类地把关联性较强的小卡片贴在相应分区下。最终哪个分区下聚集的小卡片越多、颜色越丰富，就说明本区域的问题最值得关注。比如针对具体款式的时尚感，可以从色彩、材料、廓形、装饰等几个设计元素进行创意思维的发挥。如果小组成员的卡片在色彩分区聚集较多，也有很多有效的创意，那么色彩的创新可能是一个值得实践的方向。如果是评估阶段的话，一个产品的某一个方面被贴了很多不同颜色的小卡片，那就要看看是正面还是负面。

图5-25是网络上一个针对高中生的设计调研资料所做的简单的KJ图。复杂零散的调研资料经过分类，就呈现出很清晰的高中生课余生活的状态。

3. 思维导图

思维导图又叫脑图、心智导图、脑力激荡图、灵感触发图、概念地图、树状图、树枝图或思维地图，是一种图像式思维的工具，是表达和记录发散性思维过程的图形思维工具，由英国人托尼·布赞在20世纪60年代发明的。思维导图相对于头脑风暴更适合设计师个人独立使用，可以用在创意设计流程的各个阶段，能激发灵感，记录思维发散过程闪现的每一个火花。

将围绕某一设计主题的关键词作为中心写在空白纸张中央，用线框圈起来。

选择A4或更大的纸张，保证创意思维进行充分发散和呈现在一张纸面上。围绕着这个中心开始进行头脑风暴，绘制从中心向外发散的多条放射状线条。凭着直觉快速从各个层面进行思维发散和大胆联想，并将自己的想法随时记录下来，一般是名词词组或者动名词词组，写在不同的放射线条上。关键词周围是初级联系，每个初级联系又可以继续深入和细化出新的次级联系，随着思维的不断发散，纸面上绘制出放射性的立体结构。这些链接可以被视为大脑中的

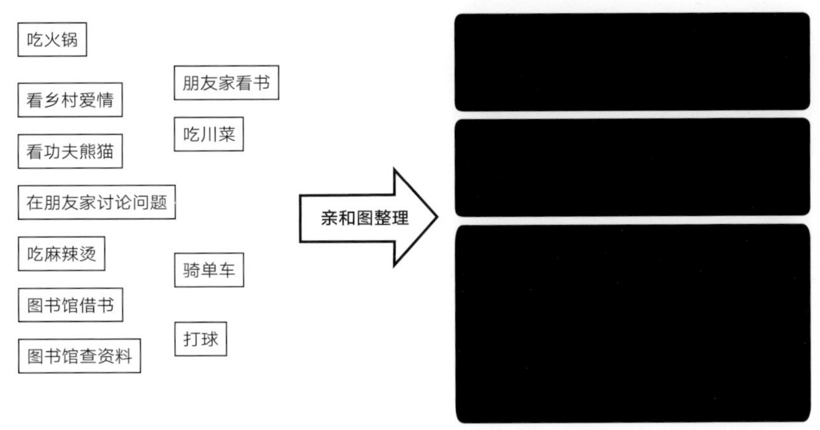

图 5-25

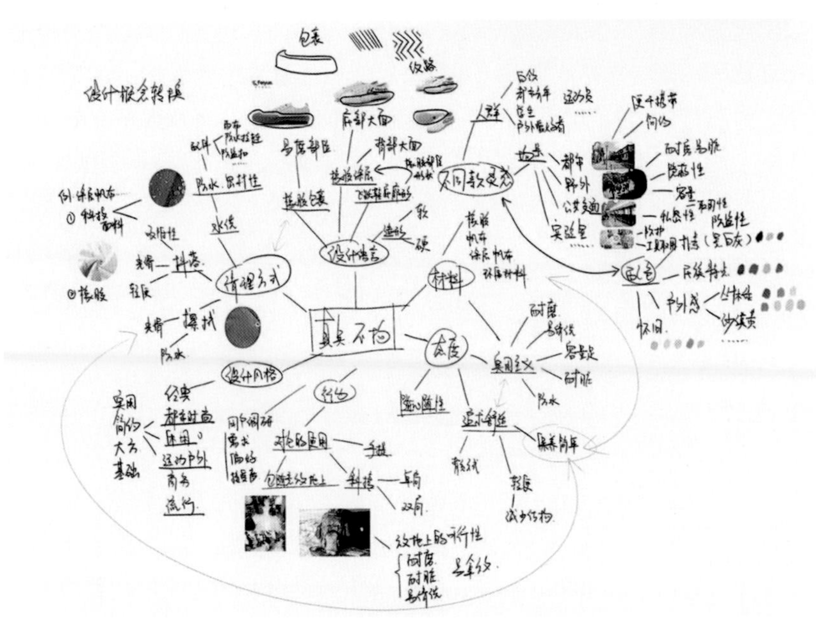

图 5-26

图 5-27

记忆，就如同大脑中的神经元一样互相链接，形成记录个人创意思维路径的数据库。这是一种立体的、非线性的思维方式，反映了人们如何考虑某个问题的复杂关系。这个时候不需要深入思考、反复权衡，就是要在短时间内激发出各种奇思妙想。

发散思维完成后，可以整体审视后用色彩、符号、简单的图形和图像来进行重点标注和归类。标注出现频率较高的想法，或者把有关联的几个想法绘制成新的线条进行联系。思维导图是展示和训练设计师直觉思维的最佳手段，但有时比较主观。从第一次思维导图中可能会直接得到好的创意想法，但也可能只会取得几个不错的方向。可以从中选择出初步的构思方案，重新再组织新的思维导图，或者采用其他设计方法。思维导图也可以利用专门的软件进行绘制，会更加快捷，图面比较整洁规范、形式美观。但是在初期还是建议手绘，可以快速记录，配合思维的尽情发散。

如图 5-26 是学生手绘的一张在设计概念阶段的思维导图（绘制者：甘杨、赵欣然、王佳艺、莫斯琪、张琼尹、徐漫）。他们针对运动休闲背包进行新产品开发，创意方向定位于性格真实、追求自由和随性的人群。设计要回归包袋本身的功能性，以实用性为主，放弃不必要的完美主义。因此他们初步确定了一个设计概念为“真实不拘”，并对这个概念展开了思维发散。

4. 模仿创造法

模仿创造法主要是对于自然界的各种事物、过程和形象等进行模拟、科学类比而得到新成果的创意思维方法。大自然启发了人类的智慧和创造力，人类社会中很多发明创造都是受到大自然的启发。仿生设计就是一种常用的设计方法。依据产品设计目标，根据相似性选择要模仿的生物，再分析该仿生生物，从中提取典型的特征元素，结合产品本身的属性和设计目标进行提炼、转换和融合。

根据仿生内容的不同，可以分为形态仿生、表面肌理仿生、功能结构仿生。外表形态的仿生比较直观，可使产品造型生动有趣，形象性强。比如中国民间生动和逼真的虎头帽、各种动植物造型的花灯造型，以及鱼鳞纹、豹纹等，都是典型的形态仿生。形态仿生是一种相对比较简单的创意设计思维，能够一眼就看到被仿生生物的形态特征。现代仿生设计已经越来越朝向表面肌理和功能结构的仿生。比如游泳运动员所穿的鲨鱼皮泳衣是通过仿生鲨鱼皮肤表面的“V”字形肌理，设计出可以破开海水、减少水的阻力的鲨鱼皮泳衣，使鲨鱼皮泳衣的使用者在水中可以游得更快。

确立了设计概念和具体的设计目标之后，根据联系性选择合适的仿生生物。

对仿生生物的特征元素进行分析和提取。将提取的特征元素结合产品属性进行形态、结构、技术设计的转化和组合。图 5-27 是一个英国品牌设计生产的动物造型儿童背包系列。该品牌采用了形态仿生设计方法，每个款式都能够很明显地看出所模仿的动物特征，整体形象也很生动，符合儿童的视觉特点。但是只保留了每种动物最有特征的身体细节，对于动物形象也进行了高度的简化、省略和抽象，通过与背包的结构、形态、零部件和功能等产品属性的巧妙结合和转化，获得了形象生动的造型，同时又极富美感，展现出设计师较高的设计转化能力。这种源于自然高于自然的设计，才是真正地满足和尊重儿童的美感体验，并在潜移默化中培育和引导着儿童的艺术美感。

5. 类比法

类比法在进行设计概念创意阶段经常会使用的创意思维方法。

类比法是一种最古老的认知思维与推测的方法。从文学修辞法上解释，作用是借助类似事物的特征刻画突出本体事物特征，更形象地加深对本体事物的理解，或加强作者的某种感情，烘托气氛，引起读者的联想。类比的逻辑推理能引起读者丰富的想象和强烈共鸣。试图通过参考不同但比较熟悉的某事来解释相对陌生的某事，采用“像”作为主体和客体的连接词，实际上就是说，“这个与那个相像”。比如这个人壮得像头牛；恰当地赞扬对孩子的作用，就像阳光对于花朵的作用一样。

类比法一般是用于解决比较明确的设计问题，以此问题为出发点有意跳出现有设计类别，从相对较远的类似事物的领域去寻找挖掘一些可以解决现有问题的事物实例，之后再提取客体事物的元素及整体关系的特征，结合主体产品特性和设计问题进行转化后，将其原理运用到新的设计方案中。比如水果是男女老幼一般都喜欢的天然食物，把水果的酸甜味道作为一种明显的特征提取出来，就是各种水果味道的糖，就成为水果糖，也同样能够得到大家的喜爱。也可以研发果味饮料、果味蛋糕等其他食物，还可以跨出食品领域，研发出水果香型牙膏、水果香型的香水、果味服装面料等。

但需要特别注意的有两点：一是如果选择类比的事物比较相近、类似度较高，则可能会由于过于熟悉和相像而缺乏新意，甚至产生抄袭嫌疑。比如同一时间、同一市场上的箱包产品之间采用类比法就过于相近，不会产生新意。借鉴知名品牌箱包的显著特征或模仿流行爆款去设计箱包新产品，无论如何改动总是有似曾相识的熟悉感。因此要尽量扩大距离，比如时尚背包借鉴户外背包，或借鉴古代的箱包等。再扩大距离可以到服装、鞋类、家居储物、工业产品、汽车、建筑等其他事物，寻找可以借鉴的特征。二是类比法不同于前面的模仿创造法，在创意方法上绝对不是对表面形态的简单模仿，不能把灵感源的物理特征直接搬用到设计中，而是要将所需特征进行抽象后最终运用到潜在的解决方案中，追求的是神似而不是形似。否则就容易产生生搬硬套的感觉。图 5-28 是网上平台某品牌设计的一款精致的斜挎小包。侧面的结构很有特点，一般称为风琴褶结构。可以使平板的外观显得层次丰富立体，具有动态感。而且打开时开口很大，便于拿取物品。这种结构之所以被称为风琴褶，就是因为其结构特征与手风琴这种乐器独有的构造非常相像，不仅是结构像，更重要的是与手风琴拉开和压缩的运动方式亦非常相近。

6. 隐喻法

隐喻法是在早期对于设计任务进行分析和问题描述阶段经常会使用的一种创意思维方法。

隐喻从文学修辞法上也称暗喻、简喻。常用“是”“似”“变成”等连接，有时也不用比喻词。是用一种事物暗喻另一种事物，是在彼类事物的暗示之下感知、体验、想象、理解、谈论此类事物的心理行为、语言行为和文化行为。隐喻有使抽象事物具体化、深奥的道理通俗化的作用。现代诗歌最喜欢突破词句之间的习惯联系，把一些似乎毫无关联的事物联系到一起。比如：这里是花的海洋（“海洋”修饰“花”），或者：你是灯塔，照亮黑暗的道路。

隐喻和类比，作为文学修辞方法有相似的地方又有极大差异。其中一点是类比更多是用于加强表述事物中较为具体、明显和易懂的表象特征，而隐喻则是用于将事物抽象出来的内涵寓意、象征性意义等进行形象化的转述。另外一点则是类比中用于比较的主体和客体这两个事物在整体上可以是相同的，是同类事物；隐喻中的这两个事物又必须在其整体上极其不同，是完全不同类的事物。

在针对设计任务和问题讨论阶段，隐喻方法有助于确定设计方案应该或需要向用户表达一种什么样的意义，给用户带来什么样的体验和感受；根据讨论初步确定了产品性质后，跨出本产品所在领域去搜寻具备这种特质的、更容易被市场和用户理解、接受的事物。确定具备特质的事物后，提取相应的物理属性，并抽象出这些属性的本质，将这些本质结合设计方案和产品特性，用相应的设计元素和手段再运用到新的设计方案中。

比如时尚资讯机构在发布新的趋势报告时，一般都会对每个主题编写出图文兼具的报告，文字一般概括简练，主要是形象化的图片较多。对于时尚趋势的解读其实很难用语言表达清楚，或者说也不适合表达得过于清楚和直白，会借用隐喻的方法，用一些视觉形象和设计元素的组合，把主题的核心理念和艺术风格展示出来，让观者自己去感受和体味。2021 年英国在线时尚预测和潮流趋势分析服务提供商 WGSN，发布了对 2022 年全球春夏运动鞋材质趋势的预测报告。报告中文字比较简短，只有不到 200 个字。主要提到生物材质引领 2022 年产品创新、消费者对以自然为灵感的元素或自然制造产品愈发关注、可生物降解设计仍将是关键、创新鞋底由有机小麦种子培养而成、天然海藻材质值得继续关注等。但是配了五张图片，图 5-29 是其中三张用概念化的设计方法绘制的此趋势下运动鞋的特质。鞋面和鞋底都直接借用了大自然的景物来代替原来该部位的工业制品形态，将未来材质的性能用直观的自然景观和元素来表达。借助人类对于这些自然景象和材质的普遍感受，来隐喻该部位的生物材质的性能特点，形象生动地传达出了“自然质地”的核心内涵和设计意向。

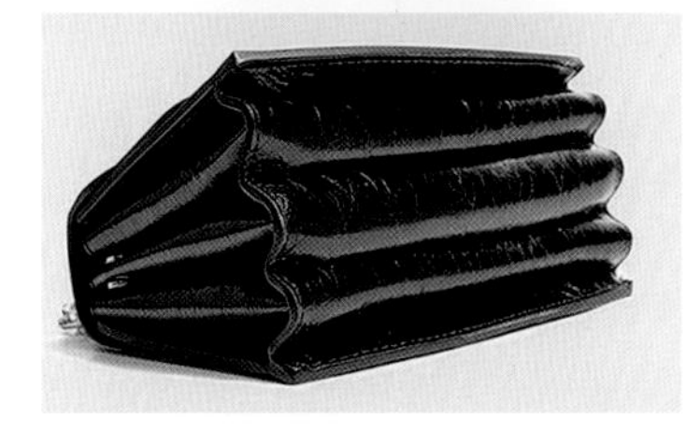

图 5-28

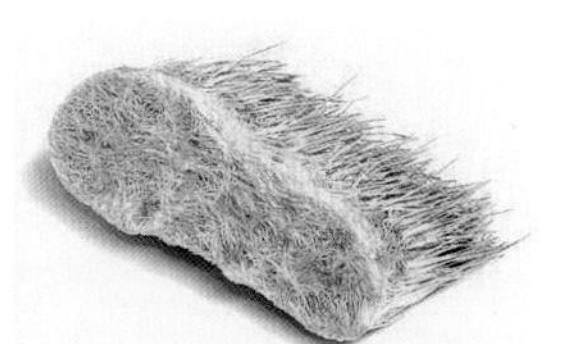

图 5-29

时尚品牌经常会以某个具体的人物为隐喻的客体来表征品牌形象。把品牌隐含着的、比较复杂的、难以用语言文字描述的，或者描述起来比较生涩难懂的内涵寓意，借助这个人物广为人知的个人魅力和形象特征进行转化和比喻，从而易于被用户体会，并赋予品牌人性化的特征。比如品牌代言人、知名设计师的时尚缪斯（灵感）等，目的就是以外貌、人格魅力等综合形象比喻品牌形象，很容易使用户对品牌建立起直观的联系和深刻印象。比如法国知名服装品牌纪梵希，其品牌创始人休伯特·德·纪梵希（Hubert de Givenchy），就一直以奥黛丽·赫本为自己的创作灵感。纪梵希时装优雅、简洁的风格就是奥黛丽·赫本的个人气息，或者说她的气质就是纪梵希的品牌服装的灵魂，两者内外高度一致、相互映衬。

7. 5W1H 法

5个W分别是who（谁）、what（什么）、where（何地）、when（何时）、why（为何），还有how（如何）。5个W是在接受设计任务后，解读任务内容时提出的最为重要的问题，也可以用在制订调研计划、汇报设计方案等阶段。在设计任务开始的阶段，可以有效帮助设计师梳理任务书、获得清晰的思路，最大限度地扩展设计任务相关的内外因素，也揭示了人物、产品、环境、时间、原因、条件等之间的关联性。这种对于设计任务的拆解和探寻的方法，是比较偏理性和客观性的，对于改良型、换代型产品的设计开发还是比较有效的。在提出和回答这些问题的过程中可以全面了解此项任务的核心需求，可以快速锁定问题，找到不足之处和可能的突破点。

根据设计任务书或者设计命题的内容，向自己提出5个W还有1个how的问题，也可以适当增加一些问题。回答以上问题，最好用文字记录整理，并检查是否有含糊的、不够确定的内容；将所有问题和答案进行再审视分析，根据设计任务的引导进行重要性排列；发现现有产品与设计目标之间的差距，界定出主要问题，每个问题均是一个突破口和创新的机会。

图5-30是世界上知名的奢侈品品牌爱马仕的铂金包（Hermes Birkin）早期的款型，以及第一个携带此款包的20世纪80年代法国的女歌星简·铂金（Jane Birkin）。铂金包的由来，大家耳熟能详的故事是1984年爱马仕第五任总裁Jean Louis Dumas与刚做母亲的Jane Birkin的相遇。当时Jane Birkin抱怨爱马仕另一款经典背包凯莉包（Hermes Kelly）的袋身较窄、较硬，不方便携带婴儿用品。正是这些抱怨促使爱马仕品牌对Kelly包进行了大的改造，推出了今天知名的铂金包。无论这个故事的真实成分如何，商业噱头如何，我们从设计角度都可以认为这是一个经典的5W1H法的运用案例。其实Jane Birkin抱怨凯莉包并没有理由，因为这个包型并不是给一位带婴儿出门的母亲准备的，是在礼仪社交场合使用的。

图5-30

而铂金包之所以被她接受，是爱马仕公司充分分析了她新的个人身份、新的物品需求、新的使用背景、新的携带情景、新的使用目的，并针对新的变化重新改良了包体的内外构造和形态特征。

8. 知觉地图

知觉地图也称定位网格、坐标分析法。主要用于市场调研过程中，表达消费者对某产品或品牌的特定属性的感受和评价，并依次进行评分。如果需要对应起来进行评估和比较，则可以通过横纵坐标图进行视觉化表达。

在市场调研之前，首先根据设计概念和新产品预期的市场定位，确定尽可能多的竞争品牌或产品，并明确本次调研的目的，哪些是本次调研最重要的相关属性。确定新产品的潜在用户，要求潜在用户对所有竞争品牌或产品的相关属性进行比较和评价，并将自己的感受依据事先制定的评分机制打出相应的分数。图5-31是课程中学生绘制的一个知觉地图（绘制者：胡丹、申炙平、盛蔓、张雨欣、杨梦瑶、陈安熠）。他们前期针对国内外市场上30个具有前卫风格特征的服饰品牌进行了调研。从调研中他们希望了解的是前卫品牌设计创新度与价格之间的关系。因此

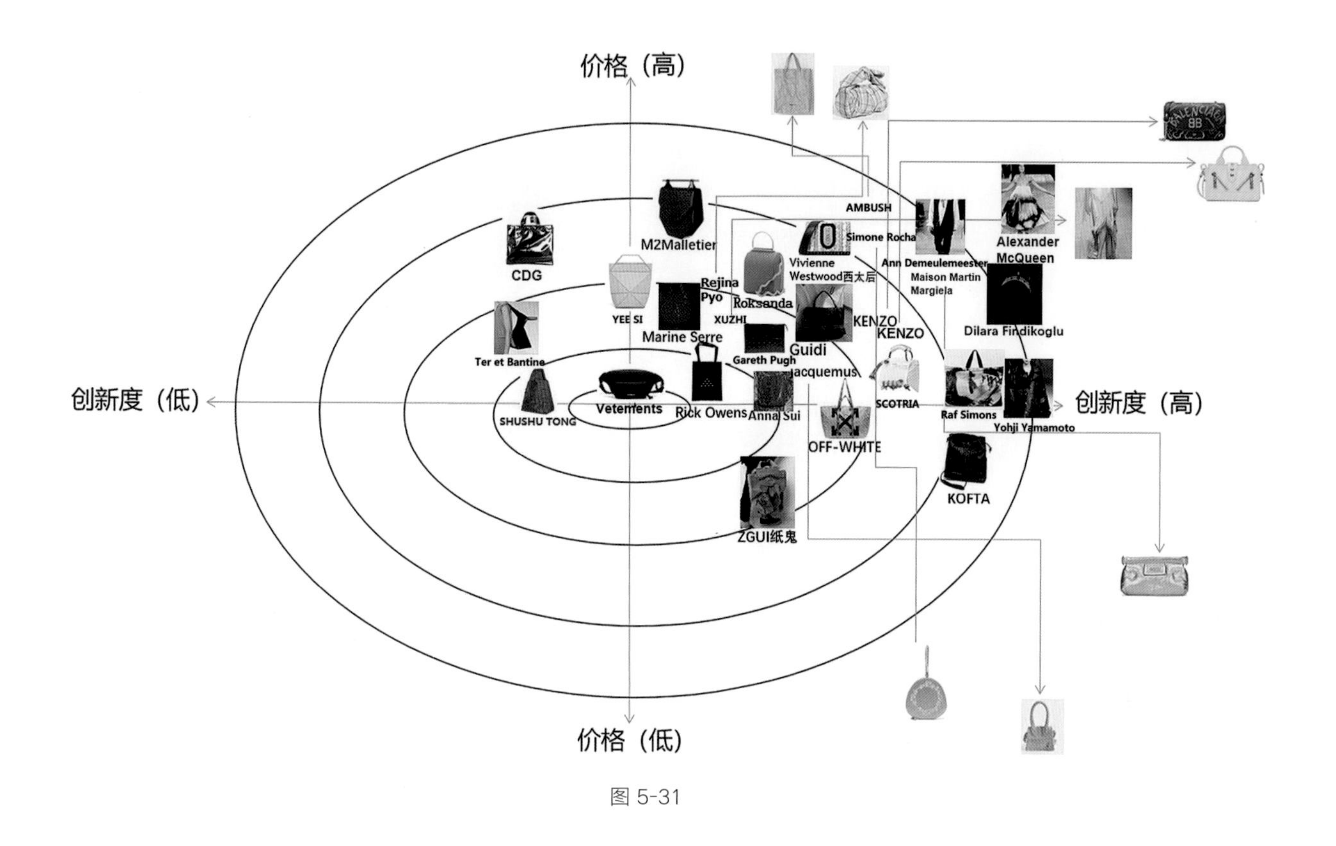

图 5-31

他们以这两个概念作为横纵轴绘制知觉地图，并且制定评分标准和分值，在坐标轴上画出对应的分数级别。对每个品牌进行评分或评级后，将其定位于四个象限中的相应位置上。最终直观地反映出这 30 个品牌各自的创新度与价格之间的关系，了解到消费者是如何看待这些品牌产品的创新性。还展示出同类品牌竞争激烈的区域，还有哪些空白的市场等信息，这将有助于新品牌正确判断自己的优势和不足之处，在市场中客观定位。

在品牌调研中，可以根据需求，分别建立多个坐标进行多组属性的比较评估，从多个角度、层面去分析品牌，更加全面客观地进行分析，得出较为正确的结论。

9.意向看板

意向看板是用拼贴画这种视觉化形式表达设计意图的特定美学、风格、情境等方面的意向。根据不同的设计阶段和内容侧重点，也称为概念板、灵感板、故事板、基调板、情绪板等，最早是国外设计师常用的视觉调研工具。设计师将视觉调研过程中搜集的色彩、材料、图形等视觉元素汇集在一起，最后形成设计方向与艺术表现形式的一种参考工具。因为设计是一种视觉艺术，用理性的、条理化的文字很多时候并不能准确表达出一些审美意向和艺术感觉。根据目的和内容，可以分为视觉意向看板（基调板）和用户意向看板（用户画像）等不同类型。意向看板使设计师头脑中还比较零散的感觉和审美情绪逐渐明确清晰起来，在自己的情绪板中整理思绪，找到新的设计灵感；也可以给客户展示，让客户可直观看到和理解设计师的思路。视觉意向看板可以是在前期做视觉调研过程中整理图片资料给自己看，但主要还是在表达明确的设计概念阶段，给设计团队其他成员、客户或其他人看。

具体做法：设计师在寻找、搜集和整理图像图形等视觉灵感过程中，可以把有关联性的视觉图片尝试进行拼贴、组合，然后观察这些视觉元素组合在一起所产生的视觉美感，并用于启发灵感，进行美感形式的塑造。可以用大开本的速写本粘贴剪下来的图片资料，可灵活携带用于交流讨论。也可以在电脑中用不同的文件夹来分类储存图片文件、链接网站等图文信息，随时调用。还可以在墙面上布置一块大的白板或软木板，把搜集的图片按照不同的类型钉在板子上，这种公开的方式一般是设计团队采用的形式，有助于大家把视觉灵感都集中在一起，并随时进行沟通和观察。

当杂乱模糊的感觉逐渐清晰和强化起来，这时候就可以创建本项目最终的意向看板了。可以从前期的调研资料中精心筛选出符合设计概念的图片、插图、人物画、产品图像，甚至材料、部件等实物，按照一定的设计意向进行编辑和组合拼贴，完成一个风格醒目的视觉意向看板。用概括和精练的形象向设计团队及相关利益者传达出本次设计项目最终确定的艺术风格、审美观念、设计元素等核心的概念性内容。图 5-32 是课程中学生制作的少女背包设计的灵感意向看板（调研绘制者：申炙平）。图像、色调及 20 世纪的生活情景等，都表达出带有怀旧情怀的意向。绘制者以童年记忆中的写信、封信、寄信收信等带有仪式感的日常生活场景为灵感，进行了大量的视觉资料调研工作。最终绘制者将这些视觉信息经过筛选和加工，结合自己在调研过程中的一些个人感触、审美关注点等主观感受进行看板制作。

图 5-32

拼贴画来源于西方现代派艺术形式，拼贴艺术被称为“20 世纪最富灵性和活力的艺术形式之一”。人们常把生活中随意得到的材料，如报纸碎片、布块、糊墙纸等贴在画板、画布或其他介质上，有时与绘画结合而成。20 世纪初期，完美而逼真的写实效果和娴熟的造型技法已经不是重点，艺术家们越来越注重个人观念和想法的呈现。拼贴画的优点在于提高了艺术家们创作的效率而同时降低了专业绘画技法的要求，而且可以产生更强烈的视觉冲击力和情绪感染力。P. 毕加索和 G. 布拉克把拼贴画发展为立体主义艺术的一个重要方面。图 5-33 是 G. 布拉克在 1914 年创作的拼贴画《桌上静物》。拼贴画的这些特点也非常符合现代设计产业的需求，快速、简单并且直观、强烈，可以传达美学基调和设计特征这些抽象的、无法用语言准确表达的思维意向。但设计中制作的拼贴画不是完全表达艺术家个人思想的艺术作品，也不是纯粹为了追求色块、线条构图等形式上的美感或新奇，而是要表达出内在的叙事性和逻辑性。看似是一幅绘画作品，实际上则是一个静态的故事。所以，在制作意向看板时，不是视觉元素平铺直叙的堆砌，也不是毫无关联地随意拼凑，而是按照设计项目的内在逻辑性和故事发展的线索去编辑和组合图片，用隐喻设计方法去传达概念和美学意向。

图 5-33

拼贴画的设计制作是需要学习和训练的。首先需要精选图片，如有需要则要对图片本身进行编辑处理，如调整色调、改变廓形、局部裁剪、图片大小缩放等。其次，要精心布局构图、图片组合形式，对图片进行重复、变形、错位、叠加、比例变异、立体效果处理等。对图片进行变形、错位的处理，会产生夸张、奇异和迷幻的感觉。只有图片的拼贴运用得当，才能够传达出特定的美学意向和个性化的情感。同时，在设计制作拼贴画之前，一定要对设计概念有清晰的认识，要理清思路，设计合适的构图和拼贴手法。

注释

1. 丁俊杰，李怀亮，闫玉刚 . 创意学概论 [M]. 北京：首都经济贸易大学出版社，2011:1.
2. 贺寿昌 . 创意学概论 [M]. 上海：世纪出版集团 上海人民出版社，2006:18,19.
3. 同上，2006:25.
4. 鲍健强，黄舒涵，蒋惠琴 . 论发散性思维和收敛性思维的辩证统一 [J]. 浙江工业大学学报（社会科学版），2010,9(02):121.
5. 同上，2010,9(02):122.
6. 蒋逸民 . 社会科学方法论 [M]. 重庆：重庆大学出版社 ,2011:181.

10. 教学案例 13：品牌策划与产品设计训练

在综合性设计课程中，很多学生面对一个内容比较复杂的设计任务时，因为要考虑的主客观设计因素过多、设计过程比较长，所以创意思维很容易陷入混乱中。设计方法可以单独在“设计程序与方法”等类型的课程中先进行系统性的学习，但是更有用的训练方式还是要引入专业设计课程中，结合箱包真实的产品属性去运用和融合。教师可以在设计的不同工作阶段，主动引导和提醒学生针对不同的设计任务和目标，去选择和运用恰当的设计方法激发创意思维。

设计命题：本次课程要求学生进行品牌背景下的箱包产品设计。首先需要自己创建一个原创品牌，之后再根据品牌定位设计系列产品。作业包括品牌策划方案和产品款式设计方案。需要采用小组的形式来完成这项复杂的设计任务。

在前期品牌策划阶段，既需要运用直觉思维和发散性思维等去找到有新意的灵感点和新品牌的概念，也需要运用收敛思维和抽象思维去进行理智的判断。所以需要综合运用头脑风暴、意向看板、知觉地图、5W1H 法等设计方法，以最大程度确保新品牌既有独创性又有可行性。而在进入产品设计阶段时，需要运用直觉思维、联想思维和发散思维等，把抽象的品牌风格意向和产品设计灵感转化到具体的箱包产品中。

11. 学生作业 16

学生：李宝莹、蒋美玲、李兰若、李诗颜、王轩瑶、梁宇佳

品牌名称——门桃巴迪

Mental——门桃，Body——巴迪。门桃巴迪以生活中被我们忽视的怪癖为灵感，将怪癖分为精神心理和身体行为两个方面，转化成具体的设计形式运用在产品设计中。怪癖是表示一个人所区别于他人的、古怪的、与众不同的癖好。主要有行为和心理两种形式，行为怪癖：咬指甲、吮手指、挤痘痘等。心理怪癖：洁癖、强迫症、疑心病、自恋症、恋物癖等。而导致人们有怪癖的原因，与生活环境、周遭压力、个人心理素质及生活习惯有很大的关系。

小组前期对于怪癖行为从社会现象、拟定用户人群、商业市场等各方面做了广泛的调研，发现人们的怪癖心理和行为是为了释放压力。因此确定了门桃巴迪品牌就是针对这个群体开发怪诞有趣、具有实际的解压功能的女性背包。图 5-34 是部分调研工作的柱状统计图表。从左至右为是否

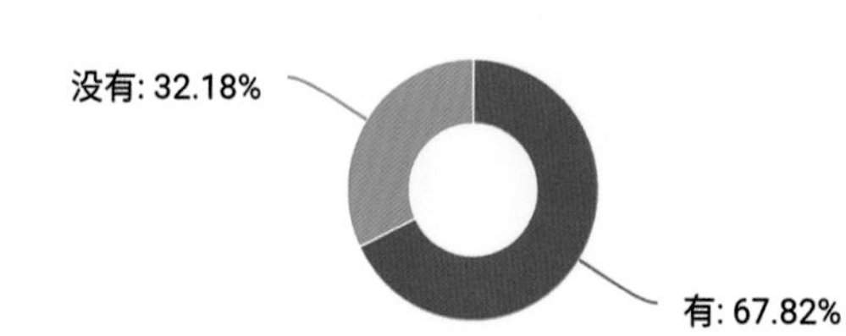

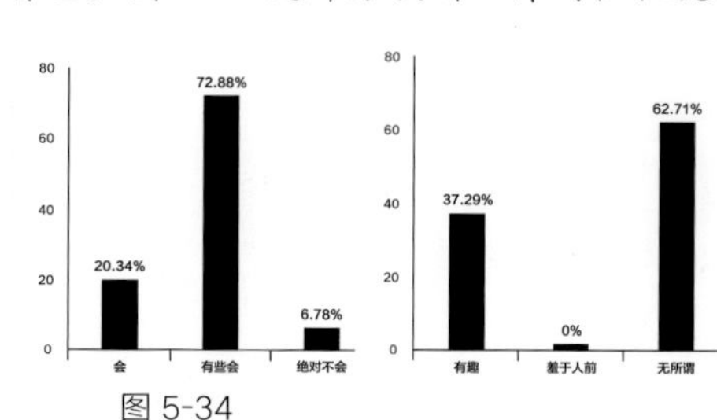

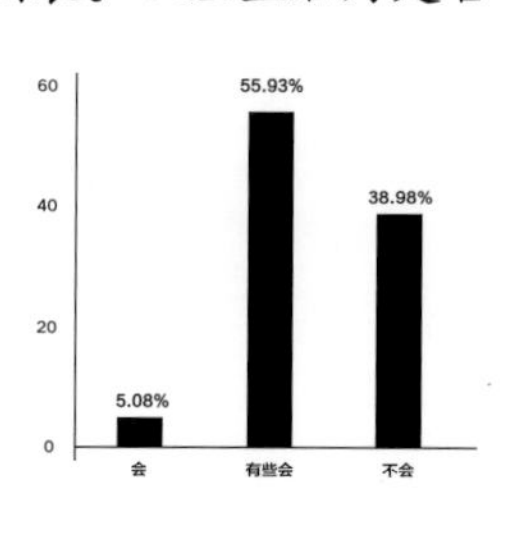

图 5-34

图 5-35

图 5-36

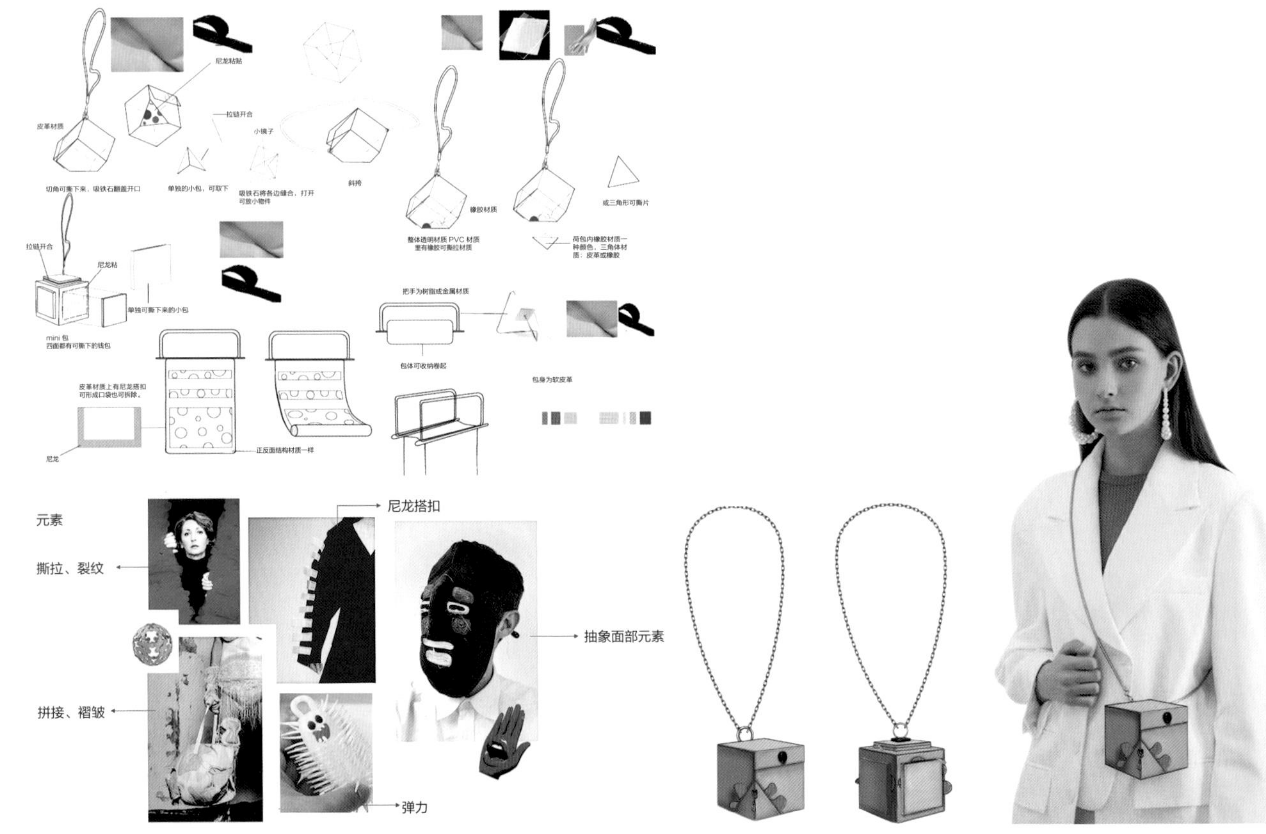

图 5-37

有怪癖、是否会在众人面前表现怪癖、觉得怪癖是否有趣、是否会有意改掉怪癖。由此可得出一些结论，大部分人还是希望能够调整怪癖行为，用别的方式解压。这就为品牌的定位提供了一定的市场支持基础；图 5–35 是品牌 Logo 和用户画像。定位当代年轻群体，有自己的小怪癖、有个性、不盲从、爱时尚、不走寻常路、有趣、另类；图 5–36 是品牌风格元素板和色彩板。

通过对目前市场上解压玩具的调研，发现大多数的产品都围绕着“捏”“挤压”“拉扯”等动作进行设计。本案例中学生们主要运用了类比法和隐喻法来达成灵感转化的目标。将人们做捏、挤压、拉扯等怪癖行为动作，以及做怪癖行为发出的声音等特征提取出来，设计成箱包产品的部件、开关方法，以及做这些动作时的声音。图 5–37 是李宝莹同学“撕嘴皮”系列的设计元素提取说明和草图、正式设计效果图。背包上采用褶皱、拼接等设计手法，可通过尼龙粘扣粘贴的方式连接小部件，设计撕拉动作、产生撕拉的声音，从而产生解压的“快感”；图 5–38 是李诗颜同学的“挤泡泡纸”系列的设计思维导图和草图及最终的款式效果图。

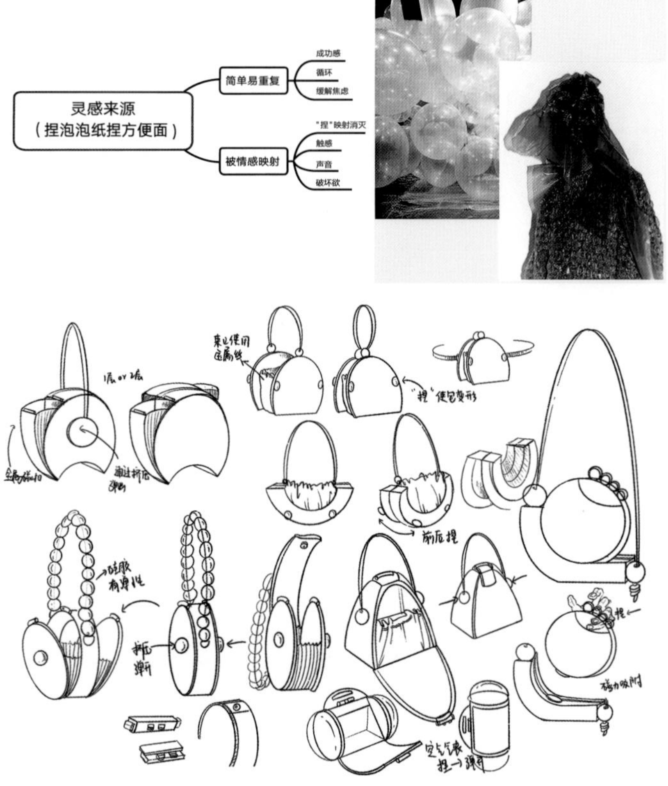

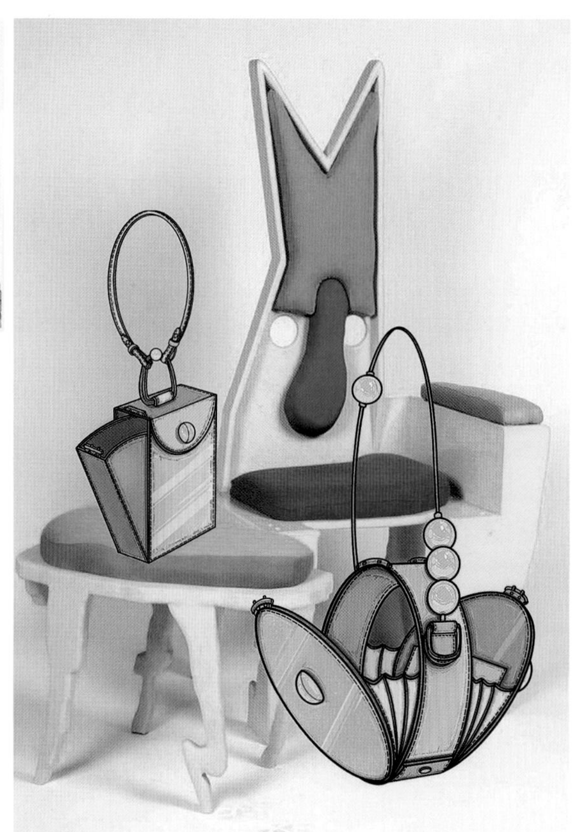

图 5-38

12. 总结与思考

本章是围绕着创意与设计这两个概念，对于创意与设计的关系、在设计活动中的作用和表现形式，以及创意思维的基本形式、具体的设计方法展开讲解。第一节作为本章的理论要点，阐明设计与创意这两个概念之间的关系，将两个概念做了明确的区分，希望学生不要混淆它们的内涵差异性，以及在具体的设计实践阶段中不同的作用。

第二节讲解了人类在进行创新活动中常用的 8 种基本的创意思维形式，并通过案例加强理解。这些思维形式每个人都会在生活中不自觉地去使用，但是作为设计师则需要进行系统性的学习和反复练习，才能作为一种区别于常人的职业化技能，在设计工作中自如地运用。第三节讲解了在具体的设计过程中，能够有效激发和运用创意思维的 9 种常用的设计方法。这些方法是在大量的设计经验基础上经过总结得出的，并且经过了现代制造业和设计领域的不断验证和丰富。在不同的设计开发目的、条件和阶段，可以选用不同的设计方法。还有很多设计方法在本书中没有提及，也希望大家可以自己去多了解掌握，并根据具体的设计需求进行实践运用。合理运用好这些设计方法会极大激发灵感，提升设计师创新思维的活跃度和设计的准确性。

可以结合本章内容做如下练习和思考：

1. 在完成老师布置的设计作业时，可以有意识地主动运用本章中讲解的 9 种设计方法进行创意设计，熟悉每种设计方法的特点、优势和适用性。还应在课外自己去找寻和学习其他更多的设计方法，不断提升自己的专业素质和能力。

2. 以一种自然景象为设计灵感，将具象的景物进行抽象和提炼，做一系列具有中国文化特点的时尚背包。可尝试分别运用类比法和隐喻法作为主要的设计创意方法来完成灵感的转化。

第六章

产品开发设计流程

在企业生产和运营过程中，产品开发可以说是所有活动的源头。产品开发是一系列有关联性活动的整合，是由不同内容和阶段组成的流程性工作。产品设计则是包含在整个产品开发流程中的。产品设计师的工作一般都聚焦于产品设计阶段，但其工作内容是立足于整个产品开发流程的。产品设计本身其实也是一个包含一系列技术活动的流程性工作。其工作内容不仅仅是画款式图，还包括很多分析研究性工作。尤其是对品牌企业的产品设计工作来说，更加具有完整性、规范性和计划性等程序化特征。

第一节　产品开发的概念与类型

当现有产品不能满足目前市场的需求，受到新趋势的推动或出现了重大的产品改进可能性的时候，都会触发产品缺口的产生，新产品开发的机会就会出现。对企业来说，新产品开发的推动力既有被动的市场驱动，也有主动的内部创新。而主动进行新产品创新的前提，是有意识、有能力提前对社会趋势、经济动力和先进技术这三个主要方面进行洞察、分析和综合研究，以真正识别出新产品开发的机会，找到缺口。而经过一系列开发生产活动，为市场输入新产品，满足了消费者的需求和期望之后，新产品就成功地填补了市场上产品机会缺口。对于时尚消费类产品来说，新产品变成旧产品，新的趋势的变幻周期非常快，新的机会缺口又会很快出现。

1. 产品开发的概念和流程

1.1 产品开发的概念

产品开发一般指新产品的研制与开发。相对于市场上现有产品而言，产品任何一项要素发生了变化都可能被视为新产品，如功能、使用方式、款式、材料、尺寸、细节、色彩等。而对企业来说，从未生产过的产品就是新产品。企业的生存、延续和发展，就是不断组织生产和提供产品或服务的过程。新产品开发就是一个永远的命题，目的是通过提供全新的产品、服务或观念来最大限度获得经济效益。新产品开发的意义是多层面的，既是企业个体求生存图发展、提高综合竞争能力的重要途径，也是带动整个产业各个领域技术革新升级、繁荣市场，并不断改良消费者生活品质、为大众带来美好使用体验的手段，还是促进人类进行科学技术研究，并将实验室里的基础研究成果进行应用性转化，服务于社会大众的有效活动。

产品开发的过程是一系列相互关联的活动的整合，包括调查分析、设计开发、生产制造、广告销售、商品流通、后期服务等，涉及各个领域的不同活动。在现代产业中，产品开发是一项系统工程，需要企业内部各个部门、不同岗位的人员协同合作、高度配合才可以完成。整个流程越规范、科学、严谨、高效和程序化，越可能开发出成功的产品，减少市场风险。要随时关注社会发展的变化趋势和信息反馈，只有与外部社会环境、产业链条联通衔接，才能正确引导企业制定正确的产品开发策略，实现可持续的社会和商业价值。以品牌经营理念为指导思想，按照品牌运作规范经营的企业，产品开发流程更加具有规范性和系统化的特征。新产品开发设计不应追逐短期市场利益而盲目跟风，而是应该有自己的策划和目标，生产组织也具有统筹性和前瞻性。

1.2 产品开发的基本流程

企业制订了新产品开发计划后，就需要整合人力、物力、资金、时间等所有相关配套资料和条件，对新产品开发方向进行合理定位，并制定出最佳开发策略和机制。一旦开发工作启动，就不能轻易更改和撤回。如果开发方向和策略制定失误，就会造成新产品开发的失败，导致巨大的经济损失。开发流程的各个阶段执行不力则会延误新产品的投产和上市时间，造成无货可销售。这些都会对企业的生存发展带来致命的打击。因此，每一次新产品的开发设计都具有极大的市场风险，这就促使企业更看重前期的调研、资源匹配、整体规划以及开发策略的制定。企业同时还要注重整个项目各个环节和因素的协同性、整合性、合理性、科学性、高效性、可行性和落地性。

不同的行业和企业，以及不同的新产品开发类型、开发策略等也会导致这个过程显示出不同的特点。产品开发的步骤、顺序与侧重点也不完全一致，而且有些企业还会根据自己的资源条件，形成独特的开发流程。但是其基本的组成环节还是相似的。图 6-1 是品牌企业新产品开发的一个完整的基本流程示意图。

1.2.1 新产品项目环节

新产品缺口出现后，企业就要开始策划下一季的开发计划和项目。从企业的自身条件、市场需求、商业利益、经济环境等宏观条件出发，制定事关企业盈利、生存和发展的开发策略。此项工作由企业管理者或决策层负责，最终以下达项目计划或任务书的形式完成。

1.2.2 调查研究环节

任务书一般只下达销售和利润目标，有一个大致的开发计划。要具体落实，还需要使内容更加准确、细节更加完善，进一步弄清复杂多变的市场信息，准确了解新产品开发的真实需求点、资源状况等。因此必须要展开对各个领域的调查研究，包括卖场调研、企业调研、目标品牌调研、竞争品牌调研、用户需求调研等，以及流行趋势调研、行业新资讯调研等。对于创新性和超前性的产品研发来说，还需要对更加前端的社会发展变迁、生活方式、艺术文化、价值观念变化等方面进行调研和分析，才能预测出产品在未来

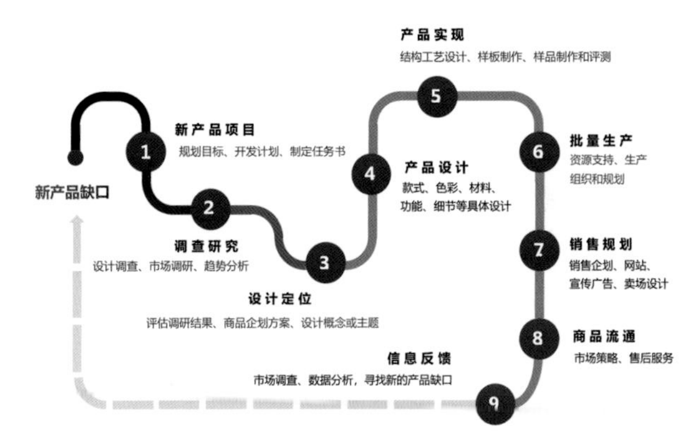

图 6-1

的走向。此部分工作一般由企划部门、品牌创意部门、商品部门、销售部门、财务部门等联合完成，设计部门有时也会协同。同时也可以委托调研公司进行专项调研来提供更多资讯和数据作为佐证，最终以市场调研报告书和流行趋势分析报告书的形式呈现。

1.2.3 设计定位环节

环节 3 至环节 5 是产品创新思维活动的主要阶段，包括概念创意、款型的具体设计和实物研制的实施阶段。

首先是设计定位环节。在充分调研的基础上，结合品牌定位、品牌形象等基本属性，以及开发任务目标，对新产品开发进行设计定位。这是一个非常关键的环节，决定了新产品开发的具体方向和内容细节。应该包括两个方面的内容：制定设计概念（或主题创意）和商品企划方案。设计概念或主题在服装服饰企业中一般主要指从产品外观审美层面，结合流行趋势和品牌风格，寻找符合品牌定位的设计灵感，最终制定出新产品的风格基调和主题关键词。从廓形、色调、技术、细节特色等方面对具体的产品款式设计进行规范，建立本次开发的设计元素库，制定创意思维和设

计行动的指导性纲领。设计概念或主题方案，一般单独由艺术总监或设计总监完成。

商品企划方案是对于企业要开发的全部货品的规划，也称为商品策划。工作要点是要规划好不同产品类型、品种、系列、款式、价格、面料以及上市波段等各个细项的结构与配比。只有制定出合理可行的产品布局，明确各个系列的商业目标、技术要素、实施条件以及投放计划等关键内容，才能既保障新一季创新概念的具体落实，又最大程度规避市场风险。商品企划工作在大型的品牌公司是由单独的企划部门完成，有些企业要与设计部门协同完成。在一些部门划分不太明确的中小型企业中，较少设置有企划部门，企划方案是由商品部门完成的。或者这两项工作都是由设计部门执行完成。商品企划工作需要市场营销知识和理智客观的全局观念，超越了产品设计师的专业背景和工作范围。但是商品企划是一项非常重要的工作，越来越受到重视。设计师如果能够参与其中也是一种挑战，是设计师的一个很好的职业上升通道。

本阶段工作最终以设计概念板（故事板、设计主题）和产品企划方案（产品结构图表）的形式呈现。

1.2.4 产品设计环节

接下来，才会进入我们最为熟悉的设计师画款式效果图这一产品设计工作环节。设计师可以去寻找自己感兴趣的视觉形象和灵感，解读流行趋势，创作个性化的款式。这也是发挥设计师的价值所在。但是原则是不能偏离前面产品企划和设计概念方案的既定规范。其实如果前面的工作做得充分合理，此阶段的款式设计工作还是比较简单明确的，并不需要设计师自己完全从头去构思和大范围地探索，只需要依据产品企划中罗列的开发类型和要求，按照设计概念板的风格基调去找到相应的设计元素和适合的组合方式，再加入一点灵感和自己的个性化设计细节，就可以达到要求。但是如果缺少前一环节设计概念方案和企划案的支撑，设计师的工作就会比较繁重和盲目。此阶段的工作是由产品设计团队独立完成的，最终以设计方案和效果图的形式呈现。

1.2.5 产品实现环节

产品实现环节是把上一个阶段的款式设计效果图，从预想的虚拟形象转变为立体的、真实的产品实物。样品部门的技术人员要在正确理解设计师的原始创意和设计意图的前提下，采用最适合的裁剪版型、面辅材料以及制作工艺，试制出完美的样品。同时，还要充分考虑大批量生产的标准化、工艺线路、成本、质量等问题。此阶段的工作是由研发部门的技术人员完成的，但是也需要设计师进行配合。一般很少一次成功，需要反复多次甚至还要对原设计进行大调整，最终以实物样品的形式呈现。

1.2.6 批量生产环节

新产品的样品试制成功后，正式进入批量化生产阶段。此时基本上不再需要设计师参与，由生产部门完成，最终以大货形式呈现。随着生产技术的提升和流水线的灵活柔性化，很多品牌会更多采用第一批小批量生产，再根据市场反馈及时补单的生产模式。这样可以为市场提供小批量、多品种的个性化产品，目的是解决时尚消费行业库存难题，实现“零库存”，以及可以不断动态调整、优化产品的生产。

1.2.7 销售规划环节

主要内容包括卖场陈列设计、网站设计、品牌宣传、广告策划、市场推广策划等内容。在新产品的设计款式确定之后，这些工作就要同步进行。新产品投放市场之前，很多宣传工作要先行一步，以进行产品预热和消费引导。此阶段的工作是由广告部门、市场部门、陈列设计师、网站设计师等完成的。但是一些小企业往往也是由产品设计师承担，最终以各种视觉形式呈现。

1.2.8 商品流通环节

即新产品进入批发或者零售市场的销售阶段。为了达到更好的销售业绩，会做各种营销活动。此阶段的工作主要由销售部门、市场部门完成。最终以销售业绩的形式呈现。

1.2.9 信息反馈环节

在新产品的整个销售季结束后，进行详细的销售数据的汇总、整理和分析，包括用户意见、售后服务、产品使用反馈等综合性的表现，作为本季产品开发任务的总结，以及下一季制订新产品开发计划的参考依据和数据支撑。此阶段的工作主要由销售部门、市场部门和财务部门完成，设计部门也会参与。最后以财务报表及数据分析报告、产品销售情况总结等形式呈现。

2. 产品开发的类型

面对市场上新产品开发的需求，企业首先要通过综合分析各项影响因素，结合自身的市场定位确定未来新产品开发的类型。这对企业后续要实施的一系列实际开发工作来说是重要前提。进行不同类型的新产品开发，需要企业具有相应的技术实力和资源条件，其对应的设计策略、开发机制和设计流程的侧重点也有所不同。开发类型选择不当会对企业的商业利益、品牌形象以及生存发展造成不同程度的影响或损害。目前对于新产品开发类型有不同的分类方法，有的比较概括，有的比较细分。但总体来说都是依据与现有产品相比，新产品开发思路的出发点和目标是以创新性为主还是以模仿性为主进行分类。主要可以分为仿制型产品、改进型产品、换代型产品、全新型产品和未来型产品这 5 种。对应的产品开发机制可分为技术主导型、设计与技术结合型、设计主导型三类。仿制型产品主要是以模仿现有产品为目标，在其相应的产品开发机制中创新设计占比较小，设计要服从于技术开发。随着开发类型的变化，创新设计占比不断增加，到未来型就转化成以设计创新为主导的开发机制，设计思维将不再受到现行技术的制约。[1]

在 5 种产品开发类型中，前 3 种类型都是以模仿性设计为主导思想的，以当下产业普遍采用的、成熟稳定的制造技术和生产模式为基础，运用常规方法进行产品设计。其并不改变现有产品的基本原理和技术条件，只是对造型、风格、功能、材料、品类等浅层要素做不同程度的变化和改良，整体外观形式差别不大。后两者则从开端就明确以创新性设计为出发点和目标，因此一定会在产品外观形式上有明显的差异性，会创建新的基本原理和技术条件。

虽然开发设计创新产品是企业和市场都追逐的目标，但是市场上大多数产品还是以模仿性设计为主。多数产品设计师也是在做改良性设计工作。从宏观的社会和历史发展层面看，模仿性设计具有积极的市场价值和生活意义。正是由于大量的企业对于第一代创新性产品的模仿和改进，才促使新技术快速推广和运用开来。通过不断的技术迭代和设计改进，产品不断完善，品类不断丰富，成本不断降低。最终使得创新产品辐射到更多市场和地区，让更多人能够使用新产品，获得生活品质的提升。比如世界上发明制造出第一台汽车、电脑、洗衣机，第一双运动鞋，第一个带走轮的拉杆箱等产品的企业，都是第一代创新产品的原创者。但是仅凭一个企业，只能满足极小一部分人的使用需求。而现代生产制造企业众多，并且经过不断地改进和发展，形成了庞大的细分市场和丰富的产品品类，可以满足世界上所有消费者的需求。

2.1 仿制型

以市场上其他企业的畅销产品为模仿范本，之后再根据企业自身的生产条件进行技术转化，仿照生产后进入市场的产品。基本上是从内外都完全仿照现有产品进行生产的开发模式。比如早期所说的山寨版产品、仿版产品和抄版产品等都属于此类。箱包制造行业的技术门槛较低，仿制加工更加容易，有很多中低端企业都是直接买来市场上流行的款式，让打版师傅拆了，把版型完全复制下来，再寻找外观看起来很相似的材料，做一定的技术简化后再生产。比如法国爱马仕品牌的铂金包和香奈儿品牌的 2.55 背包，是各个市场档次的箱包企业仿制最多的款式。其仿制品款型、工艺、皮质、五金配件、细节等与原版包高度一致，甚至能以假乱真。从个体企业微观层面上看，处于发展初级阶段的企业、低端市场品牌和非品牌企业，常常采用仿制型开发形式。一个重要原因是自身技术和设计开发力量薄弱。但是完全不做任何修改的、只为追求利益的恶意仿制，只能称为抄袭。所以仿制型产品并不能给整个行业发展带来积极的意义，而且随着消费需求的升级，会逐步被市场所摒弃。

2.2 改进型

一般是对现有技术、制造流程，或者产品的品质、功能、特点、材料、款式以及使用方式等做一定的改变与更新。改进后的产品保留了原来产品的优势和稳定性，但性能可能更加优良合理。或者是加入新的流行元素，外观美感具有一定的新鲜感，以激发消费群体新的购买欲望。比如箱包品牌企业每个开发季都会推出新产品，即使是品牌经典的款式都会进行重新设计。只是一般不会轻易进行大幅度的创新改良，多数时候都是根据市场消费反馈、流行趋势等变化因素，在上一季产品的款式基础上对材料、尺寸、工艺细节、局部功能、装饰部件等方面进行一定的改进，使其焕发出新的面貌和时尚风格。图 6-2 是法国品牌路易 · 威登经典的旅行包系列。其中一款是比较经典的棋盘格图案，另一款是 2001 年与美国街头艺术家合作推出的联名款，把经典包款和街头涂鸦艺术作品进行跨界融合，一改传统的实用低调的外观面貌，迎合了年轻人的审美潮流，进入了时尚前卫领域。表面看来只是加了装饰图案的简单的美化改造，实则是对传统设计理念和市场定位的跨越，从一个保守的老牌奢侈品，变为兼具时尚气质的新奢侈品。这是对于品牌形象和风格定位的大胆改进。

图 6-2

2.3 换代型

与改进产品相似，都是以现有产品为基础进行产品开发。一般来说换代型产品开发中设计创新度比之改进型产品更高一些，也会部分采用从来没有使用过的新技术、新材料、新结构等较新的元素。因此换代产品在市场中表现为较明显的新颖性和先进性。有时是新旧制造技术的更迭迫使产品必须进行换代，有时是新的产品概念引导着技术必须进行升级。

改进型和换代型产品开发对企业资源要求不高，风险较小，开发的新产品延续老产品的基本特征。既不会超出消费群体的接受度和熟悉性，又增加了一些惊喜，所以很容易为市场所接受，因此也是多数企业采用的最主要的新产品开发类型。图 6-3 是两款运动腰包。左边的是比较常见的传统腰包形式，有一个凸出的包体。右边则可以称为换代型腰包，不放物品的时候与运动裤结合为一体，几乎看不出是一款腰包。这是因为采用了新型高弹材料，因此不需要根据物品大小去设定一个固定空间的腔体，颠覆了传统的包体尺寸和功能设计思路，使得外观设计有了较大的突破。

图 6-3

2.4 全新型

全新产品，也称创新产品，是运用新的设计概念、新的原理、新的技术设备等，来开发目前同类市场上从未出现过的全新产品，或者是直接创造出一个新的商品市场。远到 19 世纪的火车、轮船，近到 20 世纪的汽车、电视机、电脑等，这些产品在刚刚研发出来投入市场时都属于全新产品。服装服饰产品虽然不似上述工业产品对人类社会产生巨大推动力，但也对人类的日常生活有着重要的意义。比如 20 世纪中期法国人发明的比基尼泳装，虽然刚推出时受到社会舆论的批判和反对，但是很快就席卷全球，成为广受欢迎的新款泳装，为女性带来了全新的运动体验和生活方式。其意义不止于服装和运动，还彻底打碎了对于女性审美的陈旧认识和道德禁锢，带来了女性身体的解放，打破了对于女性身心的束缚。

全新产品往往是具有突破性的、革命性的产品变革，可以改变消费者对于产品的一贯认识并建立新的生活方式，也可以创造出新的市场品类，并成为新潮流奠基者和其他企业模仿的原型产品。但是由于市场对于新生事物接受度比较谨慎和迟缓，再加上企业需要投入极大的技术力量和漫长的研发时间，所以全新产品的研发带有较大风险性。但是一旦被市场所接受，就将获得广阔而长久的市场占有率和巨大的利润。原创者也成为市场趋势引领者，掌控该产品领域在较长时期内新产品改进、升级的节奏和创新的主动性。中国的箱包行业目前还缺乏能够自主开发出全新产品的企业，多数企业以仿制、改进、换代型产品研发为主，各个级别的市场几乎都被国外知名品牌所主导。相对于中国箱包企业巨大的体量、生产数量、品牌数量等，行业地位极其不匹配。市场上很多国内企业制造技术和款式品质非常优秀，与国外知名品牌不相上下，但是产品却无法获得更高的社会认可度，以及更佳的品牌形象和附加价值。尤其是在高端和大众这两个极端领域，还缺乏具有原创核心技术和文化内涵的、能够引领或开拓新市场的品牌和企业。

图 6-4 是意大利 O　bag 品牌女包。成立于 2009 年的 O　bag 品牌，以新型环保的 EVA 材质来制作包袋产品。背包是一体成型的，不需要缝纫组合，具有极简的现代科技感。这种材质具有色彩饱和度高，色调变化丰富，质地轻软，手感柔软有弹性，防水、防污、耐脏、易处理和使用寿命长等优点，是一种完全不同于以往任何传统用料的新型材料。而且包身、内胆、拎手、围领等配件都是可以拆卸和自由组合的。

图 6-4

消费者可以根据自己的喜爱去搭配不同配件。

2.5 未来型

也可称为概念型产品。不是用于最近几年内要投产上市的款式，而是在观察和分析社会发展动态、技术进步、生产和生活方式、产品潜在需求等多方面因素之后，创造出新的产品概念，大胆预测和构想在较远未来，行业领域的新产品可能呈现的形式和功能。未来型是由创造性思维和大胆的想象力为主导的类型，不局限于现行技术的可行性，反而会引导技术不断升级，挑战极限，甚至创造新的制造技术。

未来型是一种前所未有的概念设计，具有未来市场潜力，但也有很多不成熟、不确定的部分。需要大幅度改造现有技术、实用功能或形态特征，或者完全抛弃现有的制造基础，重新进行未知新技术的探索。这时候的设计创意就要大胆跨界和交叉融合，有必要从本行业之外去获得灵感启发，以及新的技术和材料等条件的支持。这里所说的概念产品，绝不是我们平时所做的艺术化的、强调个性的、怪诞奇异的所谓“概念设计”。真正可以称为“概念”的一定是指符合未来社会发展趋势，能够传递未来时尚风貌的设计。它看似不可思议，实则具有一定的理论支撑和技术可能性，不是毫无依据的个性臆想，或者经不起推敲的虚假概念。

未来型产品的开发对知名的品牌企业来说，具有未来市场产品的战略储备意义，也是持续保持品牌行业引领地位的必要手段。可能未来型产品对于当下没有实质性的经济效益，甚至还需消耗大量资源，但其对于维护品牌的核心价值、社会形象，展示研发实力、艺术水准和个性化主张等方面有着非常必要的宣传功效。

图 6-5 是路易 · 威登和柔宇公司合作的全球首款柔性屏手袋，2019 年 5 月在美国纽约举办的路易 · 威登 2020 早春女士时装秀首次亮相。手袋的研发和设计历时两年多，路易 · 威登将其命名为“来自未来的帆布”，展现柔宇科技拥有多项专利的柔性显示屏与柔性传感器。这让手袋不仅是人们的装饰配件，还成为一款人机交互智能设备。顾客不仅可以在柔性屏上播放图片、视频，还可通过柔性显示屏进行触控互动。时至今日，这种带有柔性屏的手袋也没有真正投产销售，但无疑已经充分展示出路易 · 威登公司的跨界意识和积极融合高科技的进取姿态，牢牢把控住了奢侈品品牌的领先地位。同时也预示着在未来“柔性 +”或将逐步走入人们的现实生活中，箱包行业也要充分考虑开发新的功能和价值，为用户带来全新的产品设计方式和体验，步入产品的迭代和制造技术的颠覆性变化阶段。

图 6-5

3. 教学案例 14：对现有产品的改良设计实践训练

本节设计训练的主题是针对产品不同的开发类型进行设计实践。

如果仅从作为作品的产品设计角度去评价设计的话，创新的程度越高越好，越是颠覆常规的创意越能显示设计师的能力，并为观者带来美好的体验和启发。但是如果从作为商品的产品设计角度来评判设计的话，对于创新程度和方向把控就需要进行客观的分析。在一定时代和社会背景下，人们的生活方式和内容相对稳定，所以并不需要所有产品都是不断创新和不断被颠覆的。而且产业中的新技术、新产品也需要有相对长期而稳定的生产周期，才能不断改良精进，并为企业获取丰厚的利润。但是反过来讲，改进型和换代型产品的开发设计并不是不需要原创设计，而是要找到真正的问题所在，在较低的创新风险前提下，通过适当增加局部功能，创造新的产品形象和审美趣味，增加设计品质感等手段，提升产品的性价比和市场竞争力。

可以在高年级的设计课程中设置与商业市场有关的课题。既可以是与企业联合的设计真题训练，也可以是自主选择知名品牌进行虚拟设计命题练习。重点是要结合品牌现状和市场调研的结论做综合分析，确定产品设计创新的可行性目标。主要以改进型和换代型产品开发类为设计定位，最终设计方案要具备可行性和商品性。

4. 学生作业 17

学生：余朋洋 周佳映 张洁彤 杨潇 王卓希 黄凯翔

本书第三章第一节，列举了该小组以国际知名的运动服饰品牌万斯为研究对象的设计调研案例。本节中继续展示这个小组在进行了品牌、市场和用户调研之后，所进行的产品改造内容。万斯品牌是以休闲运动鞋为经典产品。在市场和产品调研过程中，小组成员发现品牌旗下的其他配饰产品，如背包、帽子等产品类型并不是很丰富，在设计上具有一定的设计改造空间，因此设计了调查问卷，对品牌用户做了调研。从问卷反馈中可以看出：目标群体主要为 15 ～ 17 岁、18 ～ 21 岁与 22 岁及以上的年龄段青年，男女比例相近。对于消费者购买品牌背包的原因，反馈较集中的有：对于款式一眼相中、信任品牌质量、物美价廉、品牌知名度高。而使用之后对于品牌背包的感受，反馈较集中的有：品牌质量好、背负舒适使用感好、背起来美观、功能性强，但撞包概率很高。同时用户都反馈，对于现阶段的万斯包款在设计中有更多期待。他们注重包袋与服装的搭配性，对于不同功能性的包袋需求也是很高的。而且他们愿意尝试和购买不同风格与款式的包袋。根据调研结论，小组确定了以现有背包产品为基础的改造计划。

设计改造定位：

从结构和材质方面入手，增加包的款型类别：托特包、胸包、单肩包、手机包等（具体参考款式板）。丰富产品线：帽子、头巾、水杯、镜框、腰带、钥匙

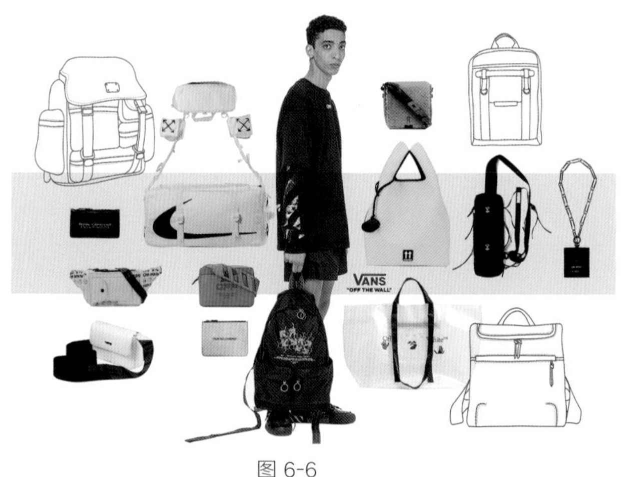

图 6-6

图 6-7

图 6-8 图 6-9 图 6-10

链、头盔、护腕、手机壳。尝试不同材质（具体参考材质板）。增强功能性（如满足热爱滑板的学生对于书包与滑板包的双重需求，功能细化满足滑手日常携带各种滑板配件的需求，设计满足青年人日常生活携带必需用品的箱包，例如水杯袋、手机包）。推出个性定制箱包。

价格定位：300 ～ 1000 元。

设计改造概念：

在万斯箱包原有基础上突出街头风，加入滑板场所涂鸦、Hip-Hop 音乐等元素。

图 6-6 是背包产品线的概念板和款式板。图 6-7 是涂鸦系列的图案元素板。图 6-8 是黄凯翔同学设计的双肩背包设计效果图。针对喜欢滑板的用户，他设计了一款双肩背包，在正面设计了可固定各种型号滑板的功能性部件，尝试为产品增加独特的价值感和专属性。图 6-9 是黄凯翔同学设计的女性风格的邮差包设计效果图。图 6-10 是整体形象展示。两款包都运用了万斯的品牌 Logo 作为涂鸦图形，双肩背包将品牌首写字母“V”巧妙地与固定滑板的卡口造型融合。邮差包也是利用了正反两个“V”字作为包盖边缘形状，并在“V”字的顶端处固定插口，既符合使用习惯又突出了标志性设计。

第二节　产品设计基本程序

产品设计是包括在产品开发流程中的一个重要环节，本身也是一整套程序性的工作内容。在品牌化运作比较规范的企业中，相关部门划分明确，设计师的分工非常严格，产品设计师可能只承担第 4 个环节中的工作，并参与第 5 个环节的配合工作，工作内容相对单纯，主要集中于产品本身的设计。很多品牌会单独设置图案、面料、配件开发、功能性研发等相关部门进行配套设计。设计师只需负责产品外观形式和审美层面的内容。但是在品牌化运行并不规范的企业，以及一些中小型企业中，产品开发和设计流程比较随意，没有严格的部门和工作职责划分，所以产品设计师的工作可能会身兼从第 1 个环节开始的新产品项目策划，一直到第 5 个环节的样品监制相关工作。

品牌企业的产品设计工作一般都是以团队形式为主，产品设计程序严谨高效，内部分工明确，各个工作环节的内容很务实。包含在企业产品开发流程中的产品设计工作，与学校的创意性设计课程或者创意设计比赛中的设计过程，在设计思维方式、内在的逻辑顺序和基本流程环节等方面是基本相同的。但是，后者更看重创意思维、设计方法的培养，会鼓励学生跳出常规，结合未来趋势做大胆地创新和颠覆；前者则更多关注满足用户和市场需求，考虑商业利益、技术条件等现实因素，并需要整合与权衡各种因素。

从新产品开发计划或者项目任务书制定后，产品设计师就会以不同的方式和参与程度开始进行一系列技术工作，直到样品制作和确认为止。在本节中，结合箱包企业实际的产品设计工作状态，将设计师等工作流程概括地划分为三个阶段：产品设计定位阶段（调研、思维发散和设计概念或主题确定），产品方案设计阶段（草图构思、实验优化与效果图绘制）和产品实物研发阶段（结构、技术设计、样板与样品制作）。

1. 产品设计定位阶段

1.1 基本流程与成果形式

这个阶段的工作目标首先是解读项目任务，之后通过充分调研和思维发散，将本项目中对应的用户需求转化成在设计中需要解决的明确问题，从而确定新产品开发的方向、焦点、难点、创新点、手段、方法、形式等，从各个层面对此项设计任务进行设计定位。新产品开发是具有一定风险度的，对于开发策略和创新方向的制定需要经过多方调研和思考，以确保决策的正确性。图 6-11 是产品设计定位阶段的基本工作流程示意图。

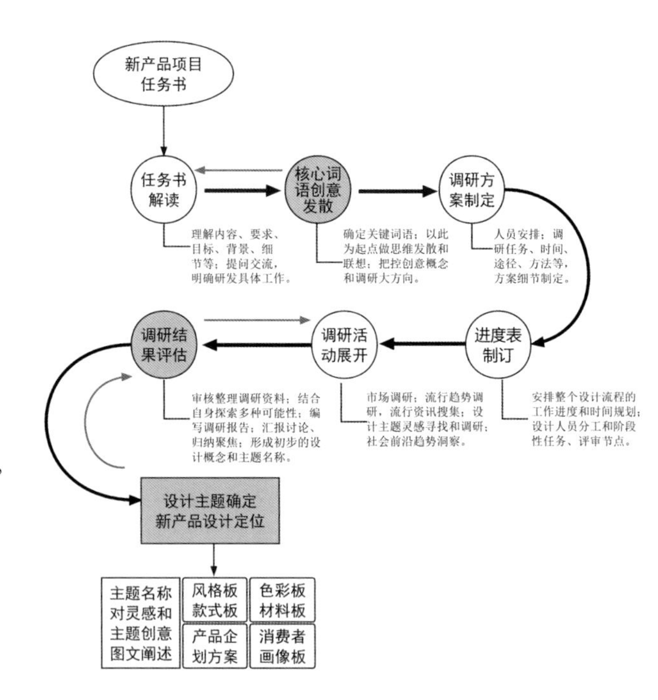

图 6-11 产品设计定位阶段基本工作流程示意图

本阶段最终取得的设计成果是提出一个新产品的设计概念。设计概念包括很多内容，但必须要体现产品本身、产品用户和竞品市场三个方面的具体描绘和准确界定，并要着重提出新产品开发的创新点所在。设计概念的表达形式一般是一份图文并茂、数据完备的产品策划方案，起到纲领性的指导作用，可以让设计团队的所有成员都充分理解和照章执行。产品策划方案所概括的内容，因产品行业、设计对象、产品类别、项目形式、客户要求等影响因素的不同，也会有所差别。比如标准化程度较高的工业产品，多会采用简练明确的文字描述，配合表格数据、产品使用故事板等进行理性客观的表达。受到流行趋势和消费者个性化影响较大的时尚服饰设计，一般都会用前面提到的视觉化的概念板形式来表达。

在时尚服饰企业的改进型新产品开发中，一般都侧重于外观审美和风格的设计，多数时候并没有什么实质性的技术或概念的创新。所以多用设计主题这个词汇来代替设计概念，构思一个虚拟主题，用于品牌风格定位和产品视觉形象。虚拟主题的选择要围绕品牌的基本风格定位，但应更加具体生动，每一季都有不同的灵感来源，富有新鲜感。可以用一套新的设计语言和表现手段，为稳定的程式化的品牌风格带来一些新意。因此这对于时尚类服饰产品来说是非常重要的创新方法。比如经典优雅风格的品牌，某一季的主题是以20世纪初的新艺术风格装饰纹样为灵感，从卷草纹样和装饰色彩中提取元素转化到箱包产品的设计中。另一季又以歌剧院为灵感，华丽舞台的造型、色彩、材质，以及古典音乐等成为箱包设计元素的来源。

设计主题一般采用具象化的故事板形式来表达，也称为概念板、情绪板或者基调板。借用具体生动的图像、色彩和丰富独特的细节化内容，向相关者传达出新的流行季中品牌的风格特征，以及产品设计的视觉形式等审美内容。还需要使用色彩板、材料板、消费者画像板等形式来辅助表达更多必要的设计定位意图。

（1）故事板的组成内容和形式：

主题名称——概括性的、能引起联想的、具有寓意的主题词语或短句。

风格概念——能表达出所需要的特定审美基调和设计特征的产品或相关形象的图片。

款式概念——能表达出预期款式特征和要点的箱包产品参考图片。

（2）色彩板的组成内容和形式：

色彩概念——主色、次要色、搭配色、点缀色、色彩搭配比例、面料色号。

配色方案——色彩搭配组合形式等。

（3）材料板的组成内容和形式：

材料概念——主料、辅助材料的高像素图片、细节放大图或者实物小样。

材料借鉴——其他领域的材料、新材料研发的参考效果。

（4）消费者画像板的组成内容和形式：

用户形象——选用典型人物形象、生活场景等相关图片来形象地描绘产品对应消费者的面貌、消费心理、价值观等特征。

用户调研——调研数据、图表和分析结论等。

故事板可以采用传统的手工拼贴图片的方法，也可以采用电脑制作方法，还可以将两者结合进行设计表达。在学校的设计教学中，设计作业的目的是训练学生的视觉化表达技能，激发创意个性和培养设计表达能力，对于故事板的版面设计、图片处理、构图方法等表达形式要求更加艺术化。图6-12是课程中学生所做的一个情绪板（设计绘制者：王佳艺、莫思琪、赵欣然、甘杨、张琼尹、徐漫）。画面的构图和拼贴方式，以及图片的选择和编辑处理等都带有强烈的个性和艺术化处理特征。

企业的实践活动是以结果为导向和评价标准的，需要高效迅速、准确实用，故事板等视觉化表达反而比较简单务实，内容重于形式。图6-13是国内企业比较常见的故事板视觉表达形式。人物形象和产品形式等相关图片都是经过筛选的，也都是最能体现预期设计风格的。但构图只是平铺直叙，配合简单精确的文字来辅助说明即可。这样的形式虽然显得很简陋，但是用于设计团队内部的传达和沟通则更实用高效，且不易让人产生歧义和主观性的理解。但无论形式如何，内在的逻辑都是严谨的，设计程序都是不会变化和省略的。

对于一些换代型或者全新型的新产品开发项目，由于涉及对技术和材料、款型和功能等较大程度的颠覆和预测，所以除了形象化的故事板表达之外，还需要更多完备有力的资料和数据做支撑，才可能获得企业管理层以及其他部门的赞同。比如新产品的市场定位、用户定位、功能定位（新功能、使用性、特点

图6-12

图6-13

选项	小计	比例
肩膀酸痛	169	30.4%
包带滑落	426	76.62%
包体变形	197	35.43%
其他 [详细]	53	9.53%
本题有效填写人次	845	

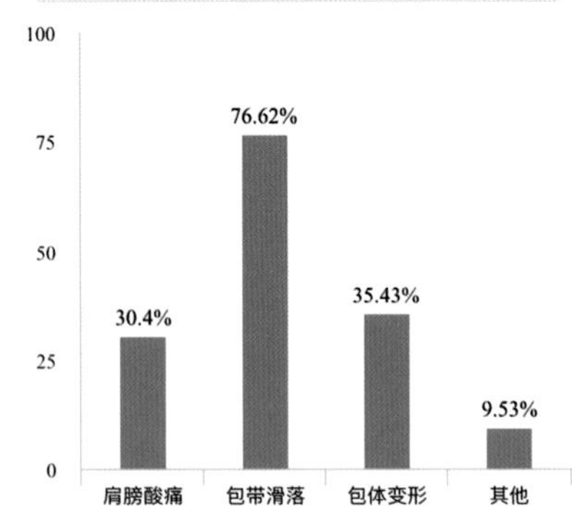

选项	小计	比例
提把易磨损	313	56.29%
包角易磨损	450	80.94%
包体易磨损	48	8.63%
其他 [详细]	22	3.96%
本题有效填写人次	556	

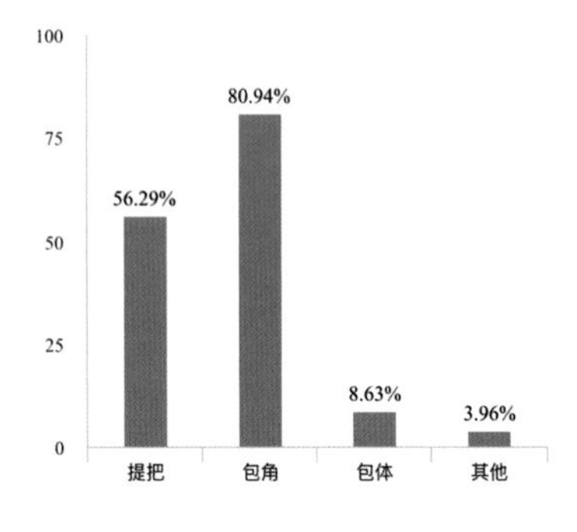

选项	小计	比例
是	363	65.29%
否	193	34.71%
本题有效填写人次	556	

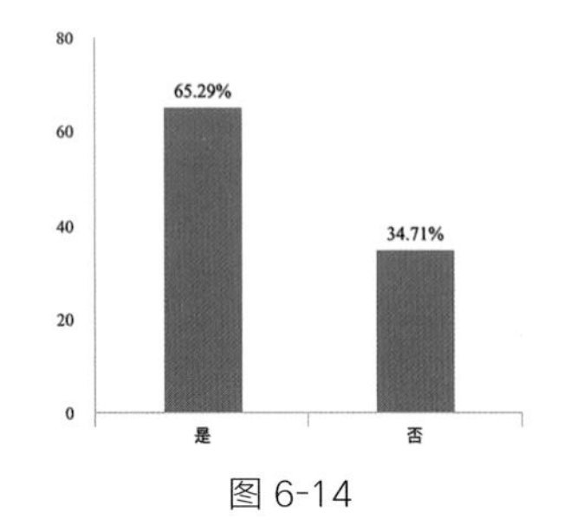

图 6-14

优势、独特的体验感等）、技术定位（制造技术、工艺技法、结构原理等）、品类定位（品类、款式、系列划分）、建议价格区间（成本、零售价、促销价等）、展示方式（货架、店铺、橱窗等陈列方式）等。

1.2 重点环节与工作内容

第一阶段最重要的工作内容有两个：核心词语创意发散和调研活动。在核心词语创意发散环节中，设计师要在充分解读设计任务的基础上，找出项目创新的核心焦点并用关键词表述出来。围绕这个关键词快速运用直觉思维进行广泛发散和联想发散，初步确定一些新颖的解决方案和突破方向。这个过程看似是自由的思维发散，但绝不是胡思乱想、漫无边际的，也会根据个人前期的设计经验和知识储备去快速锁定合理的方向。所以，这个时期特别依赖于设计师前期的知识积累和经验储备、开阔的视野、开放的思维方式以及大胆的想象力。否则设计师就会陷入迷茫中，找不到方向，在盲目搜寻中浪费大量时间和精力。学生和年轻的设计师的作品往往颠覆常规，大胆有余但是巧妙性、合理性不足，过于异想天开，无法落地。这和专业知识和经验不足有很大的关系。但是反过来有多年实践经历的企业设计师虽然专业能力深厚，想法比较合理务实，但是思维固化，头脑局限于以往的经验中，很容易被禁锢，导致概念创新度不足，所以设计总是缺乏新意。为了辅助创意思维的激发，此阶段可以灵活运用头脑风暴法、KJ 法（亲和图法）、类比法、移植法、形态分析法、5W1H 法、拼贴图等创意设计方法。

经过思维发散和灵感激发锁定几个初步的创新方案之后，接下来就需要进行针对性的调研工作。调研工作占据了第一阶段的大部分时间和精力。调研资料越丰富越有针对性，就越能发掘出内在的需求，找到问题和突破口。调研包括市场动态调研、竞争产品调研、用户需求调研、流行资讯调研、设计主题灵感寻找和调研等。通过调研开拓思维，知己知彼，洞察未来，以确保设计概念的合理性和先进性。调研资料和数据最后要进行处理和总结，设计师还要编写调研报告。

根据调研的途径和内容，可分为一手调研和二手调研。一手调研就是设计师通过自己实际的调查工作所得到的直接信息，包括自己拍摄的照片、自己构思绘制的图形、做的实验、实地考察、访谈、做的问卷等。它具有目标性强、生动具体、可靠程度高的优势。对设计师来说，一手调研可以直接观察设计对象、用户和市场，是直接激发感受、获取灵感来源的最佳途径。一手调研的方法主要有用户观察、用户访谈、问卷调研、设计草图、角色扮演、情景地图、知觉地图（坐标分析法）等。图 6-14 是课程中学生针对可持续包袋设计课题所做的调查问卷的部分内容（调查问卷设计与报告整理：吴倩格）。第一组的表格和柱状图是对“您在背包时会遇到哪些问题？”的统计。第二组是对“您的背包的哪个部分容易磨损？”的统计。第三组是对“如果包袋易磨损部位（例如包角）可替换，您是否选择替换？”的统计。通过层层的问题设计，深入挖掘了用户在使用背包过程中的具体问题，为下一步设计方向和创意要点提供了很好的参考数据，可启发设计师提出更换包角和提把的设计方案，既可以及时更换磨损的部件，延长使用寿命，也可以给用户提供不同的配色方案，增加搭配性。

二手调研就是通过搜集、整理由他人或机构收集并整理好的现成资料进行调研的方法。它包括图书、期刊、报纸、网站、电视等传媒文献，以及政府部门、研究机构、行业机构等发布的政策、报告、年鉴、指数等信息，还有各种交易会、展览会、论坛等公开发布的图片、文字、数据、研究成果等资料。在网络充分发展的今天，二手调研可以为设计拓展调研范围，站在更加广阔的角度把控设计方向和趋势，提供更多的数据支撑。但是，二手调研也存在一些不确定性，如文献信息是否有时效性、是否全面等，在使用时需要多方印证、客观分析，最好结合一手调研进行综合比较后再使用。二手调研方法主要是文献综述、图片搜集、流行趋势分析、信息检索、数据库查询等。通过以上调研方法获得的大量数据和图文信息，需要分门别类地记录在素材本或者电脑中，以便查阅和整理。调研内容不仅要记录完整详细，还需要标注准确文献出处和信息来源。有些资料需要确认其真实性、是否可以使用，涉及一些个人或品牌非公开信息还需要说明自己的用途并征得同意。很多二手资源还要支付信息费。这些都是需要格外关注的细节，不能让最终的产品涉及虚假信息或者知识产权问题。这也是作为设计师应该遵循的职业道德规范。表 6-1 是课程中学生搜集整理的箱包国家推荐标准（调研与整理：林笑宇，调研时间：2019 年 4 月）。通过查阅文献，学生整理国家推荐标准共 39 个，现行和将行的有 32 个，截取了一些与背包有关的标准进行汇总。这些资料对于下一步背包功能性改进提供了很好的参考数据和基础。

不同类型的新产品开发在设计定位阶段的侧重点也有所不同。对于创新型和未来型产品开发，设计概念的创新程度较多，需要花费较长时间和较多精力进行新概念的探索和实验。工业类新产品很少在一年内能够被开发出来，一般都需要 3 ～ 5 年时间，甚至更长。箱包在新面料、新制造技术、新造型结构等方面的研发也一样需要花费较长时间。调研工作也不能仅仅局限于当下，而应向更前端的基础产业、社会文化、生活方式和跨界领域观察和调研。而对于很多仿制型、改进型、升级型产品开发类型，因为制造技术和材料、市场和用户需求稳定而明确，无须太多革新，因此，调研工作主要关注当下社会和市场，在此阶段投入的时间和精力相对少。

表 6-1 箱包国家推荐标准节选

序号	标准编号	标准名称	标准主要内容	代替标准	实施日期
1	QB/T 1333-2010	背提包	本标准规定了背提包的产品分类、要求、试验方法、检验规则、标志、标签、包装、运输和贮存。 本标准适用于各种日常生活用的背提包。	QB/T 1333-2004	2011-04-01
2	QB/T 1586.1-2010	箱包五金配件　箱锁	本标准规定了箱锁的术语和定义、产品分类、要求、试验方法、检验规则、标志、标签、包装、运输和贮存。 本标准适用于所有日用箱包的箱锁。	QB/T 1586.1-1992	2011-04-01
3	QB/T 2155-2010	旅行箱包	本标准规定了旅行箱（旅行衣箱、旅行软箱）、旅行包的产品分类、要求、试验方法、检验规则、标志、标签、包装、运输和贮存。 本标准适用于各种具有装放携带衣物功能、配有走轮、拉杆的旅行箱、旅行包。	QB/T 2155-2004	2011-04-01
4	QB/T 4116-2010	箱包　滚筒试验方法	本标准规定了箱包的滚筒试验方法。 本标准适用于日用箱包。		2011-04-01
5	QB/T 1586.2-2010	箱包五金配件　箱走轮	本标准规定了箱走轮的术语和定义、产品分类、要求、试验方法、检验规则、标志、包装、运输和贮存。 本标准适用于各种箱包用的走轮。	QB/T 1586.2-1992	2011-04-01
6	QB/T 1586.3-2010	箱包五金配件　箱提把	本标准规定了箱提把的术语和定义、产品分类、要求、试验方法、检验规则、标志、包装、运输和贮存。 本标准适用于各种箱包用的箱提把。	QB/T 1586.3-1992	2011-04-01
7	QB/T 1586.4-2010	箱包五金配件　箱用铝合金型材	本标准规定了箱用铝合金型材的要求、试验方法、检验规则、标志、包装、运输和贮存。 本标准适用于各类箱包用的铝合金型材。	QB/T 1586.4-1992	2011-04-01
7	QB/T	箱包五金配	本标准规定了拉杆的术语和定义、产品分类、要求、		2011-04-01
8 16	QB/T 4120-2010	箱包手袋用聚氨酯合成革	本标准规定了箱包手袋用聚氨酯合成革的分类、要求、试验方法、检验规则及标志、包装、运输和贮存。 本标准适用于以非织造布基、机织布基、针织布基为		2011-04-01

2. 产品方案设计阶段

2.1 基本流程与成果形式

设计定位确认之后，接下来就将进入设计师最喜欢和擅长的工作环节——可以开始画图了。如果前一个阶段的设计定位工作是把任务中的问题找出来，是确定要解决哪些问题，那么产品方案设计阶段的工作

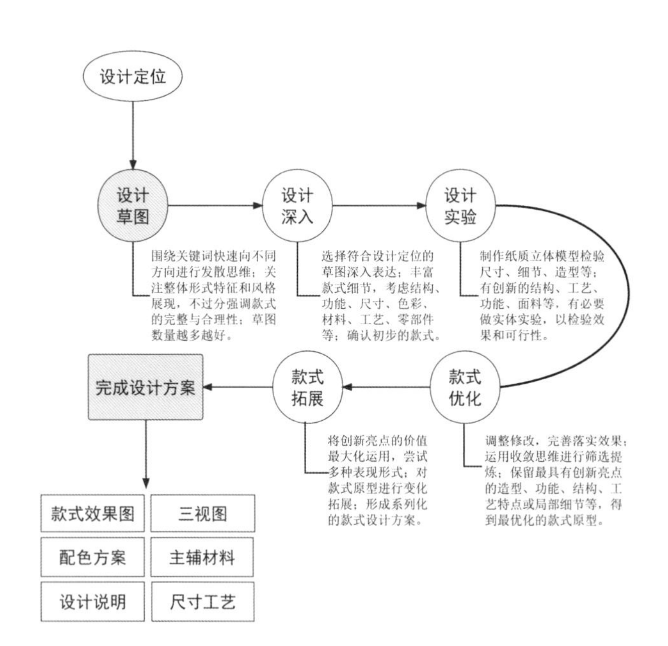

图 6-15 产品方案设计基本工作流程示意图

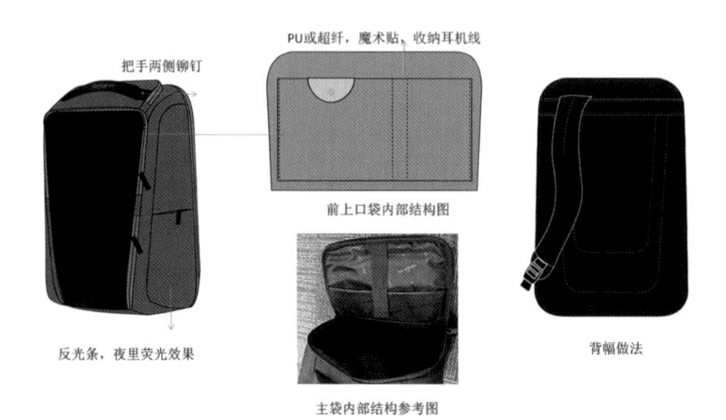

图 6-16

目标就是开始解决这些问题，找到解决问题的具体方案，将抽象的设计概念转化成具体的、生动的产品实体。图 6-15 是产品方案设计阶段的基本工作流程示意图。

本阶段最终取得的设计成果是设计效果图、配色方案和必要的工艺细节说明等整套设计方案。设计效果图一般采用 AI、PS 等电脑软件绘制，手绘效果图由于效率低、效果表达的局限性以及无法进行数字化存档等多种原因，在企业中已经基本被淘汰。箱包一般采用四分之三侧面的视觉角度绘制立体效果图，可以很好地展示出立体效果和结构等基本信息。在企业的产品开发过程中，用于设计团队进行内部交流讨论、与外部人员沟通听取意见，以及设计工作结束后进行评选的设计效果图，由于展示目的和观看设计效果图的人员的不同，也会在视觉呈现形式上有所差异。当只有设计师的场合下，就比较简略。当参与者还有企业管理层，市场、技术等其他部门人员时，效果图绘制就要以写实表现形式为基础，力求视觉表达真实生动和清晰准确。而且不同企业和项目背景，也有不同的要求和标准。基本形式一般包括电脑绘制的设计款式图、三视图、产品初步尺寸、产品细节说明和面料效果（多指主料）。图 6-16 是某国际知名商务品牌在实际工作中采用的设计效果图形式。第一个款式的效果图表现形式较为简单，第二个款式的设计效果表现比较写实逼真，但是没有过多细节说明。

在设计评选环节结束后，设计效果图要对接样品研发部门的技术人员，还需要绘制正面图、侧面图、顶部俯视图、底面俯视图，以及细节放大图等图纸，加注尺寸、工艺做法、主辅材料、色彩、数量规格等制作细节说明。工厂一般称为箱包开版文件或开版单。

2.2 重点环节与工作内容

草图阶段是从抽象思维到具象形式转变的起始步骤，将故事板中表达的强烈情绪、审美意向、视觉特征，头脑片段的设想，以及在调研中受到的启示等抽象的思维形式，转变为具象的产品形态、造型结构、功能细节等。可以分别从结构、轮廓、功能、细节、材料等方面进行大量的构思，及时用草图勾画的方式记录下来，之后再分析哪些方面的创意更加可行。最终定稿的款式可能就源自最初的一个潦草的线图。

记录设计师初始探索过程的草图，可以不用过于精细完善，不用上色，使用速写铅笔、彩铅、签字笔、针管笔等单色笔均可。如果一些很好的想法在图上不能展示出来，也可以用一些简单的文字记录下来，以免遗忘。这个阶段需要快速产生大量的草图方案，越多越好，方案尽可能展示出所有的可能性，不要轻易否定自己的构思，可以把前一阶段积累的各种启示、灵感、想法和感觉尽快彻底释放和具体落实下来。可以运用模仿创造法、类比法、隐喻法、形态创造法等多种创意设计方法来引发创意思维的运行。

绘制了大量草图之后，可以暂停一下，对所绘草图进行回顾和审视，看看是否偏离了设计定位的方向，是否充分展示了设计概念的核心特征，所搜集的一些资料信息、灵感闪现的片段是否全部利用等。在回顾过程中可能还会有新的发现，并进一步修正、深入初步的想法。经过了大量的草图绘制后，选择其中比较满意的做进一步推敲和深入完善。抓住每一个草图最有特点的创新核心要素，尝试向不同的款式发展，在形状、线条特征、尺寸比例、部件特点、细节特点等各个方面做丰富的变化，也可以将一个比较满意的基本廓形大量复印，在轮廓内做细节的多样化设计尝试。在这个过程中，设计师也会不断受到新的启发，产生新的灵感，衍生出新的构思方向。

对草图进行深入发展，完善必要的设计要素后，使得产品款式逐渐丰富和生动起来，预期的设计效果、艺术风格就会慢慢浮现于画面。此时可进行正式的线图绘制，表达完整的款式特征，包括造型、图案、尺寸、比例、结构、功能、软硬度、五金配件、开关、携带方式、装饰、工艺细节、缝纫线迹等。还需要考虑箱包在不同场景中的使用状态，绘制携带在人身上的效果，更真实地反映出尺寸比例关系和整体搭配效果。比如箱包的人体功效学设计要素，款式的比例、内部置物空间的合理设置、手提带的固定位置、手提带的宽度与长度，以及固定的角度、缝纫方式等，对于使用舒适性、省力感、牢固性等方面都有很大的影响。但很多时候设计师只是关注外形美观度和设计个性的展示，不太考虑这些功能性。有时为了满足特殊的构思，随意调整其固定的方式和尺寸，会造成不舒适的使用体验。

当款式基本确定后，接下来就可以进行配色和材料的设计选择了。可以把确认的款式线稿进行大量复制，按照自己的预期构思变换色彩和材料的不同组合，以找到最佳的效果。在平面上进行设计之后，接下来可以进行立体模型实验，通过实体模型来验证和完善平面的款式设计效果。这个环节也是比较重要的步骤之一。比如前面讲到的人体功效学的设计要求，对于一些非常规的特殊背带设计就有必要进行初步的实验，可以用真实的材料或者相似的代用材料制作出背带以及包体进行试背，检验设计的位置、尺寸、组装方式等，并通过反复试背实验调整背带设计至既合理又美观的状态。最常用的手段就是用普通的白纸或者杜邦纸，把包体前后、底部、侧面等主要部件的形状，以及背带、手提带等主要的附属部件都按等比例描画后裁剪下来，用胶带或者订书机将包体简单组合起来，外观上的一些附属口袋、拼接线、装饰线、印刷图案、特殊的五金配件等，也可准确描画出来。还可以用彩笔等表现出色彩效果。这样就可以得到一个具有一定真实感的立体纸质模型。纸质模型制作简单便捷，在纸质模型上可以直接进行修改、标注修改印记，是非常好的设计验证手段。很多设计都会对材料进行二次改造或局部的装饰美化，均可在此阶段进行实验。如果采用了新型的非常规材料和工艺，也需要真实验证一下材料的性能。否则一个材料的小问题就可能导致最终产品质量检验不合格，或者给消费者带来使用问题。当然一般不需要制作一个完整的包体，只需要制作关键部分即可。

立体实验是设计师在整个产品设计程序中最后一项自主独立完成的工作，是验证设计效果、对可行性进行把控的必要环节。对于在校学生和经验不足的设计师，以及一些创新程度较高的产品类型，立体实验是非常必要的，可以提前排除一些技术难题，降低后期与研发技术人员的沟通难度，并保障自己的设计预期效果。不过很多实践经验较丰富的设计师会省略这个环节，企业中也多由制作样板的技术人员制作。图6-17是课程中学生用牛皮纸制作的包体模型（设计与制作：戚启云）。设计效果图显示侧面有比较复杂的装饰结构，为了达到满意的效果，并为后期样板制作提供准确的参考依据，设计师经过反复的实验，设计了很多种结构组合方式。设计效果图和工艺说明图再配合立体的纸质模型的整套方案，将非常有助于样品研发人员的理解和转化。

3. 产品实物研发阶段

3.1 基本流程与成果形式

设计方案确认之后，设计师的主体工作就基本完成了，下面要进行产品的研发，把款式效果图转化为实体，才算是真正开发成功。每个工厂在制造设备和工艺技术等方面都有自己的流程特点、优劣势，设计

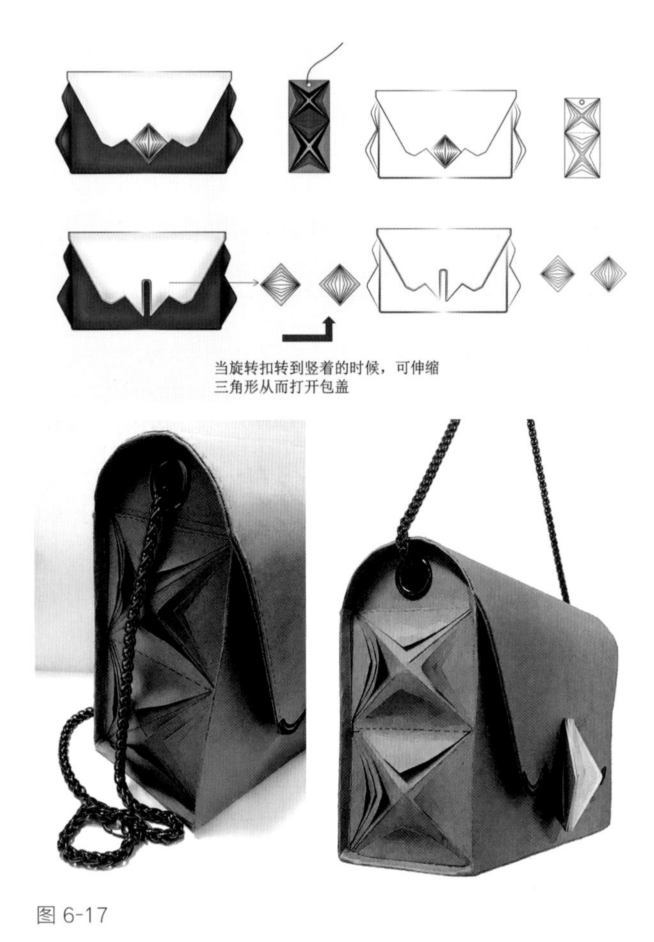

图 6-17

方案一定要经过本厂生产条件的验证和转化才能正式投产，避免出现各种实际问题。图 6-18 是产品实物研发阶段的基本工作流程示意图。

本阶段最终取得的设计成果主要是技术资料和最终板的样包（或者是模型手板）。ABS、PP 等塑硬箱或者铝镁合金等硬箱产品一般都是制作模型手板。硬质材料本身的加工难度大，箱体的立体成型需要借助模具和大型机械设备，新模具制作等前期开发费用较高，所需时间较长。因此在此阶段初期一般不会制作完全真实状态的单件样品，只是制作高仿真的模型手板。手板，就是在没有开模具的前提下，根据产品外观图纸或结构图纸先做出一个或几个，用来检查外观或结构合理性的功能样板，一般会在模型厂采用快速成型的数控机床进行加工。用 ABS 等材料按照设计图纸把各个部位进行粗加工，做出等比例的零部件，经过精确打磨、表面上色等美观性处理后，再按照设计构造用手工拼装零部件，制作一件细节精细、整体非常逼真的外观模型（内部很多使用功能则无法实现）。随着计算机辅助设计技术的进步，CAD 和 CAM 技术的快速发展为手板制造提供了更加好的技术支持，使得手板的精确成为可能。现在也可采用工业级别的 3D 打印技术打印出大型的模型手板。尤其是可以打印精细的、复杂的造型，或者很小的五金配件等。在稳定成熟的制造技术前提下，模型手板完全可以用来检验新产品结构设计的合理性和外观的视觉效果。而且模型手版制作的速度较快、成本较低，可以避免直接开模具的风险性，提高新产品的开发效率。图 6-19 是淘宝网上专门制作手板的店铺所展示的 3D 打印制作的拉杆箱模型。

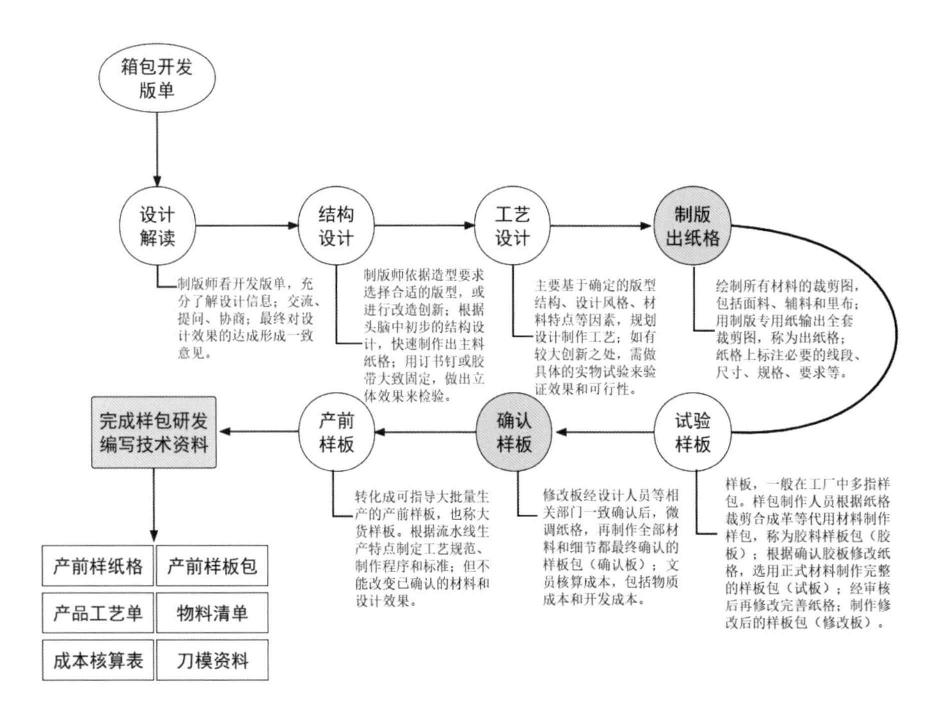

图 6-18 产品实物研发基本工作流程示意图

软体包袋类产品材料一般都比较柔软，加工难度较小，实物样品制作较为简便。首先进行裁剪图（称为纸格）的设计制作。一般软体包都是由几个到几十个平面材料裁剪部件经过拼合而成的。而每个平面材料部件的形状，各个部件之间的拼接缝合方

图 6-19

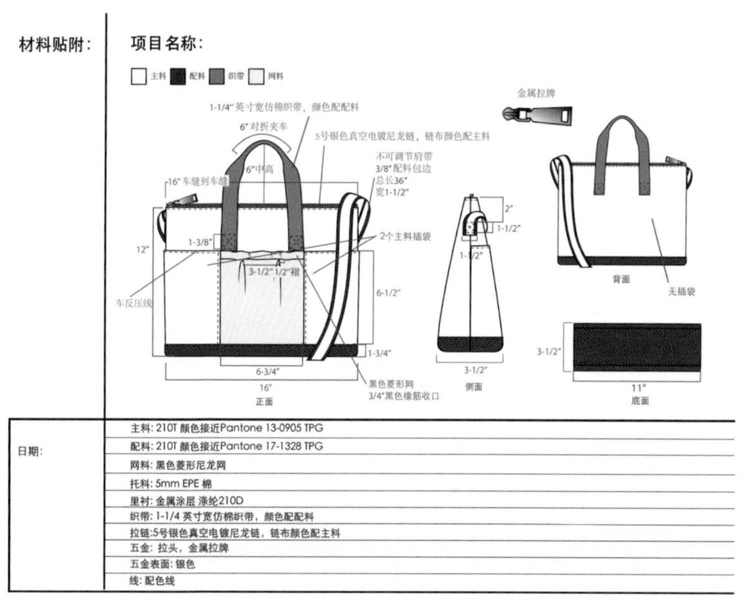

图 6-21 产品工艺单

式、工艺细节等问题，就是通过一套设计合理的裁剪图来体现的。传统的制版方法是手工制版，使用的工具有美工刀或皮革手刀，以及钢尺、圆规、白纸板等，这些工具目前仍然也在一些工厂沿用。但是大部分工厂都已经采用了箱包专用制版软件在电脑中绘制样板。软件的制版功能越来越强大，可以与设计、生产等各个环节进行链接。其强大的内部数据库服务功能，可以让每个打版师共用公司内部储存的版型技术资料。不同款式、不同部位版型资料都可以随意组合，大大提高了制版工作的效率，减轻了打版师的负担。样板数据连接到切割机能自动输出纸板，连接到自动下料机的控制体系统能进行自动算料、排料和下料。有些软件还采用 3D 辅助计算来快速计算出三维造型的数据和形状，解决了一些高难度的计算生成，使打版师的工作效率得到了提升。图 6-20 是国内某箱包制版软件的一个工作界面。

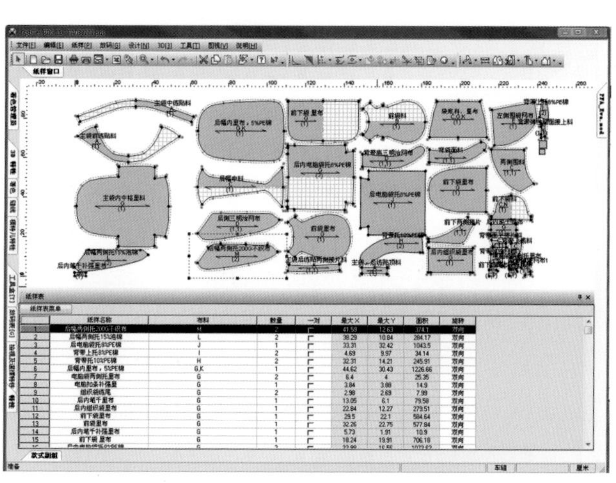

图 6-20

制作纸格之后，就可以开始制作样品了。首先技术人员会用价格低廉的代用材料，如合成革、废旧皮料等来制作实验样包。一般只做外层效果，不做里面的构造。这主要是为了验证版型以及相关尺寸比例设计效果等问题。试板期间技术人员需要与设计师协商交流，以确保设计效果的准确表达。但有时由于款式设计思考不周，产品缺乏落地性，技术条件不能满足于设计，设计师也会对原始设计的细节进行一些调整。试板基本确定后，才会选用真实的材料制作最终样品。这个阶段可能还是需要反复修改多次才能达到各方满意的状态。样品完成后还需要进行实验测试、试背试用，以确保符合产品的各项质量标准。尤其是使用了新材料、新工艺、新技术的产品，一定要反复评测，严格把关，以确保质量品质的万无一失。成功的产品在样品开发阶段会耗费大量时间和研发成本，对于每一个细节都要追求高标准。很多时候一时的疏忽和大意会酿成严重的后果。曾经有一个知名品牌开发了一款在面料上印花的新款包装，由于急于上市，没有对样品的印花牢度进行充分的检测，大批产品生产后他们才发现印花图案在潮湿状态下会轻微污染携带者的浅色衣服。最终产品不仅没能按时上市，还造成了较大的经济损失。

样品最终被确认之后，研发部门就会核算材料用量、制作成本工费等，并根据生产需求调整和规范工艺标准，形成大批量生产使用的产前板（包括纸格

图 6-22

图 6-23

图 6-24

和样板包）。完善相关的技术信息，包括产品工艺单、制作物料清单等，编写完整的开发技术资料。技术资料交给生产车间管理人员作为批量制作的技术依据。图 6-21 是国内广东地区某箱包工厂的产品工艺单和物料说明。

3.2 重点环节与设计内容

3.2.1 结构设计

设计师在产品创新设计阶段，主要关注如何通过外观廓形、功能形态、审美特征等去表现设计主题。虽然也会涉及结构和版型等，但由于多数设计师缺乏生产和制版经验，所以无法直接给出精准的版型结构和工艺。因此，需要样品研发部门的技术人员依据款式效果图做技术转化。所以，版型制作是设计款式由纸面上的构想到实体化转化的桥梁。产品款式进行实物的转化看似是一项专业技能和经验性的熟练工作，但在一定程度上仍然是设计工作的延续，只不过是从箱包外观转到内部，是对产品内部构造、部件形状、组合方式、加工技术和制造工序的创新设计和系统化整合，是一种带有工程意义的设计活动。所以，负责制版的技术人员被称为结构设计师也是有一定道理的。其构形能力和技术非常值得设计师虚心学习。他们是款式设计师最密切的合作伙伴，很多大胆的创意都需要他们的协助才能找到合理的实施方案。

产品结构设计工作包括根据外观造型进行零部件的分件、确定各个部件的形状、固定方法、组合方法、组合关系等。此外，还需要考虑产品使用的优良性能、低成本、可制造性、可装配性、维修简单、方便运输以及对环境无不良影响等多项复杂因素。因此可以说，结构设计具有“全方位”和“多目标”的工作特点。结构设计人员接到设计师的款式图稿之后，首先要充分理解和提炼出设计师的核心意图和创新特点，之后在大脑中快速进行立体造型的构想，做出多种设想并选择最佳的方案。这个时候可能需要先绘制出简单的几个部件，用纸板拼接成立体造型进行验证、比较和调整，最终选出一个最佳的结构方案。

一个部件或产品，要实现某种形态以及功能等设计预期，往往可以采用不同的构形方案。而且根据每个人的个人经验和偏好，也会有多种不同的解决方案。所以结构设计具有灵活多变的创新空间和多样性。在产品设计中，以结构设计为重心的设计蕴含着一种理性和智慧的因素，更容易改变产品陈旧的外观，获得新颖的视觉形式和耐人寻味的审美个性。图 6-22 和图 6-23 分别是路易 · 威登品牌两款不同造型的贝壳包。除了廓形有差异之外，两个款式最大的不同之处在于前后幅面的结构不同。第一款是一个完整的平面，第二款则增加了一条弯曲而有张力的弧线，将幅面分割成中下部分的半圆形和一个弧形的两个部分。从两个款式各自的正侧面和底面图可以看出来，第一款包的各个立面都比较平服，立体形态比较简单、扁平；而第二款包由于有一不拼接结构，使得前后幅的中下部分凸出，包形从各个角度看外轮廓都有丰富的变化，立体感更强、廓形更加饱满，造型更加圆润。起鼓的结构设计不仅展示出结构设计的精妙感和美观度，还增加了包体的容量。

3.2.2 工艺设计

工业产品中工艺设计一般指工艺规程设计和工艺装备设计。它是根据工业生产的特点、生产性质和功能来确定的。产品设计师在款式创意阶段，也会结合设计创新需求，设计显现度很高的、有审美属性的工艺细节。比如边缘采用包边条、油边或者折边处理的细节设计，采用流苏、刺绣、装饰线、面料二次改造等。图 6-24 是意大利知名品牌缪缪（MIU MIU）的一款皮具。其皮面处理成精致的褶皱效果。这是品牌特色和标志性的经典工艺设计，被称为 Miu Miu Matelassé 工艺，也就是褶皱小羊皮，是对平板而单薄的小羊皮面料的二次改造。规则 的几何形状的褶皱和绗缝线迹结合，形成如浮雕一般的饱满花纹和凹凸起伏的明暗立体感，不仅增加了装饰美感，还起到了提升皮料品质的作用，使得小羊皮光滑细腻的质感更加凸显。缪缪品牌是 1993 年由缪西亚 · 普拉达（Miuccia Prada）女士创建的普拉达的副线品牌，创建后就推出了这种全新的面料。此后它成为品牌的代表性工艺特色，运用在其各个系列产品中，是最成功的箱包工艺设计范例之一。

工艺设计还有一个重要内容是依据企业生产流水线特点和要求，设计出一套科学合理的生产步骤和工艺规则。包括产品规格、缝纫方法、工艺要点、加工设备的选择、分步工序的划分、工艺路线拟订、工艺检验标准等。这为后期生产部门的大批量生产提供标准化的工艺依据，使得每一批次的产品都有统一标准，确保品质的稳定。一般箱包企业不会单独做一份工艺设计的说明方案，这些复杂的内容均是经过样板设计师的精心设计和反复调整，最终整合到一套裁剪样板图和工艺制作单里。懂得看板的生产线管理人员就会通过这套样板图纸，再加上一个最终板的样包实物，获取工艺设计的方案，再进行科学、合理、高效的生产规划，转化成流水线上的生产流程进行工程实施。工艺设计如果出现失误，就会造成很多问题。比如设计预期效果不能得到很好体现，降低设计的审美水准，或者造成大货生产流水线上出现效率低、窝工、工艺难度大、次品率高等问题。

产品设计师也要了解不同类型箱包的制造技术流程和工艺手段，知道箱包缝纫组合的常规数据、零部件组合的先后顺序、机器设备功能、工艺分布、零部件的缝纫要点等。否则设计效果会因为不符合制作规范而无法落实，或者造成工序过度复杂、加工难度高，导致大货生产中易产生质量问题。在样品研发过程中，设计师与技术人员的冲突矛盾，很多都是由于设计师不懂工艺规范，不了解生产流程产生的。设计师一味固执坚守自己的想法，不顾现实生产条件的制约，不听取技术人员的修改建议，最终造成设计款式无法合理转化。反过来，技术人员也存在着只关注工艺技术，而轻视设计师个性化创意的需求，思维存在惰性，僵化教条，只知道被动地套用常规工艺手段，不愿意主动思考和打破陈规的问题。因此，无论是产品设计师还是样板师、工艺师，都需要跨出自己的专业领域去多了解对方的专业特点、工作条件、实施手段和真实意图，多加强交流和沟通，共同攻关和解决问题。还需要开拓视野和思路，学习和借鉴新的工艺技法，才能不断地提升自己的专业能力，能够面对任何新产品研发的挑战。图 6-25 是笔者设计的一款女士背包。本款式的一个设计亮点就是在前幅有一个扇面形状的装饰部件，设计预期是要有柔和的、起伏的波浪。笔者做了大量的构思和模型实验，并设想一种工艺做法，绘制了简单的示意图交给样板师。本图中下部三张图，从左到右显示的是在工艺设计阶段，对扇面形状的装饰部件所做的三次调整。样板师在试验过程中发现，原来设想的工艺做法并不能达到满意的效果。双方经过反复交流和多次修改，第三次采用了右下图片中的工艺设计方法，达到了双方满意的波浪效果。

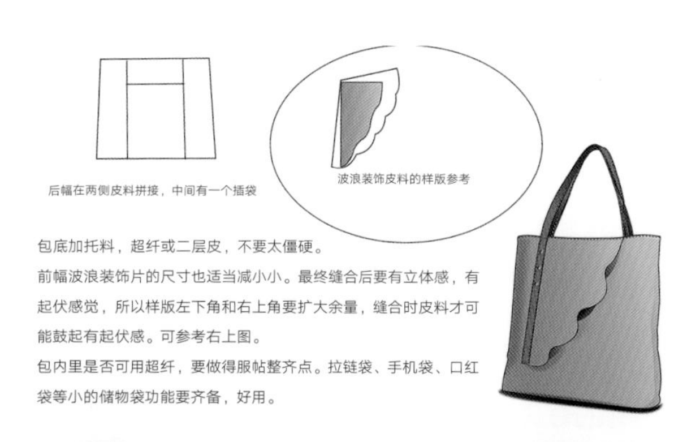

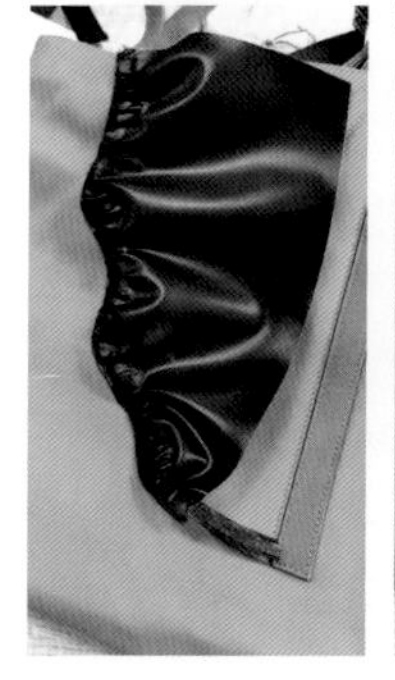

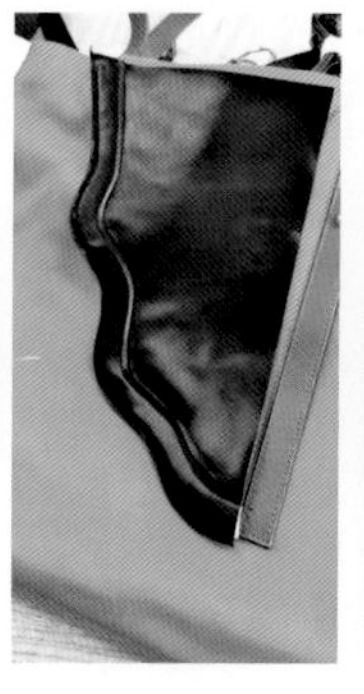

图 6-25

4. 并行开发流程简述

4.1 并行工程模式的概念

目前多数箱包企业都是按照上述阶段性流程进行新产品的设计开发，即先从公司管理层、市场部门、企划部门，再到产品设计部门、样品研发部门，这样按部就班地在内部转换工作。这是一种传统的串行工程方法，是基于二百多年前英国政治经济学家亚当·斯密的劳动分工理论。该理论认为分工越细，工作效率越高。因此串行方法是把整个产品开发全过程细分为很多步骤，每个部门和个人都只做其中的一部分工作，而且是相对独立进行的，工作做完以后把结果交给下一部门。他们的工作是以职能和任务分工为中心的。职能部门分工明确，信息垂直传达，路线清晰，流程管理比较方便，而且对于人员的能力要求是比较单纯的，重点是具备专业技术能力，较少与其他部门进行联合工作。但是缺点也是显而易见的，比如产品初始概念在流程的运转中可能并不一定被准确理解和完美贯彻执行。设计师做产品款式方案设计阶段，样品研发部门的技术人员极少主动参与其中。产品的款式设计只有到了实物研发阶段，一些错误才能涌现出来。这就造成即使是很简单的问题，也需要在各个部门之间反复多次沟通和循环，最终可能由于时间等多种因素，往往以技术落地为准降低设计标准。新产品开发周期长，设计思想沟通不利，开发达不到预期目标，以及对于市场变化不能快速反应等问题是比较常见的。如果能够有效缩短时间就意味着更快进入市场，更快实现盈利。成本降低就意味着定价更为灵活，利润更加可观。因此，企业一直都在为缩短产品开发时间、降低开发成本和提高开发质量做各种努力。

针对这种状态，产业界在实践中发展出很多新的设计理论和模式来改善新产品开发中出现的种种问题。比如并行工程就是目前来看比较理想的解决方案。即把传统的有先后顺序的各项设计开发活动整合在一起，不同步骤和流程同步执行，而不是按照顺序执行。并行工程是对产品和其有关的过程（包括设计、制造和支持过程）进行并行和一体化设计的一种系统的综合方法。在产品的设计开发期间，将概念设计、结构设计、工艺设计、最终需求等结合起来，保证以最快的速度按要求的质量完成。它要求在项目开始但真正的工作启动之前，所有企业相关部门都必须提前参与项目。

并行工程的具体做法是：在产品开发初期，组成多种职能协同的工作项目组，使有关人员从一开始就获得对新产品需求的信息和要求，积极研究涉及本部门的工作业务，并将需求提供给设计人员，使许多问题在开发早期就得到解决，从而保证设计的质量，避免大量的返工浪费。并行工程强调设计要面向整个过程或产品对象，因此它特别强调设计人员在设计时不仅要考虑设计，还要考虑这种设计的工艺性、可制造性、可生产性、可维修性等，工艺部门的人也要同样考虑其他过程，设计某个部件时要考虑与其他部件之间的配合。所以开发工作必须着眼整个过程和产品目标，不是简单孤立地评价某部门、某阶段的工作完成得是否出色，而是追求全局优化，追求产品整体的竞争力。从串行到并行，是观念上的很大转变，强调系统集成与整体优化，更加符合现代复杂的产业环境和市场需求的开发方法。

4.2 并行开发流程的实践

实施并行开发流程并非易事。首先企业内部组织形式需要有根本性的变革，各环节配合到位，所有人员的专业知识、经验和创新思维汇集在一起。其次在具体的实施过程中，不同出发点和工作目标的部门或者人员可能随时会发生冲突。这就需要全员有统一的认知和很强的团队、交叉工作能力，而且在项目开始前和过程中加强沟通，以达成最佳共识为准则，及时解决问题。使冲突及时明确地呈现出来正是并行工程的优势，如果团队能够毫无私利地通力协作，及时提出疑问、交换意见和互相启发思路，就能更高效、更高水平地达成新产品开发任务。

目前并行工程主要在国内外航空、航天、汽车、电子、机械等领域的知名企业实施并取得了显著效益。随着信息化程度越来越高，传统服饰品牌的商业模式发生了翻天覆地的变化。并行模式首先在快速流行、低价的服饰品牌和企业得到了运用。比如西班牙快时尚品牌ZARA，每条不同品类的产品线都有一个创作团队，由设计师、采购人员和产品开发人员组成。创作团队会同时从事以下工作：设计新产品，改善现有产品和为下一个季度挑选面料和其他原材料，能够在2～5周内设计并建立出新的产品线。设计团队会对符合大众市场的流行趋势详细地解读，设计师们根据流行趋势和顾客的评价反馈意见来进行产品的设计。这种方式避免了设计产品的盲目性，使产品更易被大众喜爱，减少了开发时间，大大提升了开发的效率，是运用并行工程的原理并结合本行业和产品的特点进行改造和运用的成功范例。

国内很多时尚服饰品牌和企业也在借鉴并行工程的核心原理调整内部部门的组织形式和产品开发流程。比如广东深圳某知名女士箱包公司以产品经理为核心，配备企划、设计、研发和销售等部门，形成一个构架齐备，小而灵活的，能够快速响应市场需求、品牌研发计划、特别系列项目等开发工作的高效的产品线团队。一个品牌下可以构建多个小而灵活的团队，各自独立签订销售业绩责任书和奖励机制，品牌则提供各项内外资源支持。虽然这种革新来源于运用管理概念，其出发点和目的更多是一种对企业内部不同产品线的运营模式的改革，意图是通过给产品经理放权来激发内部的竞争意识，但是其必然会影响产品开发模式的改变，反而在无形中造成了部分环节实施了并行开发流程的结果。尤其是品牌的企划部门本身能力不足，所以导致各个产品线从商品企划、概念创意，到款式设计、研发等环节都自己同时抓起来，提高了开发效率和成效，市场表现非常突出。

并行化开发流程对于产品设计师的专业能力、综合素质和团队协作能力也将提出更高的要求。设计师必须要具有跨界交叉合作的主动意识和操作能力，能够充分了解其他环节的工作内容和方法，对消费市场的需求进行快速反应，找到创新焦点。具有商品策划和领导产品研发团队的能力，将是未来产品设计师的职业发展目标。

注释

1. 李洋 . 产品设计程序与方法［M］. 重庆：西南师范大学出版社，2019：5.

5. 教学案例 15：从概念研究开始的设计流程

本节设计训练的主题是加强设计概念研究，进行完整的设计流程实践。

产品设计定位处于设计任务开始的最前端，正确的设计定位和明确的设计概念，会为后续的开发工作保驾护航，研发人员有明确的指导方针，不会做无用功。原创设计产品的成功，往往都是在产品设计定位阶段就形成了原创设计概念，是以概念的创新意义和独特性取胜的新产品开发，而不是纯粹以外观的美感和材料技术等物质属性来求得市场。很多学生对于设计概念的研究和创意过程都不重视，认为设计就是关于漂亮、好看、时尚和个性的工作，不会透过灵感表层更深层次地去挖掘内在新意和最多价值。没有创新价值的设计概念支撑虽然也可以做出设计，但是产品也容易流于表象，缺乏打动人心的效果和鲜明的个性。

毕业设计是完整地演练产品设计全流程的一个最好的教学环节。教师要严格把控每个环节的设计思维和工作方法是否合理。而在毕业开题阶段，教师更是要把控毕业设计选题的内容深度，引导学生找到有意义的课题去做设计研究，形成有创新性的设计概念，产出系统性的设计观念和方法，并在此设计概念的指导下，做出真正有个性和创造性的作品。

6. 学生作业 18

学生：漆柳希

漆柳希同学的毕业课题在选题初期的思考也是比较简单的，研究工作做得较浅显，只是从折纸这种手工技法入手，计划借鉴折纸的方法来改造箱包的立体造型，使得外观带有一些折纸趣味。由于折纸和皮革材料、折纸作品和箱包产品之间的差异很大，所以她一度陷于设计元素转化困难、设计想法无法深入、设计作品僵化生硬的状态中。于是她又回头重新审视自己的设计灵感，通过折纸延展到更多研究领域。随着研究内容的不断扩展和深入，她接触到一些关于成人被有儿童导向的折纸产品所吸引的趋势报道。这促使她的思路从表面具体的技术技法转向了对消费者心理现象的关注以及对内在原因的探寻和研究方向。

经过设计研究，她得出的结论是：人经历成长过程会渐渐地消磨掉一些东西，例如对事物的好奇心、观察世界的纯净视角等，渐渐有了来自学习、工作、家庭等各方面的要求与压力，被生活、工作、人际关系包围的时间增多，而放松、治愈自己情感与心灵的时间减少，甚至被一部分人忽略。而成年人可以被有儿童导向的折纸产品所吸引，正是因为这种浮躁与压力感会在接触儿童产品设计时消失，感情元素、丰富的可能性和自由灵活的互动又是儿童设计中吸引成年人，同时是以成年人为导向的设计领域中所缺少的。

概念转化与思维发散：

像孩子一样，从最简单纯粹的角度来看待箱包，它的基本特点是可以承载物品的小空间，并且方便移动与携带。从成年人的感情、共同感受出发，而不是直接参考儿童产品设计师的设计语言，这样得到的设计元素不会过于童稚，是可以被群体接受的、触及群体情怀的。而达到互动性，则需要设计元素有丰富的可能性，并且与箱包结构可以进行巧妙的结合。而折纸这种技法的原理正好可以实现结构造型的互动性和自由灵活性，成为一种设计意图的实现手段，而不是目的。

最终的毕业主题为：【Kids】only。为享受生活并理解儿童，拥有童心的成年人所做的设计。

这套毕业设计作品的设计概念明确新颖，内涵较初期有了极大升华，有着积极的社会意义。毕业设计研究的整个流程逻辑严密，创意思维既能充分发散又能及时聚焦。作品原创度较高，风格塑造独特，在简洁中带有童趣，严谨的造型又体现出一种质朴和轻松感，色调柔和富有治愈感。折纸技法的创新也在这种满足成人儿童化消费心理的设计原则的引导下，找到了最佳的运用方法，与箱包的造型结构、材料、制造方法等进行了巧妙含蓄的融合，生动而不生硬。图 6–26 是前期设计概念和设计定位的研究阶段，包括部分资料图片和思考过程。图 6–27 是研究了儿童玩具后，对于折纸、穿插等造型方法进行借鉴和实践的过程，包括部分草图和纸模型。图 6–28 是毕业设计作品系列中的一款手提包，前后幅完全是通过皮料边缘的圆形部件互相穿插组合成立体造型，也可以快速拆开。图 6–29 是毕业设计作品系列中的一款圆形小背包，借鉴兔耳折方法在前面做成可打开的立体装饰部件，肩带用小皮块采用穿插的方法组合而成。图 6–30

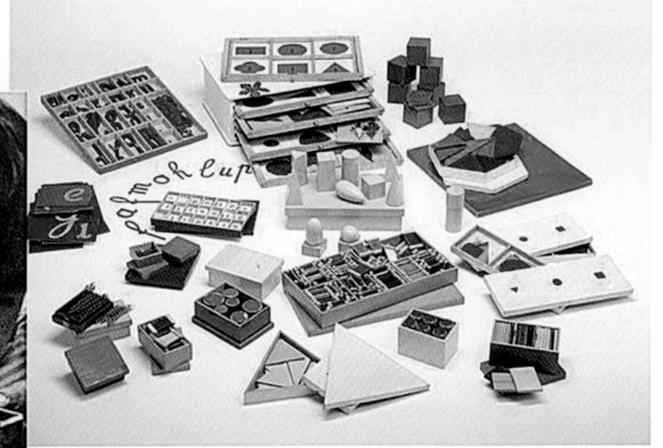

↙Teaching materials
材料教学1920s
Maria Montessori
（意大利.1870-1952）

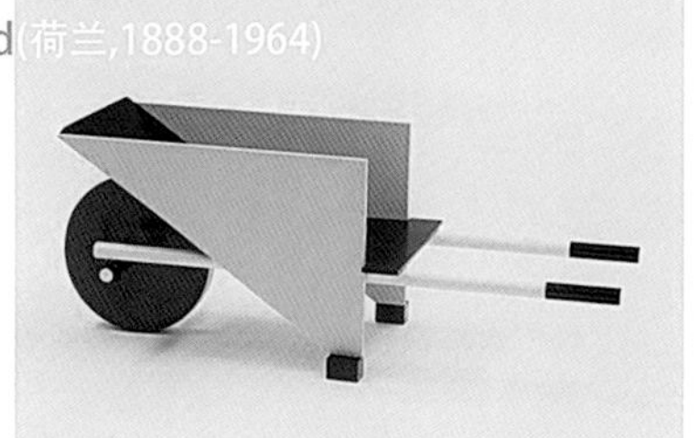

→儿童手推车 1923
Gerrit Thomas Rietveld(荷兰,1888-1964)

↑Playplax 1960s
Patrick Rylands（Hull英格兰东北部一港市,1943）

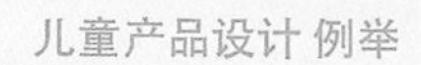

儿童产品设计 例举

挪威的家具设计师Peter Opsvik在看到自己的儿子在餐桌上为了一席之地而“战争”后（高高的儿童椅对他而言小了，成人的椅子又过大），设计了可调节的Tripp Trapp Chair。设计的过程中，他制作了超大版本的Tripp Trapp和桌子椅子，来帮助他的团队了解平均三岁的孩子。

这组产品也曾被展览于纽约现代艺术博物馆 “儿童百年：设计中映射的成长，1900-2000”展览中，让人们从3岁儿童的视角来感受坐在普通座椅和 Tripp Trapp Chair 上的感觉。

图 6-26

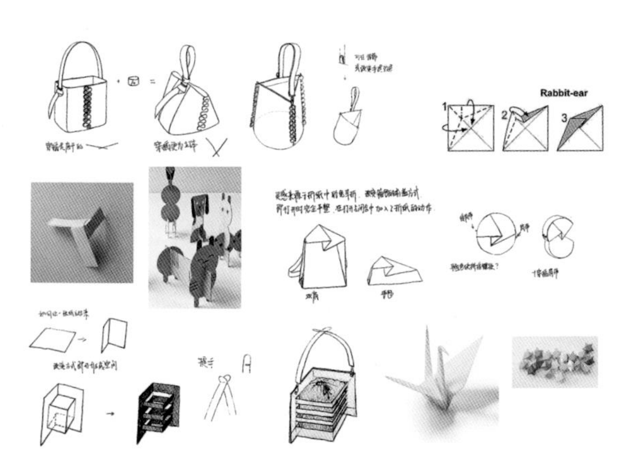

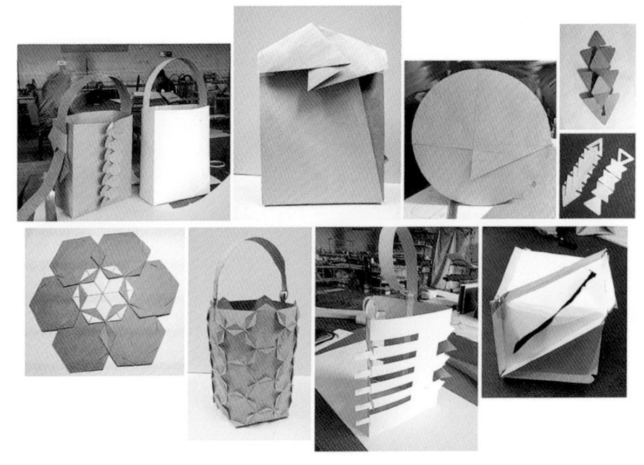

图 6-27

是毕业设计作品系列中的一款双肩背包，也是借鉴兔耳折方法，包盖打开时，整体形状有一个模拟折纸的展开变形过程，增加了动态趣味性。图6-31是毕业设计作品系列中的一款手提包，包身由一块皮料折成三角柱体，并设计镂空形状来增加空间层次。

图 6-28

图 6-29

图 6-30

图 6-31

7. 总结与思考

本章主要讲解现代品牌企业中普遍运行的新产品设计开发流程的基本规范和形式。第一节介绍了 5 种基于不同设计开发目的和市场策略的新产品开发类型，第二节是本章的教学重点，着重对产品开发流程中的产品设计阶段进行了较为详细的阐述。早期国内箱包企业多采用买手形式，以买现成的款式为主，并没有单独的设计研发部门，所以也没有复杂的产品开发流程。随着品牌建设意识的提升，品牌箱包企业基本上都成立了独立的设计研发部门。但要使设计过程保持稳定、高效和顺畅，则必须要在现代化设计理念的指导下，构建一套适合企业自身特点的、健全规范的产品设计开发程序，对设计团队、相关资源、过程和结果进行科学化管理，而不能仅仅依靠某位设计师个人的才华发挥。

产品设计程序不只是顺向发展的，每个工作节点也都存在着逆向的工作内容。交流、质疑、评价、审核和推翻、修改，也是设计工作的必要内容。表面看起来这是一种否定，但实质上是另一种迈向正确的工作方式。客观审视自己的工作，及时发现问题并承认不足，是设计师必须要具备的批判性思维。企业内部也要制定一套科学规范、具有可操作性的评审标准和工作方法。

可以结合本章内容做如下调研和思考：

1. 利用各种机会与企业中箱包设计师进行交流沟通，了解他们在企业中是如何进行工作的，会经常与哪些部门沟通协作，询问他们认为自己还需要拓展哪些知识和能力才能更有助于本职工作的顺畅完成，并保持稳定优秀的表现。

2. 本章中讲解的产品设计流程中的每个环节，对于最终设计结果都有重要的作用。但很多同学往往会忽略中间环节的认真执行，总是想快点完成作业，随便画几个草图就定稿了。请你回顾自己完成学校设计作业或者设计项目的过程，并对照设计结果，看看是否达到了预期的设计目标。如果没有的话，反思一下需要在哪些设计环节加强和深入。

参考文献

图书文献

1. [日] 文化服装学院 编 . 文化服装讲座（新版）鞋 · 帽篇 [M]. 王佩国，郝瑞闽，译 . 北京：中国轻工业出版社，2010.
2. 张乃仁，杨蔼琪 . 外国服装艺术史 [M]. 北京：人民美术出版社，1992.
3. 沈从文 . 中国古代服饰研究 [M]. 北京：商务印书社出版，2011.
4. [英] 克莱尔 · 威尔考克斯 . 百年箱包 [M]. 刘丽，李瑞君，魏舜仪，陈淑芬，译 . 北京 : 中国纺织出版社，2000.
5. [英] 玛尼 · 弗格 主编 . 时尚通史 [M]. 陈磊，译 . 北京 : 中信出版社，2016.
6. 郑巨欣 . 世界服装史 [M]. 杭州：浙江摄影出版社，2000.
7. 王受之 . 世界时装史 [M]. 北京 : 中国青年出版社，2002.
8. 尹定邦 . 设计学概论 [M]. 长沙 : 湖南科学技术出版社，2009.
9. [英] 简 · 谢弗，苏 · 桑德斯 . 伦敦时装学院经典服装配饰设计教程 [M]. 陈彦坤，马巍，译 . 北京：电子工业出版社，2020.
10. 刘元风，胡月 . 服装艺术设计 [M]. 北京：中国纺织出版社，2006.
11. [日] 高桥创新出版工房 . 皮革百科事典 [M]. 曹雪丽，石小梅，郑驰，等，译 . 北京：中国轻工业出版社，2018.
12. 白坚 . 皮革工业手册——制革分册 [M]. 北京：中国轻工业出版社，2000.
13. 西蔓色研中心 . 关注风格（第 2 版）[M]. 北京：中国纺织出版社，2013.
14. 钟扬 . 箱包制版与工艺 [M]. 北京：中国纺织出版社，2019.
15. 刘晓刚，李俊，曹霄洁，蒋黎文 . 品牌服装设计（第 4 版）[M]. 上海：东华大学出版社，2015.
16. 刘晓刚，王俊，顾雯 . 流程 · 决策 · 应变 [M]. 北京：中国纺织出版社，2009.
17. [美]Nathan Shedroff. 设计反思：可持续设计策略与实践 [M]. 刘新，覃京燕，译 . 北京：清华大学出版社，2011.
18. 贺寿昌 . 创意学概论 [M]. 上海：上海人民出版社，2006.
19. 丁俊杰，李怀亮，闫玉刚 . 创意学概论 [M]. 北京：首都经济贸易大学出版社，2011.
20. 崔勇，杜静芬 . 艺术设计创意思维（第 2 版）[M]. 北京：清华大学出版社，2013.
21. 蒋逸民 . 社会科学方法论 [M]. 重庆：重庆大学出版社，2011.
22. 李洋 . 产品设计程序与方法 [M]. 重庆：西南师范大学出版社，2019.
23. 吴志军，杨元，那成爱 . 产品开发设计策略与实践 [M]. 重庆：西南师范大学出版社，2019.
24. [荷] 代尔夫特理工大学工业设计工程学院 . 设计方法与策略：代尔夫特设计指南 [M]. 倪裕伟，译 . 武汉：华中科技大学出版社，2016.
25. [美] 汉宁顿，[美] 马丁 . 通用设计方法 [M]. 初晓华，译 . 北京：中央编译出版社，2013.

其他文献

26. 皮埃尔 · 雷昂福特，埃里克 · 普贾雷 - 普拉，路易 · 威登的 100 个传奇箱包 [Z]. 上海：上海世纪出版社股份有限公司 上海书店出版社，2010.
27. 路易 · 威登 . 官方宣传册 [Z]. 香港：路易 · 威登及 EURO RSCG,1997.
28. 中国皮革协会 . 辉煌历程——中国皮革协会 30 周年特辑（1988-2018）[Z]. 北京：中国皮革协会，2018.
29. 周富春，周建华，李玉中 . 中国皮革行业现状分析及发展展望 [J]. 北京皮革，2021，46（8）:20.

网络文献

30. 吐鲁番博物馆官博 . 吐鲁番博物馆馆藏精品介绍之皮制品——皮囊 [EB/OL].
http://blog.sina.cn/dpool/blog/s/blog_1320021070102uy0q.html?md=gd》2014-08-15.

31. 北京服装学院民族服饰博物馆在线 . 民族服饰——汉族 . 黄色缎破线绣花卉纹方形荷包 .
[EB/OL]http://www-biftmuseum-com.vpn.bift.edu.cn:8118/collection/info?sid=2869&colCatSid=6.2021-08-02.

32.WGSN.http://www-wgsnchina-cn-s.vpn.bift.edu.cn:8118/fashion[EB/OL].

33. 她曾臭名昭著，但女性每日必穿的时尚单品，拜她所赐 . 网易订阅 [EB/OL]
https://www.163.com/dy/article/E158RMHL0517NH92.html.2019-11-21.

34. 百度百科 - 瑞典北极狐 [EB/OL].
https://baike.baidu.com/item/%E7%91%9E%E5%85%B8%E5%8C%97%E6%9E%81%E7%8B%90/8480430?fr=aladdin.2021-08-02.

35.Kanken 手袋 -jällräven | 服装和户外设备 https://www.fjallraven.com/uk/en-gb.2021-08-02

36. 国际频道 - 中国日报 . 撒切尔夫人黑色手提包今拍卖 被称“秘密武器”[EB/OL].
http://www.chinadaily.com.cn/hqgj/2011-06/28/content_12792624.htm.2011-06-28.

37. 品牌资讯 _ 时装 _ 太平洋时尚网 . 凯浦林（Kipling）推出全球首款 3D 打印弹力包袋【图】[EB/OL].
https://dress.pclady.com.cn/113/1132967.html.2014-04-04.

38. 新秀丽历史 - 新秀丽官网 [EB/OL].
https://www.samsonite.com.cn/s/samsonitehistory.2021-08-03

39. 能用一辈子的邮差包 你了解它的前世今生吗？ _ 手机搜狐网 [EB/OL].
https://m.sohu.com/a/329063347_744758?ivk_sa.2021-08-04.

40. 传统制作出真正实用的包 -John Peters New York[EB/OL].
https://www.johnpetersnewyork.cn/.2021-08-04.

41. 首页 -manhattanportage 旗舰店 - 天猫 Tmall.com
https://manhattanportage.tmall.com/index.htm?spm=a1z10.1-b-s.w5002-18946609045.2.503c20easQXp89.2022-11-25

42. 首页 -timbuk2 旗舰店 - 天猫 Tmall.com[EB/OL].
https://timbuk2.tmall.com/shop/view_shop.htm?user_number_id=247.2021-08-04.

43. 搜狐 . 村上隆系列正式完结 细数 LV 经典艺术合作包款 [EB/OL].
https://www.sohu.com/a/23517391_189975.2017-07-20.

44. 搜狐时尚 - 鞋包 .2015 IT Bags[EB/OL].
https://fashion.sohu.com/w/news/407981288.shtml.2015-01-22

45.Manu Atelier Mini Pristine New Red[EB/OL].
https://manuatelier.com/product/mini-pristine-leather-strap-ps1 9-mred/.2021-09-03.

46.FREITAG 首页 | FREITAG[EB/OL]. https://www.freitag.ch/zh.2021-08-03.

47. 首页 - 摆设 Asianart- 淘宝网 [EB/OL].
https://asianart.jiyoujia.com/index.htm?spm=a1z10.33-c-s.w5002-14959842570.2.3f9253b74vaCNu..2021-08-03.

48. 爱马仕首只铂金包展出 [EB/OL].https://www.sohu.com/a/420480048_120640703.2020-09-24.

后记 AFTERWORD

李雪梅

这本书最初的写作起因，是对2008年出版的《现代箱包设计》进行再版修改。写第一版的时候，虽然当时国内箱包产业庞大，但常年为国际品牌代工的经历，导致企业普遍缺乏自主设计研发的意识和能力，很多企业没有专业的设计人员和独立的设计部门，产品设计水准普遍较低，“丑”和“土”的产品很常见。因此写书的意义，也是希望能为院校的箱包设计专业教学提供一本用于提升艺术审美能力的教材，向行业输送有较高审美水平的箱包设计师。而经过了10多年的发展，当下国内箱包产业链已经非常成熟和完备，具备了一定的设计水准，可以制造出质量有保证、美而时尚的箱包产品。但回顾近些年与国内箱包企业、工厂和品牌等各个环节接触的过程，发现很多设计师以及产品开发等相关人员，对于设计和创意的含义、创新思维和设计方法等的认识还存在着一些误区。比如仍将产品设计开发理解为一种单纯的审美性设计工作，或过度依赖设计师个人的灵感，或认为设计过程是一种无法言表和管理的活动等。在写作初期，这些问题从脑海中浮现出来，让我意识到可以借此次再版的机会，就此现象做一些总结性的思考和研究，梳理出一条有针对性的写作主线，将问题整合到相关设计知识点中进行阐述。

在历时三年的写作过程中，前期的写作进展非常缓慢，章节结构重新编写了三次，之后部分章节的内容至少调整五次。文字写了三万字之后又全部删掉。因为写作思路一直不太顺畅，中间停笔了一年多的时间。之后我又多次到企业进行调研，反思这些年自己的教学经验，以及接触到更多行业之外的新技术和新观念，才逐步理顺了思路，找到了比较顺畅的写作思路和表达形式。

在此感谢支持和帮助我完成此书的所有人。首先是西南大学出版社的王正端编辑，一直为我保留着再版的名额，并且鼓励我坚持下来，也给我很多写作思路和章节修改的意见。参考文献列出的很多著作，给予我设计观念以及写作思路方面很大的启发，感谢其著书者。感谢蒋熙、韩羽、刘喆、国情、王飞、麦杨、蔡丽军等很多朋友，提供箱包工艺技术、研发管理的图文资料。感谢我的学生们，在专业学习过程中积极进取，展示了优异的设计才能，才让我积累了大量的设计案例可以放到此书中。也感谢我的家人在生活中支持我、理解我，让我安心写完这本书。尤其感谢我的女儿鲍淳，在繁忙的工作之余，帮助我把书中所有图片进行了精心调整与改良。

本书中的教学案例，有很多都是建立在与国内外知名箱包品牌的校企合作基础上，在此非常感谢企业一直以来对于我们教学的支持。此外，还有部分教学案例，来自课程中的虚拟练习课题，并未与品牌进行真正的设计合作，如出现与品牌背景、设计观点等的不符之处，也请谅解。本书中引用了大量的图片资料，来源于学术著作、论文、机构、学生作品以及网络平台等，包括品牌官网、淘宝、搜狐、百度图片等。由于图片数量很多，没有一一标注出处，在此也一并表示感谢。